Bases de química dos alimentos:

caminhos para o ensino de saúde alimentar

Laís Koop Bonilha

intersaberes

inter saberes

Rua Clara Vendramin, 58 | Mossunguê
CEP 81200-170 | Curitiba-PR | Brasil
Fone: (41) 2106-4170
www.intersaberes.com
editora@intersaberes.com

Conselho editorial
- Dr. Ivo José Both (presidente)
- Drª Elena Godoy
- Dr. Neri dos Santos
- Dr. Ulf Gregor Baranow

Editora-chefe
- Lindsay Azambuja

Gerente editorial
- Ariadne Nunes Wenger

Assistente editorial
- Daniela Viroli Pereira Pinto

Preparação de originais
- Rodapé Revisões

Edição de texto
- Mycaelle Albuquerque Sales
- Mille Foglie Soluções Editoriais
- Caroline Rabelo Gomes

Capa e projeto gráfico
- Luana Machado Amaro (*design*)
- alexkich/Shutterstock (imagem)

Diagramação
- Estúdio Nótua

Equipe de *design*
- Débora Gipiela
- Luana Machado Amaro

Iconografia
- Regina Claudia Cruz Prestes

Dados Internacionais de Catalogação na Publicação (CIP)
(Câmara Brasileira do Livro, SP, Brasil)

Bonilha, Laís Koop
  Bases de química dos alimentos: caminhos para o ensino de saúde alimentar/Laís Koop Bonilha. Curitiba: InterSaberes, 2021. (Série Química, Meio Ambiente e Sociedade)

  Bibliografia.
  ISBN 978-65-5517-973-6

  1. Alimentos – Análise 2. Alimentos – Composição química 3. Bioquímica 4. Nutrição 5. Saúde – Aspectos nutricionais I. Título II. Série.

21-57921   CDD-641.1

Índices para catálogo sistemático:
1. Alimentos: Composição: Nutrição aplicada 641.1
Maria Alice Ferreira – Bibliotecária – CRB-8/7964

1ª edição, 2021.

Foi feito o depósito legal.

Informamos que é de inteira responsabilidade da autora a emissão de conceitos.

Nenhuma parte desta publicação poderá ser reproduzida por qualquer meio ou forma sem a prévia autorização da Editora InterSaberes.

A violação dos direitos autorais é crime estabelecido na Lei n. 9.610/1998 e punido pelo art. 184 do Código Penal.

Sumário

Agradecimentos ◻ 5
Apresentação ◻ 7
Como aproveitar ao máximo este livro ◻ 9

Capítulo 1
Química dos alimentos ◻ 14
1.1 Carboidratos ◻ 16
1.2 Lipídeos ◻ 31
1.3 Proteínas ◻ 51
1.4 Vitaminas ◻ 66

Capítulo 2
Minerais e metais pesados nos alimentos ◻ 99
2.1 Minerais ◻ 100
2.2 Função dos nutrientes para as plantas ◻ 112
2.3 Contaminação por metais pesados ◻ 118

Capítulo 3
Toxicologia ◻ 133
3.1 Conceitos fundamentais ◻ 134
3.2 Intoxicações ◻ 135
3.3 Vias de exposição do organismo aos agentes tóxicos ◻ 136
3.4 Avaliação da toxicidade ◻ 137
3.5 Avaliação do risco ◻ 139
3.6 Fases da intoxicação ◻ 147

Capítulo 4
Contaminação alimentar □ 157
4.1 Substâncias tóxicas não nutritivas de origem natural □ 158
4.2 Contaminação biológica de alimentos □ 166
4.3 Contaminação direta incontrolável □ 169
4.4 Contaminação direta pelo emprego indevido de aditivos □ 174
4.5 Contaminação indireta □ 175

Capítulo 5
Agrotóxicos e fertilizantes □ 192
5.1 Agroquímicos e agrotóxicos □ 193
5.2 Destino dos agrotóxicos □ 200
5.3 Efeitos dos agrotóxicos na vida aquática □ 203
5.4 Qualidade da água □ 205
5.5 Fertilizantes □ 222

Capítulo 6
Saúde alimentar e educação □ 239
6.1 Temática dos alimentos na abordagem dos conceitos químicos □ 241
6.2 Bioquímica dos alimentos □ 246
6.3 Educação alimentar e nutricional □ 251
6.4 Alimentos funcionais □ 262

Considerações finais □ 287
Lista de siglas □ 289
Referências □ 293
Bibliografia comentada □ 335
Respostas □ 338
Sobre a autora □ 341

Agradecimentos

A Deus, acima de tudo, pois Ele me capacitou para a realização desta obra. Sem Ele, nada poderia fazer.

A meu esposo, Aurio, que me apoiou durante o processo de elaboração desta obra, suportando-me em todos os momentos e auxiliando-me a tornar este trabalho ainda mais leve e prazeroso.

A Angela Silvano, que, com sua grande experiência, esteve sempre me ajudando.

Por fim, a todos que me apoiaram em oração, compartilharam as conquistas de cada etapa concluída e alegraram-se comigo.

O meu corpo e o meu coração poderão fraquejar,
mas Deus é a força do meu coração
e a minha herança para sempre.

Bíblia. Salmos, 73:26

Apresentação

Atualmente, tem havido grande preocupação com a alimentação, não somente porque esta pode contribur para a estética corporal, mas também porque pode ser aliada ou vilã da saúde. Considerando esse contexto, por meio desta obra, objetivamos introduzi-lo, leitor, à química dos alimentos, ou seja, proporcionar-lhe o entendimento da estrutura e dos componentes nutricionais dos alimentos e, ainda, a compreensão de todos os agentes tóxicos que podem estar presentes neles.

Soma-se ao exposto um tema muito polêmico concernente aos alimentos: o uso de agrotóxicos. Ao mesmo tempo em que propiciam diversos benefícios ao agronegócio, eles podem oferecer perigos ao meio ambiente e à saúde humana. Por essa razão, também abordamos aqui os impactos dos defensores agrícolas sobre a saúde humana. Em razão da importância e da presença dos alimentos em nossas vidas, eles podem servir para a contextualização dos ensinos de Química, Biologia e Nutrição. Por isso, ao final deste material, apresentamos alguns exemplos e dicas sobre o assunto, os quais poderão ajudá-lo, leitor, na prática educacional.

Para atingirmos esses propósitos, escrevemos esta obra com base nesta disposição hierárquica de conteúdos: no Capítulo 1, discorremos sobre a estrutura e a funcionalidade dos componentes nutricionais presentes nos alimentos; no Capítulo 2, explanamos sobre a funcionalidade dos minerais e a toxicidade dos metais pesados presentes no que comemos; no Capítulo 3, analisamos os fundamentos de toxicologia, isto é, da ciência que estuda os efeitos maléficos que as substâncias químicas podem causar no organismo – o que serve de base para compreensão, de maneira mais ampla, dos capítulos seguintes (4 e 5); no Capítulo 4, citamos os múltiplos tipos e formas de contaminação alimentar; no Capítulo 5, explanamos a contaminação alimentar, bem como a ambiental, por agroquímicos, além de clarificarmos certos aspectos sobre a utilização de fertilizantes e a qualidade e o tratamento da água; por fim, no Capítulo 6, explicamos como aplicar a temática dos alimentos nos ensinos fundamental e médio e na educação de jovens e adultos.

Como aproveitar ao máximo este livro

Empregamos nesta obra recursos que visam enriquecer seu aprendizado, facilitar a compreensão dos conteúdos e tornar a leitura mais dinâmica. Conheça a seguir cada uma dessas ferramentas e saiba como elas estão distribuídas no decorrer deste livro para bem aproveitá-las.

Introdução do capítulo

Logo na abertura do capítulo, informamos os temas de estudo e os objetivos de aprendizagem que serão nele abrangidos, fazendo considerações preliminares sobre as temáticas em foco.

Curiosidade

Nestes boxes, apresentamos informações complementares e interessantes relacionadas aos assuntos expostos no capítulo.

Preste atenção!

Apresentamos informações complementares a respeito do assunto que está sendo tratado.

Fique atento

Ao longo de nossa explanação, destacamos informações essenciais para a compreensão dos temas tratados nos capítulos.

Síntese

Ao final de cada capítulo, relacionamos as principais informações nele abordadas a fim de que você avalie as conclusões a que chegou, confirmando-as ou redefinindo-as.

Atividades de autoavaliação

Apresentamos estas questões objetivas para que você verifique o grau de assimilação dos conceitos examinados, motivando-se a progredir em seus estudos.

Atividades de aprendizagem

Aqui apresentamos questões que aproximam conhecimentos teóricos e práticos a fim de que você analise criticamente determinado assunto.

Bibliografia comentada

CARNEIRO, F. F. et al. (Org.). **Dossiê Abrasco**: um alerta sobre os impactos dos agrotóxicos na saúde. Rio de Janeiro: EPSJV, 2015. Disponível em: <https://www.abrasco.org.br/dossieagrotoxico/wp-content/uploads/2013/10/DossieAbrasco_2015_web.pdf>. Acesso em: 15 mar. 2021.

Esse dossiê reúne estudos científicos sobre a contaminação do ambiente e das pessoas provocada pelo uso de agrotóxicos. São apresentados, por exemplo, dados sobre: o aumento do consumo de agrotóxicos e fertilizantes nas lavouras brasileiras ao longo dos anos; os resíduos de agrotóxicos em diversos tipos de culturas; a contaminação de águas potáveis e de chuvas; a detecção de contaminação de leite materno por agrotóxicos; e o coeficiente de incidência de acidentes de trabalho por intoxicação por agrotóxicos. Ademais, neste trabalho, os autores explanam sobre os sintomas de intoxicação de diversos tipos de agroquímicos.

GAVA, A. J.; SILVA, C. A. B. da; FRIAS, J. R. G. **Tecnologia de alimentos**: princípios e aplicações. São Paulo: Nobel, 2008.

Essa obra aborda aspectos genéricos da tecnologia de alimentos, incluindo, por exemplo: aspectos nutritivos, aceitabilidade, fatores de qualidade e causas de alterações; microbiologia; ferramentas para segurança e métodos de conservação de alimentos; limpeza e sanitização na indústria alimentícia; doenças transmitidas por alimentos; e enzimas na tecnologia de alimentos.

Bibliografia comentada

Nesta seção, comentamos algumas obras de referência para o estudo dos temas examinados ao longo do livro.

Capítulo 1

Química dos alimentos

A química dos alimentos envolve os componentes presentes nos alimentos e as alterações que estes sofrem durante as etapas de manipulação, processamento e armazenamento. Neste capítulo, todavia, daremos enfoque ao estudo dos componentes químicos propriamente ditos, relacionando suas estruturas e nomenclaturas à importância que têm na manutenção do bom funcionamento do organismo humano.

Os alimentos são formados principalmente pelos elementos químicos carbono (C), hidrogênio (H), oxigênio (O) e nitrogênio (N), embora possam apresentar outros elementos em frações menores. Esses componentes estão presentes em distintas quantidades nos nutrientes que ingerimos pela alimentação. Os diferentes tipos de nutrientes têm funções químicas, além de estruturas e propriedades físico-químicas específicas, as quais determinam os papéis que exercem no organismo.

Carboidratos, proteínas, lipídeos, vitaminas e minerais são nutrientes essenciais na dieta humana, uma vez que participam dos processos biológicos do organismo dos seres humanos. Como exemplos, podemos citar uma proteína presente no sangue, a hemoglobina – que leva o oxigênio até as células –, e o açúcar – um carboidrato que, ao ser metabolizado, fornece energia. Os óleos e as gorduras são lipídeos, os quais atuam no armazenamento de energia. As vitaminas, por sua vez, são responsáveis pelo bom funcionamento das enzimas de nosso organismo e pelo metabolismo dos alimentos que ingerimos. E, por fim, os minerais, os quais, entre as diversas funções que realizam, facilitam a transferência de compostos pelas membranas celulares, atuam na formação de diferentes substâncias (enzimas, hormônios, secreções e proteínas teciduais) e regulam a pressão osmótica.

1.1 Carboidratos

Os carboidratos (ou hidratos de carbono) são compostos formados por carbono, oxigênio e hidrogênio. A fórmula geral para a maioria dos carboidratos é $C_n(H_2O)_n$. Alguns deles, no entanto, podem conter mais ou menos oxigênio do que os correspondentes a essa fórmula; outros podem conter nitrogênio. Eles apresentam estrutura de poli-hidroxialdeído (aldoses), poli-hidroxicetona (cetoses), poli-hidroxiálcool ou poli-hidroxiácido (Figura 1.1), de seus derivados ou de polímeros destes.

Figura 1.1 – Grupos funcionais que podem estar presentes nas estruturas de carboidratos

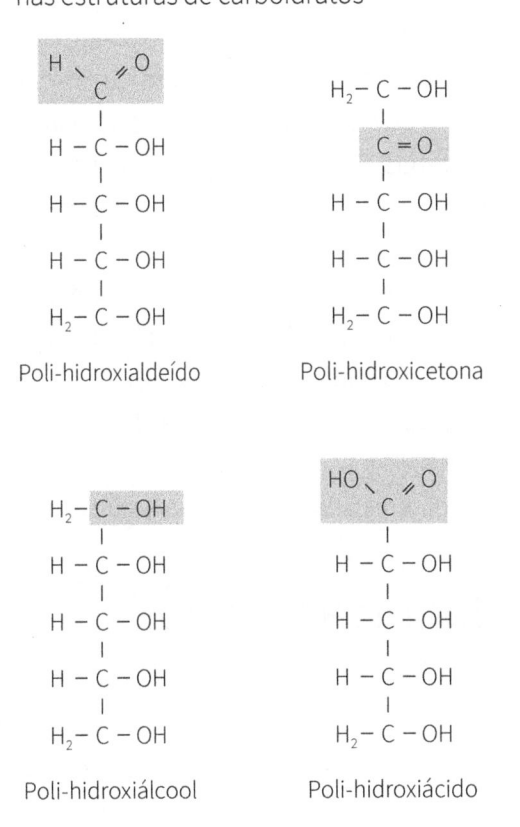

$$\begin{array}{c} H\diagdown C\diagup O \\ | \\ H-C-OH \\ | \\ H-C-OH \\ | \\ H-C-OH \\ | \\ H_2-C-OH \end{array} \qquad \begin{array}{c} H_2-C-OH \\ | \\ C=O \\ | \\ H-C-OH \\ | \\ H-C-OH \\ | \\ H_2-C-OH \end{array}$$

Poli-hidroxialdeído   Poli-hidroxicetona

$$\begin{array}{c} H_2-C-OH \\ | \\ H-C-OH \\ | \\ H-C-OH \\ | \\ H-C-OH \\ | \\ H_2-C-OH \end{array} \qquad \begin{array}{c} HO\diagdown C\diagup O \\ | \\ H-C-OH \\ | \\ H-C-OH \\ | \\ H-C-OH \\ | \\ H_2-C-OH \end{array}$$

Poli-hidroxiálcool   Poli-hidroxiácido

Os carboidratos são os compostos orgânicos mais abundantes na natureza e um dos principais constituintes sólidos do alimento. Como exemplos, podemos citar: a glicose, a frutose e a sacarose, responsáveis pelo sabor doce de muitos alimentos; o amido, que serve de reserva energética para os vegetais; e a celulose, que representa a matéria estrutural primária das plantas.

Os carboidratos também são a fonte de energia mais vasta para o corpo humano, sendo armazenados na forma de glicogênio. Alguns deles, como a celulose, no entanto, não podem ser digeridos por nosso organismo porque não dispomos das enzimas que catalisam sua digestão e, consequentemente, não são fontes de energia. Em contrapartida, a celulose auxilia no bom funcionamento do intestino por ser um material fibroso que forma bolo fecal.

Os carboidratos mais simples são frequentemente chamados de *sacarídeos* graças a seu sabor doce (do latim *saccharum*, "açúcar"). Conforme o número de açúcares simples presentes na molécula, o grupo dos carboidratos pode ser dividido em monossacarídeos, oligossacarídeos e polissacarídeos, sobre os quais, respectivamente, discorreremos nas subseções seguintes.

1.1.1 Monossacarídeos

Os monossacarídeos são os mais simples dos carboidratos e, por isso, têm o menor peso molecular do grupo. Ao serem hidrolisados, deixam de ser carboidratos. São designados, de acordo com o número de carbonos presentes, pelos prefixos *tri-*, *tetr-*, *pent-*, e assim sucessivamente, e pelo sufixo *-ose*, que indica tratar-se de uma molécula de carboidrato.

Os monossacarídeos que apresentam os grupos funcionais aldeído e álcool (poliálcool) são denominados *aldoses*. Como exemplo, há a hexose (6 átomos de carbono) glicose (Figura 1.2).

Figura 1.2 – Glicose

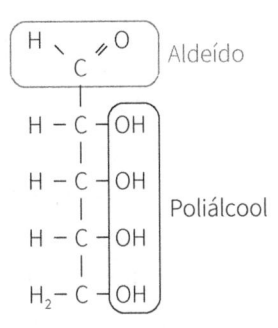

$$\begin{array}{l} \underbrace{H \diagdown \atop C \diagup O}_{} \quad \text{Aldeído} \\ | \\ H-C-\boxed{OH} \\ | \\ H-C-\boxed{OH} \\ \qquad \qquad \quad \text{Poliálcool} \\ H-C-\boxed{OH} \\ | \\ H_2-C-\boxed{OH} \end{array}$$

Já os monossacarídeos que apresentam os grupos funcionais cetona e álcool (poliálcool) são chamados de *cetoses*. Como exemplo, há a hexose frutose (Figura 1.3).

Figura 1.3 – Frutose

$$\begin{array}{l} H_2-C-\boxed{OH} \\ | \\ H-C\boxed{=O} \quad \text{Cetona} \\ | \\ H-C-\boxed{OH} \\ | \qquad \qquad \quad \text{Poliálcool} \\ H-C-\boxed{OH} \\ | \\ H_2-C-\boxed{OH} \end{array}$$

Também pela nomenclatura se evidenciam as funções dos monossacarídeos. Por exemplo, a aldo-hexose é um carboidrato que possui o grupo funcional aldeído e 6 átomos de carbono. A ceto-hexose, por sua vez, contém o grupo funcional cetona e 6 átomos de carbono.

Além disso, os monossacarídeos possuem isomeria óptica. A identificação dos diferentes isômeros é dada pelas letras D e L. Essa definição baseia-se no composto gliceraldeído com apenas um carbono assimétrico (Figura 1.4). O D-gliceraldeído, por exemplo, tem a capacidade de desviar a luz polarizada dentro de um polímero para o sentido horário (dextrogiro), ao passo que o L-gliceraldeído redireciona para o anti-horário (levogiro). Com base nisso, todos os compostos cuja configuração do último carbono assimétrico é a mesma do D-gliceraldeído ou do L-gliceraldeído são definidos como D-monossacarídeos ou L-monossacarídeos, respectivamente. Isso não significa que todos os compostos D ou L desviam a luz polarizada para a direita ou para a esquerda, uma vez que o desvio da luz não depende unicamente do carbono assimétrico.

Figura 1.4 – Estruturas isômeras do gliceraldeído

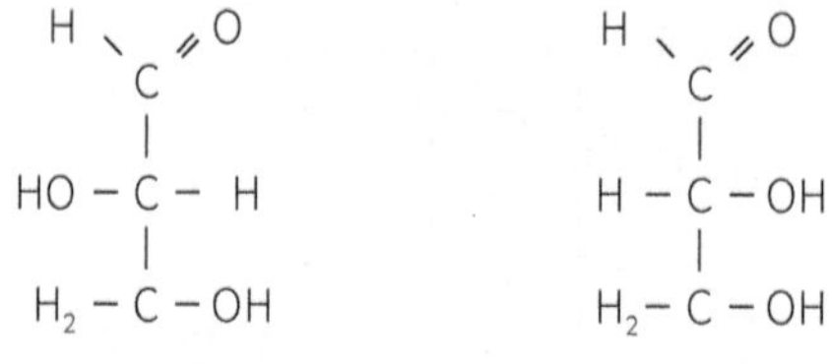

$$\begin{array}{cc}
\quad\;\; H \diagdown \!\!\diagup O & \quad\;\; H \diagdown \!\!\diagup O \\
\quad\quad C & \quad\quad C \\
\quad\quad | & \quad\quad | \\
HO - C - H & \; H - C - OH \\
\quad\quad | & \quad\quad | \\
H_2 - C - OH & H_2 - C - OH \\
\text{L-gliceraldeído} & \text{D-gliceraldeído}
\end{array}$$

Como mostram as figuras anteriores, as estruturas dos monossacarídeos foram exibidas de forma linear, uma representação meramente didática e que não condiz com o modo como essas moléculas se organizam verdadeiramente no espaço. Na verdade, os grupos funcionais organizam-se da maneira mais estável possível, aproximando o grupo carbonila (C = O), tanto das aldoses quanto das cetoses, de uma das hidroxilas. Essa aproximação resulta numa reação (ligação hemiacetálica) e origina uma estrutura cíclica. Quando é resultante da reação entre um álcool com o grupo carbonila de uma molécula de aldeído, essa cadeia fechada é denominada *hemiacetal*; quando é resultante de uma molécula de cetona, é dita *hemicetal*. O átomo de carbono da carbonila é chamado de *carbono anomérico*. Essas ligações são representadas pelas fórmulas de projeção de Fisher-Tollens, conforme exemplo da Figura 1.5.

Figura 1.5 – D-glicose pelas fórmulas de projeção de Fisher-Tollens

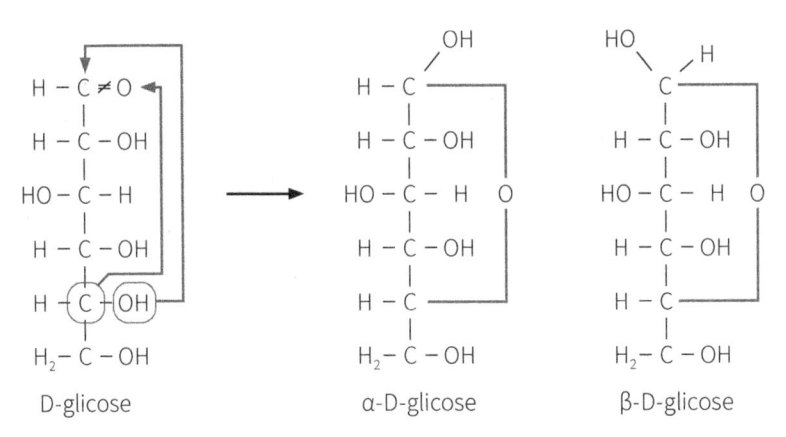

A hidroxila formada graças à ligação hemiacetálica, a hidroxila anomérica, é extremamente reativa e confere ao monossacarídeo propriedades redutoras em reações de oxidorredução, razão pela qual esses carboidratos são chamados de *redutores*.

Vale ressaltar que, normalmente, formam-se anéis de cinco membros (furanos) ou de seis membros (piranos), dado que apresentam menor energia interna no anel decorrente de um menor efeito repulsivo entre os átomos de oxigênio (Figura 1.6). Esses anéis também são representados comumente pelas *projeções de Haworth*, nome dado em homenagem ao químico britânico Walter Norman Haworth (1883-1950), que foi condecorado com o Nobel de Química em 1937 por suas investigações sobre carboidratos e vitamina C.

Figura 1.6 – Anéis de monossacarídeos de 5 e 6 membros

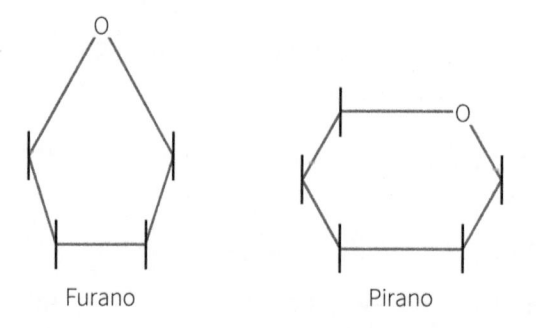

Furano   Pirano

Nas projeções de Haworth, as hidroxilas que estão para baixo são aquelas situadas à direita nas projeções de Fisher-Tollens (Figura 1.7). A exceção corresponde aos radicais CH_2OH no carbono 4 do anel furano e do carbono 5 do anel pirano, os quais devem estar para cima.

Figura 1.7 – α-D-glicose da projeção de Fischer-Tollens para a projeção de Haworth

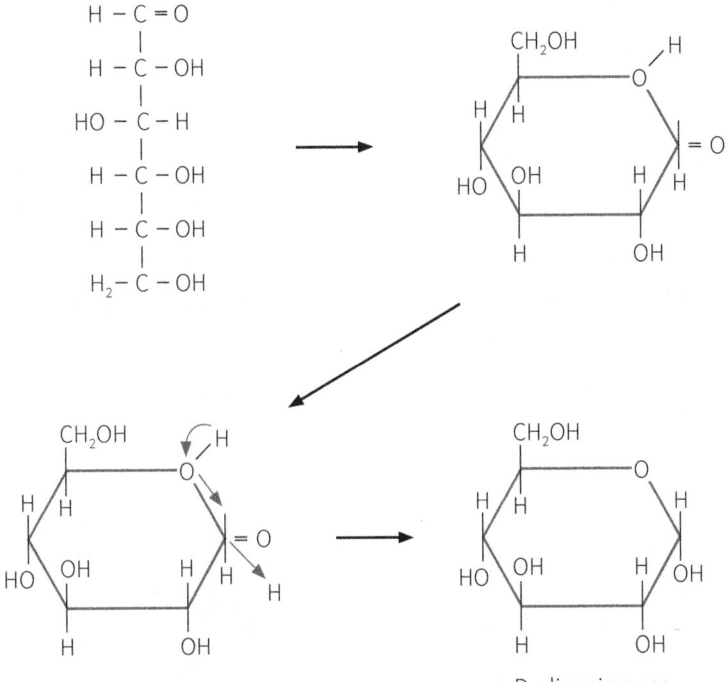

α-D-glicopiranose

Note que, tanto na Figura 1.7 quanto na Figura 1.5, na nomenclatura dos carboidratos, além de sinalizar que se trata de uma D-glicose, a terminologia da química dos carboidratos diferencia as estruturas das moléculas deles mediante o uso das letras gregas α e β.

A designação *α* é atribuída às estruturas cujo grupo –OH ligado ao carbono anomérico situa-se no lado oposto ao anel do grupo terminal –CH_2OH. A designação *β*, por sua vez, indica que o grupo –OH do carbono anomérico está situado no mesmo lado do grupo terminal –CH$_2$OH. Assim, o nome *α-D-glicopiranose* é criado da seguinte forma: α + D + prefixo *glico-* + pirano + terminação *-se* de aldeído.

As fórmulas de Haworth, como demonstrado na Figura 1.7, ilustram a estereoquímica dos anéis de monossacarídeos. Todavia, as moléculas não se apresentam na natureza em forma planar. Elas tendem a assumir uma conformação tridimensional em forma de "cadeira" (Figura 1.8), a qual permite maior distância entre os átomos de oxigênio da maioria dos grupos hidroxila e tem maior estabilidade.

Figura 1.8 – Conformação de cadeira para α-D-glicopiranose em (a); e duas formas possíveis para a β-D-glicopiranose em (b) e (c)

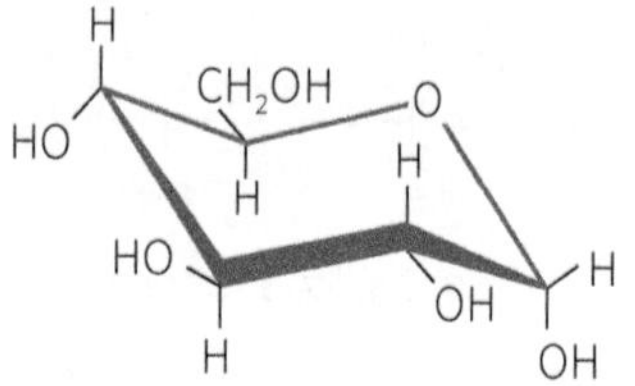

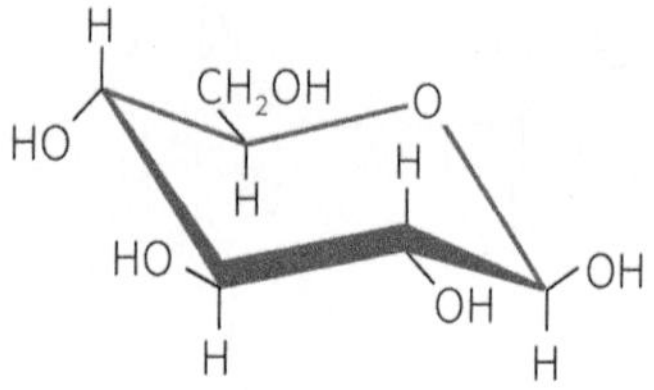

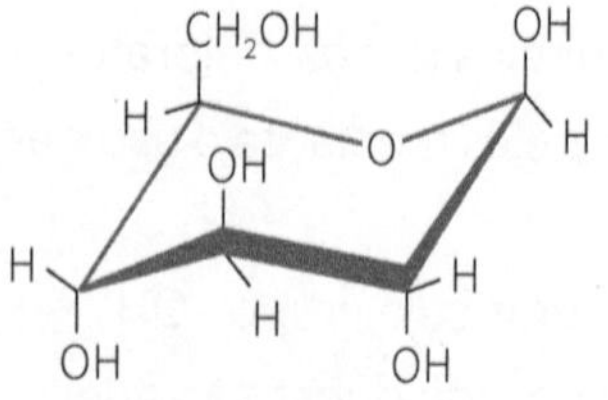

Na conformação de cadeira exposta na Figura 1.9, a seguir, os substituintes axiais estão perpendiculares ao plano do anel, ao passo que os substituintes equatoriais estão paralelos ao plano do anel.

Figura 1.9 – Membros axiais (a) e equatoriais (e) na conformação cadeira de um monossacarídeo

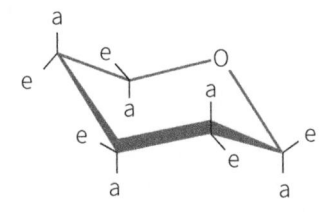

Quando um hemiacetal reage com um álcool em meio ácido, ocorre a formação de um acetal (glicosídeo) com a liberação de uma molécula de água (Figura 1.10).

Figura 1.10 – Formação de um acetal para aldeídos simples

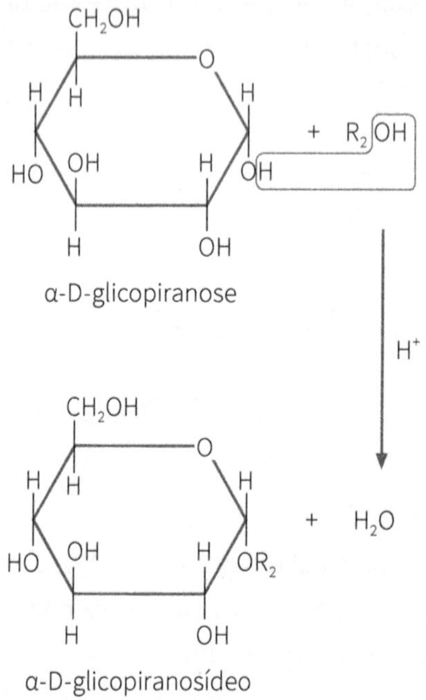

α-D-glicopiranose + R_2OH

H^+

α-D-glicopiranosídeo + H_2O

O grupo alcoólico que reage com o monossacarídeo é denominado *aglicona*.

1.1.2 Oligossacarídeos

Os oligossacarídeos são cadeias que contêm de 2 a 10 unidades de monossacarídeos unidos por ligações características nomeadas *ligações glicosídicas*. O radical produzido após a perda do grupo hidroxila anomérico é conhecido como *glicosil*.

Os oligossacarídeos mais abundantes são os dissacarídeos, que são constituídos por duas unidades de monossacarídeos e podem ser redutores ou não redutores. No caso dos redutores, a reação glicosídica envolve apenas a hidroxila anomérica de um dos monossacarídeos. A outra, que permanece livre na extremidade, é dita *redutora*. Geralmente, a formação de dissacarídeos redutores ocorre entre a hidroxila anomérica de um monossacarídeo e as hidroxilas do C_4 (1,4) ou do C_6 (1,6) do outro monossacarídeo.

Na nomenclatura dos dissacarídeos redutores, substitui-se por *-il* a terminação *-e* do monossacarídeo que perdeu a hidroxila anomérica, acrescenta-se o nome do monossacarídeo redutor sem alterações e apresenta-se o número dos carbonos cujas hidroxilas foram envolvidas na ligação glicosídica, conforme Figura 1.11.

Figura 1.11 – Nomenclatura de dissacarídeos redutores

α-D-glicopiranose   α-D-glicopiranose

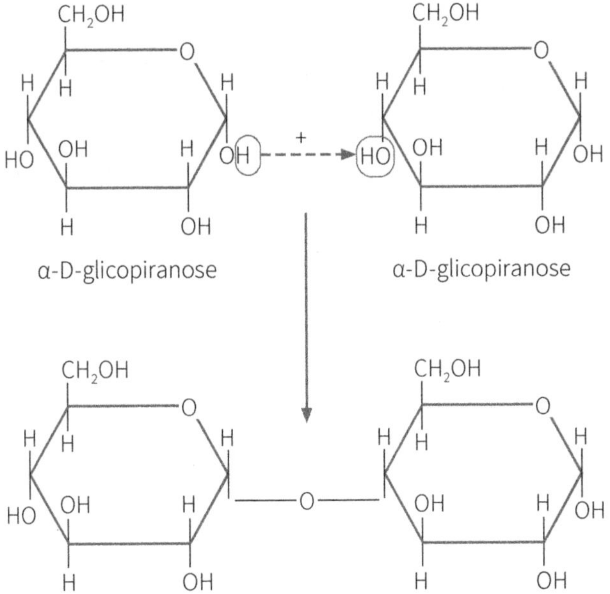

α-D-glicopiranosil – (1,4) - α-D-glicopiranose
α-maltose

α-D-glicopiranose   α-D-glicopiranose

O-α-D-glicopiranosil – (1,6) - α-D-glicopiranose
α-isomaltose

Além da maltose (Figura 1.11), constituída por duas glicoses unidas por ligação α-1,4, podemos citar a lactose como exemplo de açúcar redutor, a qual é composta por glicose e galactose unidas por ligação β-1,4. É pertinente destacar que, nos alimentos, na maioria dos casos, os dissacarídeos são redutores – a principal exceção a isso é a sacarose.

No caso dos dissacarídeos não redutores, as hidroxilas anoméricas de ambos os monossacarídeos estão envolvidas na ligação glicosídica, razão pela qual não há agente redutor livre algum.

Figura 1.12 – Nomenclatura de dissacarídeos não redutores

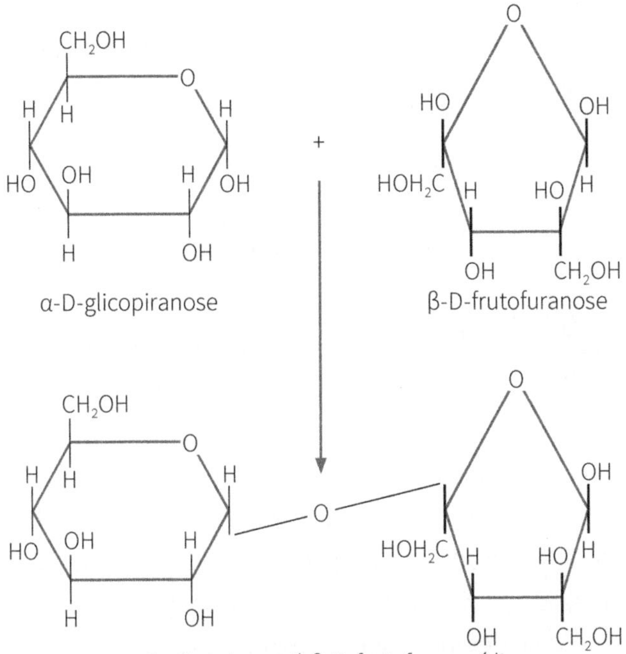

α-D-glicopiranose + β-D-frutofuranose

α-D-glicopiranosil-β-D-frutofuranosídio
sacarose

Nesse caso (Figura 1.12), utilizamos a terminação -*ídio* em substituição à -*ose* no monossacarídeo da direita.

1.1.3 Polissacarídeos

Os polissacarídeos, também conhecidos como *glicanos*, são formados por mais de dez moléculas de monossacarídeos unidas por ligações glicosídicas. Três importantes polissacarídeos são o amido, o glicogênio e a celulose.

O amido apresenta dois tipos de polissacarídeos, e ambos são polímeros de glicose: amilose e amilopectina. A amilose é uma cadeia linear de resíduos de α-D-glicopiranose unidos por ligações glicosídicas α-1,4 (Figura 1.13).

Figura 1.13 – Segmento curto de amilose

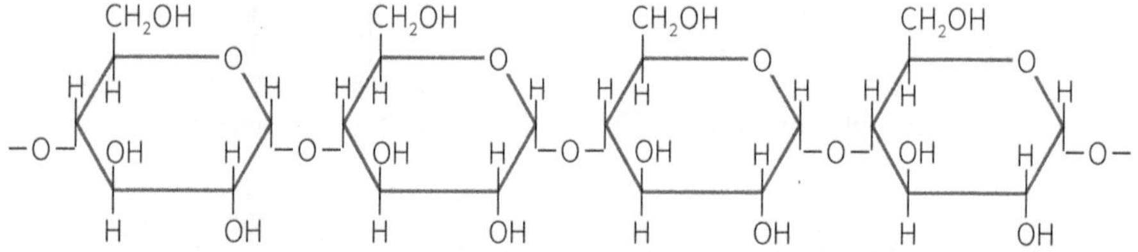

Ao contrário da amilose, a amilopectina é uma cadeia altamente ramificada. Ela possui cadeias lineares de resíduos de α-D-glicopiranose unidos por ligações glicosídicas α-1,4, as quais, por sua vez, estão vinculadas entre si por ligações glicosídicas α-1,6, conforme demonstrado na Figura 1.14.

Figura 1.14 – Segmento curto de amilopectina

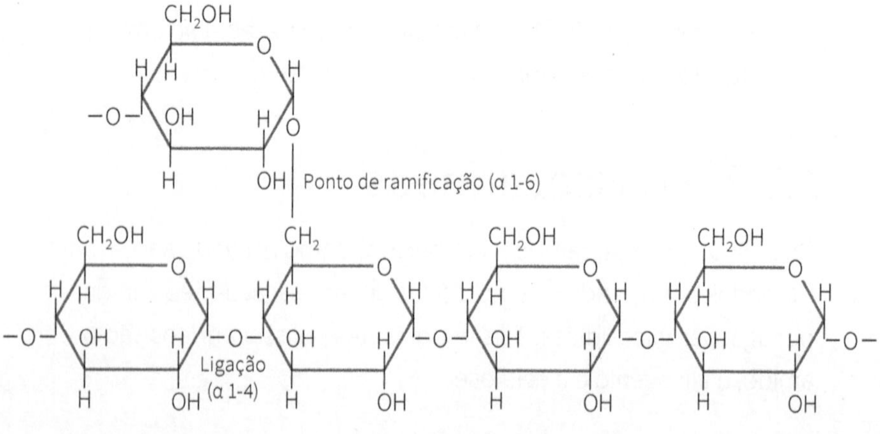

O glicogênio tem a mesma estrutura básica da amilopectina, já que contém ligações glicosídicas α-D-1,4 e α-D-1,6; todavia, ele é mais ramificado e com maior peso molecular.

O amido e o glicogênio são os polissacarídeos de armazenamento mais importantes em células vegetais e células animais, respectivamente. Não obstante, para os seres humanos, o amido é a matéria-prima alimentar mais barata e abundante.

A celulose é constituída por uma cadeia linear de D-glicopiranoses ligadas por ligações glicosídicas β-1,4 (Figura 1.15).

Figura 1.15 – Segmento curto de celulose

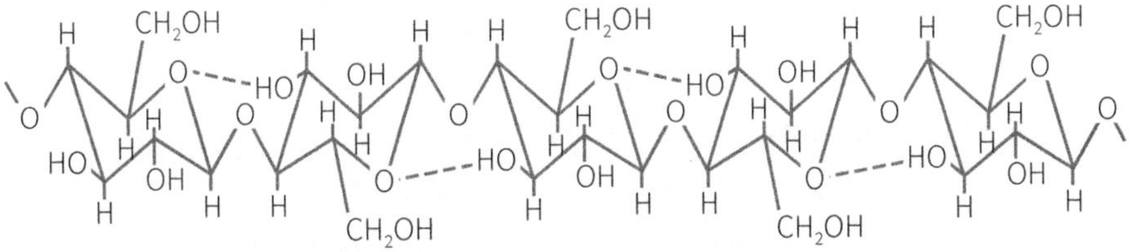

A molécula é estabilizada por pontes de hidrogênio formadas entre os carbonos da posição 3 de um resíduo de monossacarídeo e o oxigênio do anel do outro resíduo.

1.2 Lipídeos

Os lipídeos, diferentemente dos carboidratos, não são definidos pelas estruturas que os compõem, mas por suas propriedades. Eles são formados por unidades estruturais com pronunciada hidrofobicidade, sendo, por isso, solúveis em solventes orgânicos, mas não em água. Contudo, alguns lipídeos são moléculas anfifílicas (isto é, com ambas as porções: hidrofílicas e hidrofóbicas) e, portanto, têm superfície ativa.

Embora o organismo humano armazene energia na forma de glicogênio, ele também o faz pela utilização de gordura. Esse último modo é essencial, visto que a queima de gorduras produz mais que o dobro da energia (cerca de 9 kcal/g) da queima do mesmo peso de carboidratos (cerca de 4 kcal/g).

Outra importante função dos lipídeos está associada a sua propriedade hidrofóbica. Nosso corpo é constituído por uma grande quantidade de água, e a maioria dos componentes do organismo (como os carboidratos e as proteínas) é solúvel em água. Logo, a insolubilidade dos lipídeos torna-se fundamental para a formação de membranas de separação de compartimentos que contêm soluções aquosas.

Outra propriedade dos lipídeos na bioquímica humana é sua atuação como mensageiros químicos. Como exemplo, podemos citar: (i) os hormônios esteroides que levam sinais de uma parte do corpo para a outra; e (ii) as prostaglandinas e os tromboxanos, que mediam a resposta hormonal. Outrossim, funcionam como isolantes naturais nos seres humanos e nos demais animais, pois, como são maus condutores de calor, o tecido adiposo mantém a temperatura do corpo estável.

Os principais lipídeos encontrados nos alimentos são os triacilgliceróis, formados predominantemente pela condensação entre glicerol e ácidos graxos (Figura 1.16).

Figura 1.16 – Reação de condensação entre glicerol e ácidos graxos para formação de um triacilglicerol: esterificação

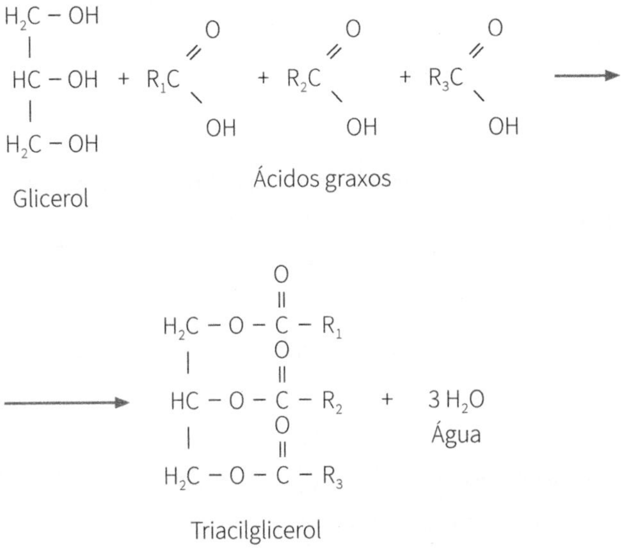

$$\begin{array}{l} H_2C-OH \\ | \\ HC-OH \\ | \\ H_2C-OH \end{array} + R_1C\overset{O}{\underset{OH}{\diagup}} + R_2C\overset{O}{\underset{OH}{\diagup}} + R_3C\overset{O}{\underset{OH}{\diagup}} \longrightarrow$$

Glicerol Ácidos graxos

$$\longrightarrow \begin{array}{l} H_2C-O-\overset{O}{\underset{\|}{C}}-R_1 \\ | \\ HC-O-\overset{O}{\underset{\|}{C}}-R_2 \\ | \\ H_2C-O-\overset{O}{\underset{\|}{C}}-R_3 \end{array} + \begin{array}{l} 3\,H_2O \\ \text{Água} \end{array}$$

Triacilglicerol

Os triacilgliceróis são conhecidos como *óleos* e *gorduras* e contribuem com as propriedades sensoriais e nutricionais dos alimentos. A diferença de significado entre os termos *óleo* e *gordura* reside no fato de que esta é sólida à temperatura ambiente ao passo que aquele é líquido. Há também o termo *azeite*, utilizado exclusivamente para óleos extraídos de frutos, como o azeite de oliva e o azeite de dendê.

Os lipídeos, no entanto, não são compostos apenas de triacilgliceróis. Os acilgliceróis, como os ácidos graxos, os fosfolipídeos, compostos a estes relacionados e destes derivados, também estão entre os lipídeos.

O Quadro 1.1 contém a classificação geral dos lipídeos.

Quadro 1.1 – Classificação geral dos lipídeos

Lipídeos simples – produtos da esterificação de ácidos graxos e álcoois
☐ Óleos e gorduras – ésteres de glicerol com ácidos graxos
☐ Ceras – ésteres de álcoois de cadeia longa e ácidos graxos
Lipídeos compostos – lipídeos simples associados com moléculas não lipídicas
☐ Fosfolipídeos (fosfatídios) – ésteres de glicerol, ácidos graxos, ácido fosfórico e, normalmente, uma base nitrogenada
☐ Cerebrosídios (glicolipídeos) – compostos por ácidos graxos, um grupo nitrogenado e um hidrato de carbono
☐ Lipoproteínas – compostos de lipídeos e proteínas
☐ **Lipídeos derivados**
☐ Ácidos graxos (derivados dos lipídeos simples)
☐ Álcoois de alto peso molecular
☐ Esteróis
☐ Hidrocarbonetos de cadeia longa
☐ Pigmentos
☐ Vitaminas lipossolúveis

Fonte: Elaborado com base em Dergal, 1990.

Como é possível notar no Quadro 1.1, tal categorização dos lipídeos também contempla as vitaminas lipossolúveis, que são representadas pelas vitaminas A, D, E e K, tópico que detalharemos adiante.

1.2.1 Gorduras

Como explicamos há pouco, as gorduras são triacilgliceróis (também chamados de *triglicerídeos* ou *triglicérides*). Elas representam os lipídeos mais abundantes na natureza e são formadas pela esterificação de uma molécula de glicerol com três moléculas de ácidos graxos. A seguir, analisaremos cada uma dessas estruturas.

1.2.1.1 Ácidos graxos

Os ácidos graxos compreendem um grupo terminal característico de ácidos orgânicos – o grupo carbonila – e normalmente são constituídos por uma cadeia longa com número par de átomos de carbono sem ramificações. No entanto, já se identificaram muitos outros, como os cíclicos, os ramificados, os hidroxilados, com número ímpar de carbono etc., de tal maneira que se conhecem mais de 400 que se encontram no leite, em alguns vegetais e em certos microrganismos.

Os ácidos graxos correspondem a considerável percentual da composição dos triacilgliceróis, os quais são praticamente os componentes exclusivos de óleos e gorduras. Sendo assim, as diferentes constituições deles influenciam na estabilidade à oxidação, na plasticidade, no padrão de cristalização, no índice de iodo, bem como nas temperaturas de solidificação e de fusão dos óleos e das gorduras.

As cadeias de ácidos graxos podem ser saturadas e conter uma (conhecidos como *monoinsaturados*) ou mais insaturações (ditos *poli-insaturados*). Os ácidos graxos saturados variam de 4 a 26 átomos de carbono e sua temperatura ou ponto de fusão aumenta com o peso molecular ou comprimento da cadeia: os de 4 a 8 carbonos* são líquidos a 25 °C, ao passo que os de 10 em diante são sólidos.

A nomenclatura dos ácidos graxos saturados concerne à substituição do sufixo -o do hidrocarboneto correspondente pelo sufixo -oico. Por exemplo: o hidrocarboneto com 12 átomos de carbono é chamado *dodecano*; e seu ácido graxo, *ácido dodecanoico* (Figura 1.17).

Figura 1.17 – Fórmula estrutural do ácido dodecanoico

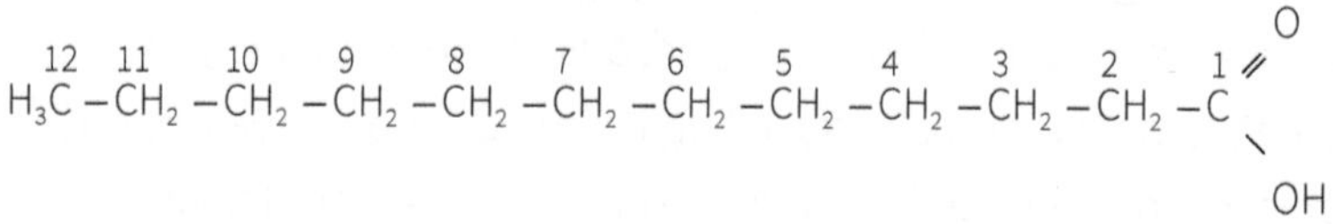

$$\overset{12}{H_3C}-\overset{11}{CH_2}-\overset{10}{CH_2}-\overset{9}{CH_2}-\overset{8}{CH_2}-\overset{7}{CH_2}-\overset{6}{CH_2}-\overset{5}{CH_2}-\overset{4}{CH_2}-\overset{3}{CH_2}-\overset{2}{CH_2}-\overset{1}{C}\underset{OH}{\overset{O}{\diagup\!\!\!\!\diagdown}}$$

Os ácidos graxos saturados mais comuns em alimentos – aqui elencados no Quadro 1.2 – são os ácidos láurico (C12), mirístico (C14), palmítico (C16) e esteárico (C18).

---

* A nomenclatura *C* seguida de um número *n* simboliza o carbono de determinada cadeia que apresenta a numeração *n*.

Quadro 1.2 – Principais ácidos graxos saturados em alimentos

Nome comum	Nome sistemático	Fórmula	Alimentos
Butírico	Butanoico	$H_3C(CH_2)_2COOH$	Gordura do leite
Caproico	Hexanoico	$H_3C(CH_2)_4COOH$	Gordura do leite, óleos de coco e babaçu
Caprílico	Octanoico	$H_3C(CH_2)_6COOH$	Gordura do leite, óleos de coco e de babaçu, óleo de semente de uva
Láurico	Dodecanoico	$H_3C(CH_2)_{10}COOH$	Óleo de semente das *Lauraceae*, gordura do leite
Mirístico	Tetradecanoico	$H_3C(CH_2)_{12}COOH$	Óleo de noz-moscada, gordura de leite, óleo de coco
Palmítico	Hexadecanoico	$H_3C(CH_2)_{14}COOH$	Óleos de soja e algodão, oliva, abacate, amendoim, milho, manteiga de cacau, toucinho
Esteárico	Octadecanoico	$H_3C(CH_2)_{16}COOH$	Gordura animal, manteiga de cacau
Araquídico	Eicosanoico	$H_3C(CH_2)_{18}COOH$	Óleo de amendoim
Lignocérico	Tetracosanoico	$H_3C(CH_2)_{22}COOH$	Óleos de amendoim, mostarda, gergelim, colza e girassol

Fonte: Bobbio, 1989, citado por Ribeiro; Seravalli, 2007, p. 114.

Os ácidos graxos instaurados variam entre si com relação ao número de átomos de carbono e de insaturações, à localização das duplas-ligações e à configuração. Os monoinsaturados normalmente apresentam a dupla-ligação entre os carbonos 9 e 10.

Os ácidos graxos com insaturações têm dois tipos de isomeria: (i) geométrica, quando o ácido pode ter a configuração cis ou trans; e (ii) de posição, a depender da localização da dupla-ligação na cadeia de átomos de carbono. No caso da isomeria geométrica, uma molécula tem a configuração cis quando os átomos de hidrogênio encontram-se no mesmo lado em relação à dupla-ligação. Quando os átomos estão em lados opostos, diz-se que a molécula tem configuração trans, conforme demonstrado pela Figura 1.18.

Figura 1.18 – Arranjos cis e trans de um ácido graxo insaturado

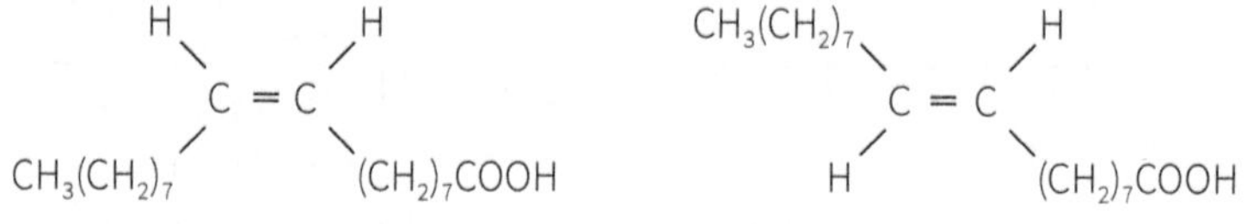

$$\underset{CH_3(CH_2)_7}{H}\diagdown C = C \diagup \underset{(CH_2)_7COOH}{H} \qquad \underset{H}{CH_3(CH_2)_7}\diagdown C = C \diagup \underset{(CH_2)_7COOH}{H}$$

Ácido oleico (cis)   Ácido elaídico (trans)

Em seu estado natural, a maioria dos ácidos graxos insaturados tem configuração cis. Os trans são encontrados em gorduras hidrogenadas comerciais e em algumas de ruminantes, como o sebo. Termodinamicamente, os isômeros trans são mais viáveis e estáveis que os cis, pois apresentam associação e compactação moleculares semelhantes às de uma cadeia saturada. O empacotamento dos isômeros trans faz o arranjo trans ter temperaturas de fusão maiores que às do cis correspondente para o mesmo tamanho de molécula. Por exemplo, o ponto de fusão do ácido oleico (cis) é de 13 °C; e do ácido elaídico (trans, sintetizado em hidrogenação comercial), de 44 °C.

Preste atenção!

Os ácidos graxos trans oferecem benefícios a alimentos processados graças a suas características estruturais. Sua principal fonte de obtenção é a hidrogenação parcial de óleos vegetais utilizada para produzir margarina e gordura hidrogenada. Todavia, a ingestão excessiva de ácidos graxos trans causa malefícios à saúde. Eles exercem um efeito desfavorável sobre as lipoproteínas séricas, porque não apenas aumentam os níveis de colesterol LDL (lipoproteína de baixa densidade – "colesterol ruim"), mas também reduzem os níveis de colesterol HDL (lipoproteína de alta densidade – "colesterol bom").

Na nomenclatura oficial dos ácidos graxos insaturados, além da substituição do sufixo, são indicadas a posição das insaturações (sempre com o número do átomo de carbono mais baixo da dupla-ligação) e a configuração (cis ou trans). No caso de omissão da configuração, admite-se que esta seja cis. Por exemplo, o hidrocarboneto com 18 átomos de carbono e uma dupla-ligação no carbono 9 é chamado *9-octadeceno*; e seu ácido graxo, *ácido 9-octadecenoico* (Figura 1.19).

Figura 1.19 – Fórmula estrutural do ácido 9-octadecenoico

$$\overset{18}{H_3C} - (CH_2)_5 - \overset{10}{CH} = \overset{9}{CH} - (CH_2)_7 - \overset{1}{COOH}$$

Vale ressaltar que ácidos graxos com duas, três e quatro duplas-ligações são geralmente nomeados com a substituição do sufixo -no por -dienoico, -trienoico e -tetradienoico, respectivamente.

As duplas-ligações podem, ainda, ser indicadas de maneira incompleta pela representação CN:1, em que N indica o número de carbonos e 1 o número de duplas-ligações. Por exemplo, C18:3 se refere a um ácido graxo que contém 18 átomos de carbono e 3 duplas-ligações.

Ademais, existe outra forma simplificada, designada *sistema delta* (Δ). Nessa abreviação, o símbolo Δ é seguido pelo número da posição de todas as duplas-ligações presentes no ácido graxo. Por exemplo, Δ9-octadecenoico representa o ácido oleico; Δ9, 12-octadecadienoico, o ácido linoleico.

Os ácidos graxos poli-insaturados também são divididos pelo sistema ω. Os ácidos graxos ω3 apresentam a primeira dupla-ligação entre o terceiro e o quarto carbonos, iniciando a contagem a partir do grupo terminal CH_3, cujo carbono passa a ser o número 1. De forma semelhante, os ácidos graxos ω6 têm a primeira dupla-ligação entre o sexto e o sétimo carbonos. O Quadro 1.3 apresenta detalhes de alguns ácidos graxos insaturados encontrados em diferentes óleos e gorduras.

Quadro 1.3 – Alguns ácidos graxos insaturados encontrados em óleos e gorduras

Nome comum	Nome sistemático	Fórmula	Óleo ou gordura
Caproleico	9-decenoico	$C_9H_{17}COOH$	Gordura do leite
Lauroleico	9-dodecenoico	$C_{11}H_{21}COOH$	Gordura do leite
Miristoleico	9-tetradecenoico	$C_{13}H_{25}COOH$	Gordura animal
Fisetérico	5-tetradecenoico	$C_{13}H_{25}COOH$	Óleo de sardinha
Oleico	9-cis-octadecenoico	$C_{17}H_{33}COOH$	Gorduras animal e vegetal
Gadoleico	9-ecosenoico	$C_{19}H_{37}COOH$	Óleos de peixes e de animais marinhos
Erúcico	13-docosenoico	$C_{21}H_{41}COOH$	Óleos de mostarda e colza
Linoleico	9,12-octadecadienoico	$C_{17}H_{31}COOH$	Óleos de amendoim, algodão, gergelim e girassol
Linolênico	9,12,15-octadecatrienoico	$C_{17}H_{29}COOH$	Óleos de soja, gérmen de trigo e linhaça

Fonte: Bobbio, 1989, citado por Ribeiro; Seravalli, 2007, p. 118.

Alguns ácidos graxos insaturados são chamados de *essenciais*, uma vez que não são sintetizados pelo organismo humano e, por isso, devem ser ingeridos. Como exemplos, podemos citar o ácido α-linolênico (ω3) e o ácido linoleico (ω6), primordiais para a função celular normal. Ambos atuam como precursores da síntese de ácidos graxos poli-insaturados de cadeia longa, como os ácidos araquidônico, eicosapentaenoico e docosaexaenoico, os quais participam de muitas funções celulares. Eles, por exemplo, afetam a fluidez e as atividades enzimáticas da membrana, assim como a síntese de eicosanoides.

1.2.1.2 Glicerol

Quimicamente, o glicerol (1,2,3-propanotriol) é um triálcool com três carbonos (Figura 1.16). Ele é um líquido incolor, solúvel em água e etanol, sem cheiro, muito viscoso, cujo ponto de fusão é 17,9 °C. O *glicerol* (nome derivado do grego *glykys*, que significa "doce") também apresenta sabor adocicado.

Nomenclatura dos glicerídeos

Glicerídeo é o nome conferido aos ésteres de ácidos graxos e glicerol. O termo *acilglicerol* é utilizado para os glicerídeos em geral.

Apesar de os alimentos serem constituídos predominantemente por triacilgliceróis (glicerol com 3 hidroxilas esterificadas com ácidos graxos), menos de 2% deles podem ser de monoacilgliceróis (glicerol com apenas 1 hidroxila esterificada com ácido graxo) e diacilgliceróis (glicerol com 2 hidroxilas esterificadas com ácidos graxos).

Os glicerídios podem ser denominados conforme segue:

1. Número referente à posição do ácido graxo na molécula de glicerol + nome do ácido graxo com substituição do sufixo -*ico* por -*il* + glicerol.
2. Nomes dos ácidos graxos localizados nas posições 1 e 2 do glicerol com substituição do sufixo -*ico* por -*o* + nome do ácido graxo localizado na posição 3 do glicerol com substituição do sufixo -*ico* por -*ina*.

Observação: neste caso, omite-se o termo *glicerol* no final da designação.

A Figura 1.20 apresenta um exemplo de nomenclatura de um triacilglicerol

Figura 1.20 – Nomenclatura de um triacilglicerol

$$H_2C - O - oleil$$
$$|$$
$$HC - O - estearil$$
$$|$$
$$H_2C - O - palmitil$$

1-oleil, 2-estearil, 3-palmitil glicerol
ou
1-óleo, 2-esteara, 3-palmitina

No caso de haver dois ácidos graxos iguais, pode-se utilizar o prefixo *di-*. Quando há 3 ácidos graxos iguais, além de utilizar o prefixo *tri-*, emprega-se o sufixo -*ina*. Um exemplo de cada caso está exposto na Figura 1.21.

Figura 1.21 – Nomenclaturas de triacilgliceróis

$H_2C - O -$estearil $H_2C - O -$palmitil
| |
$HC - O -$estearil $HC - O -$palmitil
| |
$H_2C - O -$palmitil $H_2C - O -$palmitil

Diestearo palmitina ou palmito diestearina   Tripalmitina

Nomes que apresentam *sn* inicialmente (por exemplo, sn-3-oleil-glicerol) designam glicerídeos que exibem isomeria óptica com carbono 2 assimétrico.

1.2.2 Ceras

As ceras biológicas são formadas por álcoois de cadeia longa (de 16 a 30 carbonos) esterificados a ácidos graxos também de cadeia longa (de 14 a 36 carbonos). Graças a suas altas massas moleculares, elas são sólidas e apresentam elevado ponto de fusão (entre 60 °C e 100 °C).

Alguns óleos vegetais (como os de milho, arroz e soja), quando resfriados, tornam-se turvos pela quantidade de ceras presentes (aproximadamente 0,005%).

As ceras são utilizadas pelas plantas e pelos animais como cobertura protetora. Por exemplo, na pele dos vertebrados, existem glândulas que secretam essas ceras para proteger a pele e os pelos. Muitas plantas tropicais também são cobertas de ceras, que servem para impedir a evaporação excessiva de água e protegê-las contra parasitas. Soma-se a isso sua aplicação nas indústrias farmacêutica e cosmética para fabricação de loções, pomadas e polidores.

1.2.3 Fosfolipídeos

Os fosfolipídeos (ou fosfatídeos) são formados pela esterificação de um poliálcool (geralmente um glicerol) com ácidos graxos e ácido fosfórico (H_3PO_4). O ácido fosfórico, por sua vez, é esterificado por uma base nitrogenada (colina ou etanolamina), um aminoácido (serina) ou um álcool (inositol).

Os fosfolipídeos têm considerável importância biológica, pois intervêm em diversos processos do metabolismo, são constituintes das membranas celulares, dos nervos e dos tecidos orgânicos e representam até 90% dos lipídeos das mitocôndrias.

Além disso, esses elementos são utilizados como agentes emulsificantes em vários produtos alimentícios, como maioneses, biscoitos, bolos e sorvetes. Essa capacidade emulsificante é resultado de ambas as frações, hidrofóbica (dos ácidos graxos) e hidrofílica (do radical fosfórico), das moléculas de fosfolipídeos.

1.2.4 Cerebrosídios

Os cerebrosídios são da classe dos esfingolipídeos, cujo esqueleto básico é uma molécula de aminoálcool (esfingosina ou um derivado) no lugar do glicerol. O aminoálcool dos esfingolipídeos liga-se a um ácido graxo de cadeia longa e a um grupo polar. No caso específico dos cerebrosídios, a ceramida (formada pela ligação amídica do grupo amino da esfingosina com o ácido graxo) liga-se a um açúcar, que pode ser glicose ou galactose.

Os cerebrosídios são encontrados, predominantemente, no cérebro, para cujos tecidos nervosos são indispensáveis.

1.2.5 Lipoproteínas

O colesterol, os triacilgliceróis e os fosfolipídeos são essencialmente insolúveis em água e precisam ser transportados do tecido de origem para os tecidos nos quais eles serão consumidos ou armazenados. Esse transporte no plasma sanguíneo é realizado e facilitado pelas lipoproteínas plasmáticas.

As estruturas das lipoproteínas, como o próprio nome diz, incluem tanto lipídeos quanto proteínas. Elas são formadas por um *cluster* esférico e, em sua maioria, contêm um centro de moléculas hidrofóbicas lipídicas envolto por moléculas hidrofílicas (como proteínas e fosfolipídeos).

As lipoproteínas podem ser de quatro tipos:

1. **Lipoproteínas de baixa densidade** (LDL – *low density lipoproteins* – Também conhecidas popularmente como "colesterol ruim", formadas por aproximadamente 50% de colesterol e cerca de 25% de proteínas. As LDL representam o principal transporte de colesterol no sangue, levando-o para os tecidos extra-hepáticos, como músculo, tecido adiposo e glândulas suprarrenais.
2. **Lipoproteínas de alta densidade** (HDL – *high density lipoproteins*) – Também referidas popularmente como "colesterol bom", são formadas por aproximadamente 30% de

colesterol e cerca de 30% de proteínas. São sintetizadas no fígado e, em menor quantidade, no intestino delgado. As HDL atuam no sentido oposto ao das LDL. Elas removem colesterol dos tecidos extra-hepáticos e, então, são absorvidas pelo fígado, no qual o colesterol pode ser transformado em sais biliares, que, por sua vez, são excretados.

3. **Lipoproteínas de densidade muito baixa** (VLDL – *very-low density lipoproteins*) – Carregam principalmente os triacilglicerídios produzidos pelo fígado.
4. **Quilomícrons** – Transportam triacilgliceróis para vários órgãos, sobretudo do intestino para os tecidos adiposo e o fígado.

Preste atenção!

Como é insolúvel em água, se o colesterol estiver em níveis elevados na corrente sanguínea, ele pode alocar-se nas superfícies das artérias na forma de placas, diminuindo o fluxo de sangue. Esse acúmulo de gordura nas artérias ocasiona a aterosclerose, tipo mais frequente de esclerose de artérias. Somada à alta pressão sanguínea, ela pode ocasionar ataque do coração, derrame ou disfunção renal.

Vale ressaltar que a aterosclerose está relacionada a altos níveis de LDL no sangue. Por outro lado, as lipoproteínas HDL levam o colesterol das placas depositadas nas artérias para o fígado, reduzindo, dessa forma, o risco da doença. Assim, de maneira geral, é desejável que a corrente sanguínea de um indivíduo apresente baixos níveis de LDL e altos níveis de HDL.

1.2.6 Lipídeos derivados

Esteróis, álcoois terpênicos, álcoois alifáticos, vitaminas lipossolúveis, pigmentos e hidrocarbonetos são exemplos de lipídeos derivados.

Os esteróis são substâncias integradas pelo grupo *peridrociclopentanofenantreno*, uma cadeia de hidrocarbonetos e um grupo de álcool, e são encontrados nos reinos animal e vegetal. No primeiro caso, são conhecidos como *zoosteróis*, o principal dos quais é o colesterol. Os de origem vegetal recebem o nome genérico de *fitosteróis*, que aparentemente funcionam da mesma maneira que o colesterol no tecido animal, ou seja, estabilizam a membrana e controlam sua permeabilidade. Existem, ainda, os esteróis produzidos por microrganismos, que são chamados de *micosteróis*.

O colesterol (Figura 1.22) é constituído pela esterificação dos ácidos graxos com um esteroide de quatro anéis (peridrociclopentanofenantreno). Ele é um componente essencial de diversas células (principalmente da mielina, que reveste as células nervosas) e está presente em altas concentrações no fígado. Outrossim, o colesterol é precursor na síntese de outros esteroides, como hormônios sexuais e hormônios do córtex das glândulas suprarrenais, vitamina D e sais biliares.

Figura 1.22 - Estrutura do colesterol

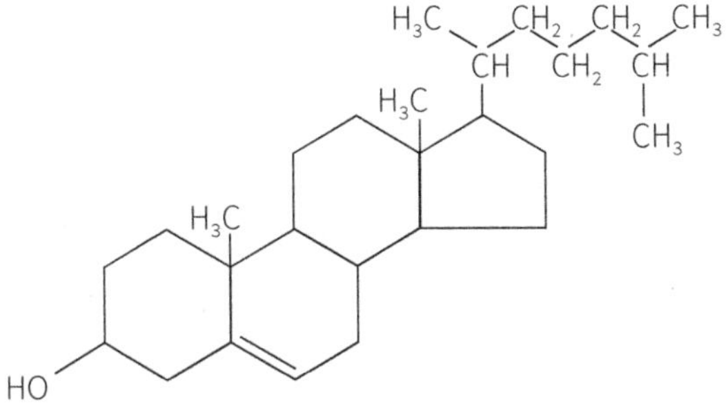

Quanto às vitaminas, a A, a D, a E e a K são lipossolúveis, ou seja, solúveis em solventes e óleos orgânicos, mas insolúveis em água. No entanto, existem preparações comerciais microencapsuladas em gomas e em outros polímeros hidrofílicos que as tornam estáveis em soluções aquosas. O tocoferol (Figura 1.23), composto químico que apresenta atividade de vitamina E, tem função antioxidante e, portanto, contribui muito para a estabilidade de óleos e gorduras.

Figura 1.23 - Estrutura do tocoferol

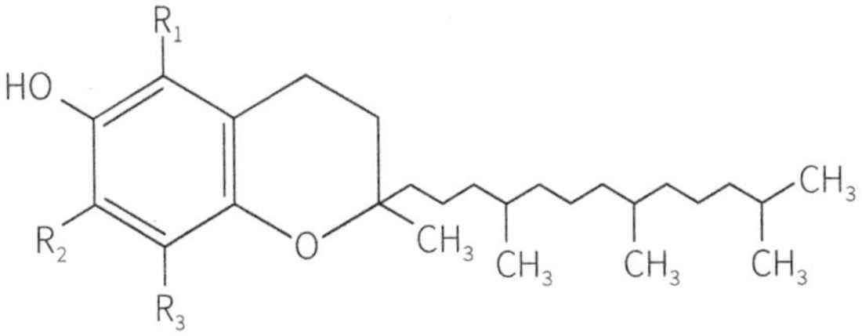

Também são lipídeos derivados os pigmentos dos alimentos – carotenoides (cores que variam de amarelo a vermelho), clorofila (cor verde) e mioglobina (cor vermelha). Os carotenoides, que contêm em suas moléculas a estrutura β-ionona (Figura 1.24), apresentam atividade de provitamina A (precursores da vitamina A). Na Seção 1.4.1.1, discorreremos sobre a relevância da vitamina A.

Figura 1.24 – Estrutura da β-ionona

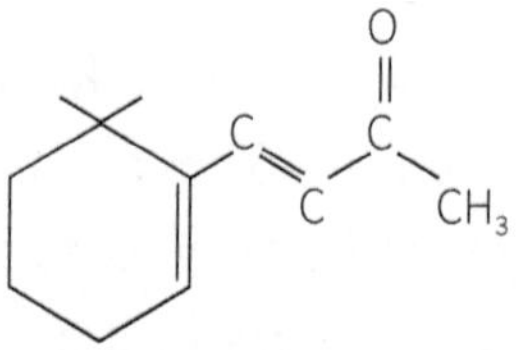

Por fim, os hidrocarbonetos de cadeia longa representam menos de 1% na maioria das gorduras, sendo o esqualeno (Figura 1.25), de fórmula molecular $C_{30}H_{50}$, o de maior ocorrência.

Figura 1.25 – Estrutura do esqualeno

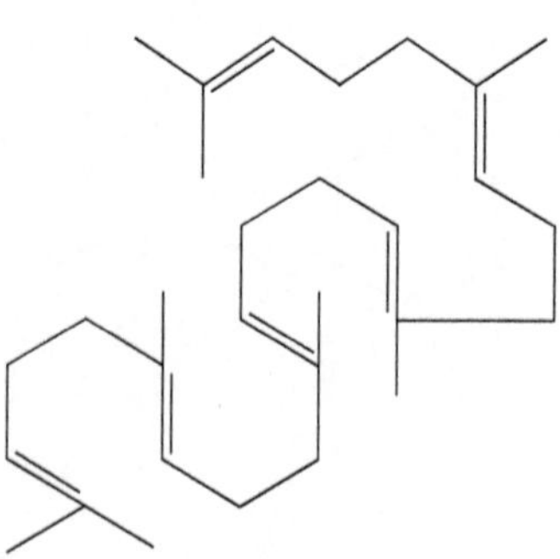

O esqualeno manifesta atividade anticarcinogênica e antioxidante, sendo, por isso, utilizado na formulação de suplementos alimentares. Ele pode ser encontrado, por exemplo, no óleo do fígado de algumas espécies de tubarões e no azeite de oliva.

1.3 Proteínas

A designação *proteína* tem origem na palavra grega *proteios*, que significa "de primeira importância". De fato, elas não apenas constituem o componente celular mais abundante, mas também podem exercer diversas funções, quais sejam:

1. **Estrutural** – Como explicamos anteriormente, no caso das plantas, o elemento estrutural de suas paredes celulares é o carboidrato celulose. No caso dos animais, os principais constituintes de pele, ossos, cabelos e unhas são as proteínas estruturais; como exemplo, podemos citar o colágeno e a queratina.
2. **Catalítica** – Muitas proteínas exercem a função de aumentar a velocidade das reações químicas. Estas são chamadas *enzimas*. Essa função catalítica é utilizada em milhares de reações que ocorrem no organismo humano.
3. **Hormonal** – O controle global do metabolismo também conta com a contribuição de proteínas de ação hormonal. É o caso do glucagon e da insulina. Os hormônios do crescimento humano e a eritropoietina (que age induzindo o aumento da

produção de células vermelhas no sangue), cabe enfatizar, também são proteínas.

4. **De transporte** – Como exemplo, podemos citar a hemoglobina, uma proteína presente no sangue e que transporta o oxigênio dos pulmões para as células e o dióxido de carbono das células para os pulmões. Outro exemplo é a transferrina, responsável pelo transporte sanguíneo de ferro.
5. **De proteção** – Quando uma substância estranha (antígeno) entra em nosso corpo, o organismo produz uma proteína (anticorpo) para combater eventuais doenças. A coagulação do sangue também é uma estratégia de proteção empreendida pela proteína fibrinogênio.
6. **De reserva** – Algumas proteínas, como é o caso da ferritina, da caseína e da ovoalbumina, têm a capacidade de armazenamento. A ferritina acondiciona ferro. A ovoalbumina e a caseína – presentes, respectivamente, no ovo e no leite – armazenam nutrientes para os pássaros e mamíferos recém-nascidos.
7. **De regulação** – Proteínas controlam a atividade dos genes. Elas regulam o tipo de proteína sintetizada em uma célula e o momento da síntese.
8. **De contração** – As proteínas actina e miosina compõem os músculos do corpo humano e atuam na contração muscular.

Dada a importância das proteínas para o organismo humano, é fundamental que elas sejam obtidas por meio da dieta, e não apenas em quantidade, mas em qualidade suficiente.

As proteínas, como explicitaremos mais adiante, são constituídas por unidades estruturais de aminoácidos. E, apesar de todas as diferentes funções que apresentam, elas são formadas por apenas 20 tipos de aminoácidos. Destes, apenas 8 são considerados indispensáveis para adultos, ou seja, devem ser obtidos por meio da dieta, pois a taxa de síntese deles no organismo humano é insignificante. Esses aminoácidos, chamados de *essenciais*, são: leucina, isoleucina, lisina, metionina, fenilalanina, treonina, triptofano e valina. As crianças, vale dizer, também precisam de histidina. Os demais aminoácidos não são chamados *essenciais* porque o organismo pode sintetizá-los efetivamente a partir dos indispensáveis.

1.3.1 Aminoácidos

As proteínas configuram-se por cadeias de aminoácidos, cada um dos quais, como o próprio nome diz, constituído por um grupo amino ($-NH_2$) e um carboxílico ($-COOH$) no carbono α. O carbono α também está ligado a um átomo de hidrogênio e a uma cadeia lateral (grupo R) variável (Figura 1.26). A única exceção é o aminoácido prolina, o qual apresenta uma ligação entre o grupo R e o N.

Figura 1.26 – Fórmula geral de um aminoácido

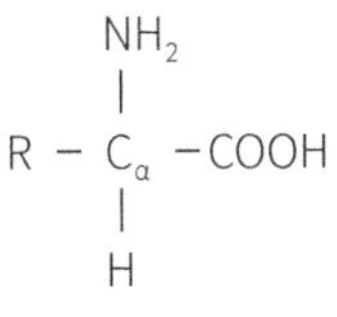

$$R - \underset{\underset{H}{|}}{\overset{\overset{NH_2}{|}}{C_\alpha}} - COOH$$

Em soluções aquosas e pH neutro, os grupos carboxílico e amino encontram-se ionizados. Como o grupo carboxílico pode perder um próton, e o grupo amino receber um, os aminoácidos têm uma característica acidobásica (Figura 1.27).

Figura 1.27 – Fórmula geral do aminoácido ionizado

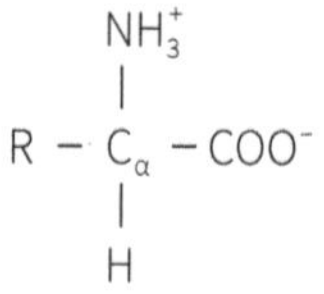

$$R - \underset{\underset{H}{|}}{\overset{\overset{NH_3^+}{|}}{C_\alpha}} - COO^-$$

Os 20 aminoácidos mais comuns em proteínas alimentares estão elencados no Quadro 1.4.

Quadro 1.4 – Aminoácidos -padrão

Aminoácido	Abreviação de 3 letras	Abreviação de 1 letra
Alanina	Ala	A
Arginina	Arg	R
Asparagina	Asn	N
Ácido aspártico	Asp	D
Cisteína	Cys	C
Glutamina	Gln	Q
Ácido glutâmico	Glu	E
Glicina	Gly	G
Histidina	His	H
Isoleucina	Ile	I
Leucina	Leu	L

(continua)

(Quadro 1.4 – conclusão)

Aminoácido	Abreviação de 3 letras	Abreviação de 1 letra
Lisina	Lys	K
Metionina	Met	M
Fenilalanina	Phe	F
Prolina	Pro	P
Serina	Ser	S
Treonina	Thr	T
Triptofano	Trp	W
Tirosina	Tyr	Y
Valina	Val	V

Fonte: Elaborado com base em Ribeiro; Seravalli, 2007.

O radical R é o responsável por distinguir os aminoácidos entre si, os quais podem ser classificados em quatro grupos: (i) os apolares; (ii) os polares neutros; (iii) os ácidos; e (iv) os básicos – conforme a polaridade desse radical. As cadeias laterais apolares são hidrofóbicas, ou seja, repelem a água. Os radicais R polares neutros, ácidos e básicos são hidrofílicos, isto é, são atraídos pela água.

Os aminoácidos apolares têm menor solubilidade em água. Entre eles estão os que apresentam cadeia lateral alifática, como a alanina, a leucina, a isoleucina, a valina e a prolina; os com anéis aromáticos, como a fenilalanina e o triptofano; e o que contém enxofre no radical R, a metionina (Figura 1.28).

Figura 1.28 – Fórmulas estruturais de aminoácidos apolares

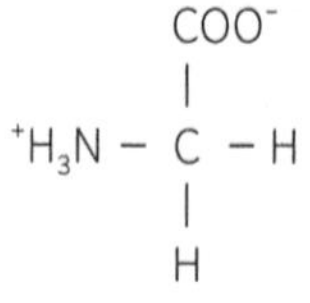

```
      COO⁻                    COO⁻                    COO⁻
       |                       |                       |
⁺H₃N — C — H            ⁺H₃N — C — H            ⁺H₃N — C — H
       |                       |                       |
       H                      CH₃                      CH
                                                      / \
                                                    H₃C  CH₃
    Glicina                 Alanina
                                                      Valina
```

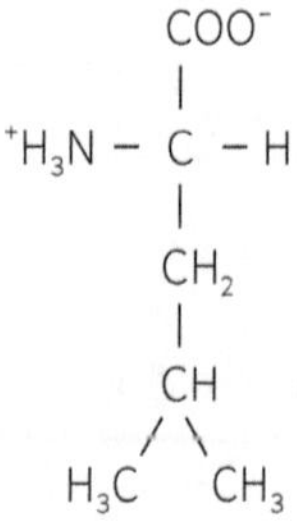

```
      COO⁻                    COO⁻                    COO⁻
       |                       |                       |
⁺H₃N — C — H            ⁺H₃N — C — H            ⁺H₃N — C — H
       |                       |                       |
      CH₂                      CH                     CH₂
       |                      / \                      |
       CH                   H₃C  CH₃                  CH₂
      / \                    |                        |
    H₃C  CH₃                CH₃                        S
                                                       |
                                                      CH₃
    Leucina                Isoleucina
                                                    Isoleucina
```

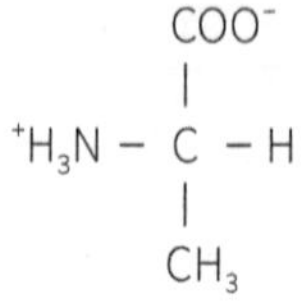

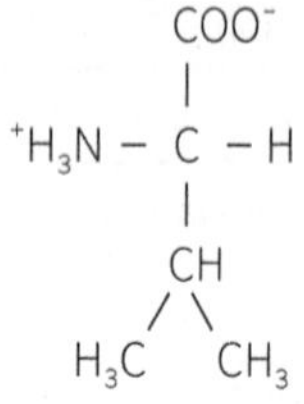

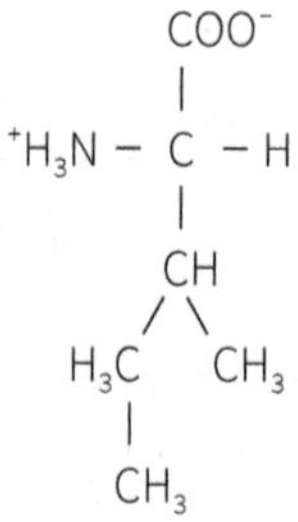

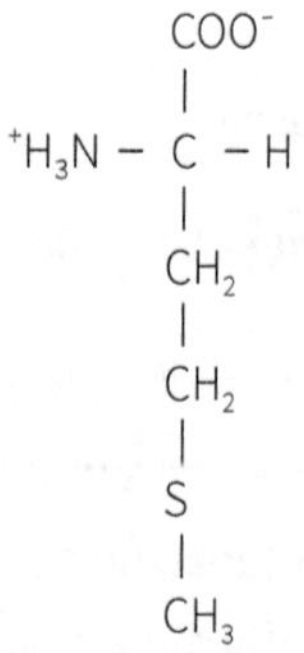

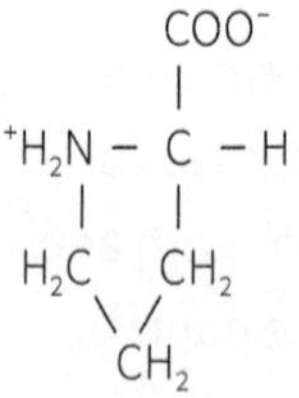

```
      COO⁻                    COO⁻                    COO⁻
       |                       |                       |
⁺H₂N — C — H            ⁺H₃N — C — H            ⁺H₃N — C — H
       | |                     |                       |
      H₂C CH₂                 CH₂                     CH₂
        \ /                                            |
        CH₂
    Prolina
                              Fenilalanina
                                                    Triptofano
```

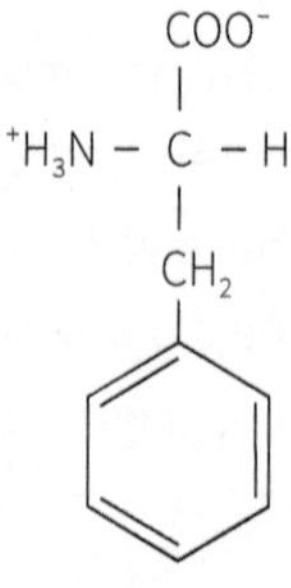

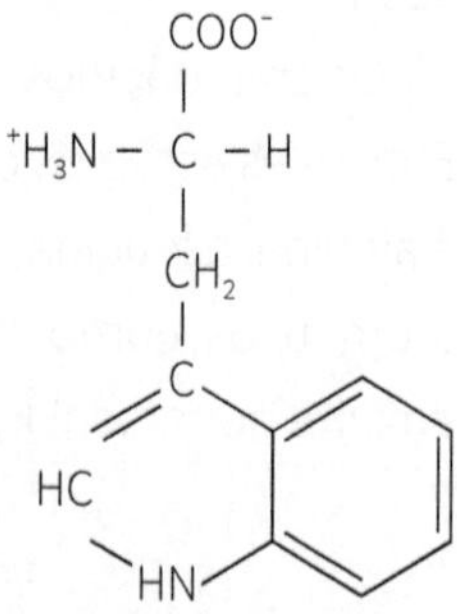

Os aminoácidos polares neutros têm radicais polares sem carga. Sua polaridade depende da natureza dos grupos R. Por exemplo, os aminoácidos serina, treonina e tirosina apresentam polaridade graças às hidroxilas (-OH); a asparagina e a glutamina, em razão do grupo amida ($-CO-NH_2$); e a cistina, graças ao grupo tiol (-SH) (Figura 1.29).

Figura 1.29 – Fórmulas estruturais de aminoácidos polares sem carga

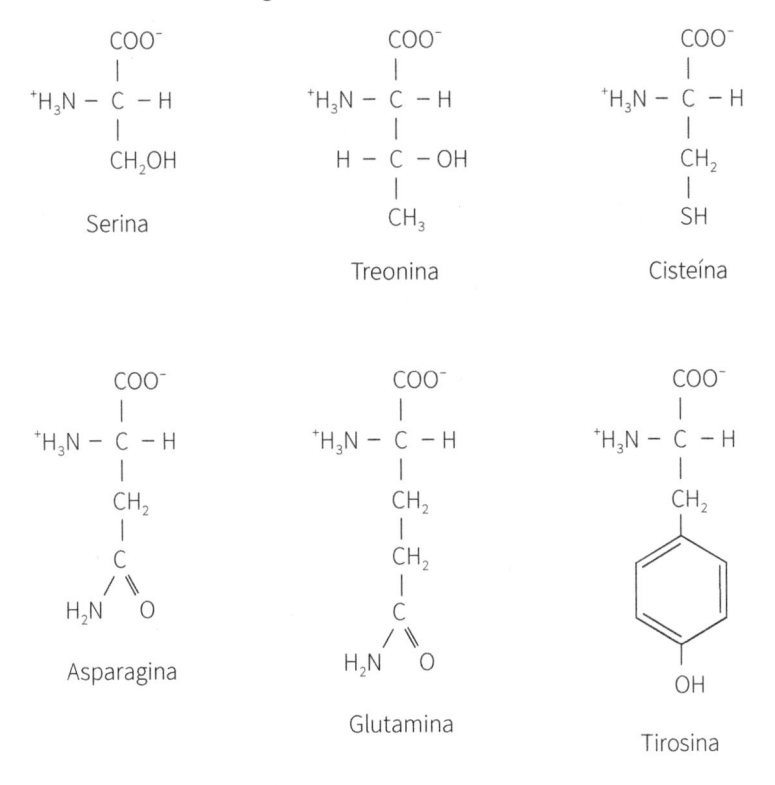

```
        COO⁻                    COO⁻                    COO⁻
         |                       |                       |
⁺H₃N  − C − H           ⁺H₃N  − C − H           ⁺H₃N  − C − H
         |                       |                       |
        CH₂OH               H − C − OH                  CH₂
                                 |                       |
       Serina                   CH₃                      SH

                              Treonina                Cisteína


        COO⁻                    COO⁻                    COO⁻
         |                       |                       |
⁺H₃N  − C − H           ⁺H₃N  − C − H           ⁺H₃N  − C − H
         |                       |                       |
        CH₂                     CH₂                     CH₂
         |                       |
         C                      CH₂
        ╱ ╲╲                     |
      H₂N   O                    C
                                ╱ ╲╲
     Asparagina              H₂N   O

                             Glutamina                   OH

                                                      Tirosina
```

Os aminoácidos ácidos são aqueles com mais um grupo carboxílico além do α-carboxílico, sendo eles o ácido aspártico e o ácido glutâmico (Figura 1.30). Em valores de pH entre 6,0 e 7,0, esses aminoácidos ficam completamente ionizados com carga negativa.

Figura 1.30 – Fórmulas estruturais de aminoácidos ácidos (carregados negativamente)

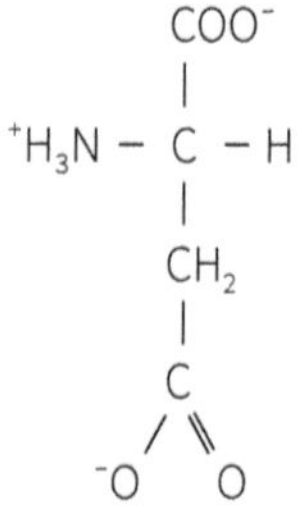

$$\begin{array}{c} COO^- \\ | \\ {}^+H_3N - C - H \\ | \\ CH_2 \\ | \\ C \\ {}^-O \diagup \diagdown O \end{array} \qquad \begin{array}{c} COO^- \\ | \\ {}^+H_3N - C - H \\ | \\ CH_2 \\ | \\ CH_2 \\ | \\ C \\ {}^-O \diagup \diagdown O \end{array}$$

Ácido aspártico

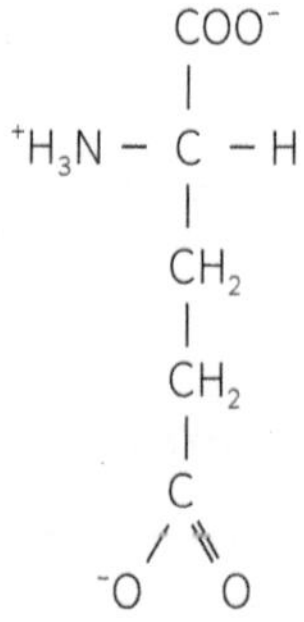

Ácido glutâmico

Por fim, os aminoácidos básicos, quando em pH próximo a 7,0, apresentam carga positiva na cadeia lateral (R). A única exceção desse grupo é a histidina, que, quando em pH 7,0, apresenta apenas 10% de seu grupo tinidazol protonado; quando em pH 6,0, 50%. A lisina, a arginina e a histidina integram esse grupo (Figura 1.31). Na lisina, o grupo responsável pela carga positiva é o amino; e na arginina, o guanidino.

Figura 1.31 – Fórmulas estruturais de aminoácidos básicos (carregados positivamente)

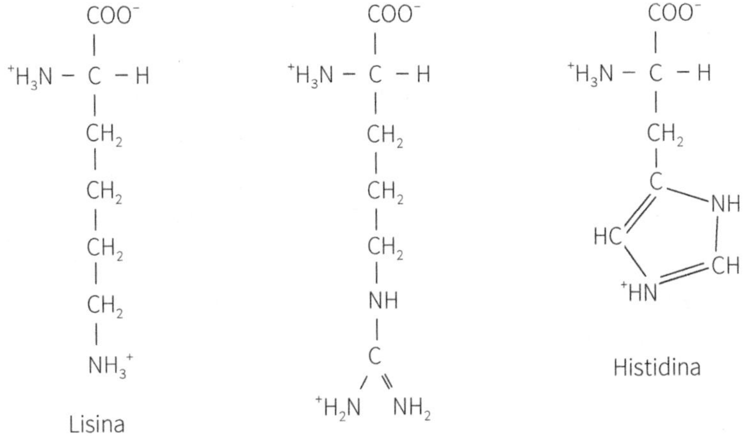

```
      COO⁻                    COO⁻                    COO⁻
       |                       |                       |
⁺H₃N – C – H            ⁺H₃N – C – H            ⁺H₃N – C – H
       |                       |                       |
      CH₂                     CH₂                     CH₂
       |                       |                       |
      CH₂                     CH₂                      C
       |                       |                     /   \
      CH₂                     CH₂                   HC    NH
       |                       |                     \\   //
      CH₂                      NH                     ⁺HN—CH
       |                       |
      NH₃⁺                     C                    Histidina
                              / \\
      Lisina           ⁺H₂N     NH₂

                           Arginina
```

Fique atento!

O sal sódico do ácido glutâmico, conhecido como *glutamato monossódico*, é um realçador de sabor utilizado como aditivo pela indústria de alimentos. Ele é caracterizado por um gosto diferente do doce, salgado, azedo ou amargo e, por isso, definiu-se seu sabor como "umami". Ele é composto por aproximadamente 78% de ácido glutâmico livre, 21% de sódio e até 1% de contaminantes.

Conforme pudemos observar nas Figuras 1.28, 1.29, 1.30 e 1.31, em todos os aminoácidos, com exceção da glicina, o carbono α está ligado a quatro grupos diferentes. Por essa razão, esses aminoácidos com carbono α assimétrico exibem atividade óptica, ou seja, a capacidade de girar o plano de luz polarizada. Para cada aminoácido com estereocentro, existem dois enantiômeros: o L-isômero e o D-isômero, os quais são imagens especulares um do outro (exemplo na Figura 1.32). Na natureza, todavia, predominam os L-isômeros. Apesar disso, podemos encontrar, por exemplo, alguns D-isômeros nas paredes celulares de uns poucos tipos de bactérias.

Figura 1.32 – Dois enantiômeros da alanina

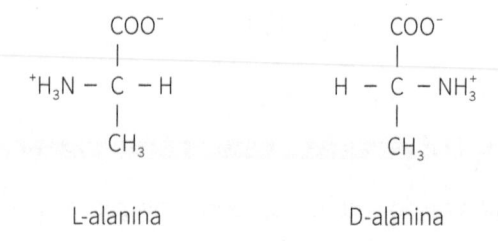

$$^+H_3N - \underset{\underset{CH_3}{|}}{\overset{\overset{COO^-}{|}}{C}} - H \qquad H - \underset{\underset{CH_3}{|}}{\overset{\overset{COO^-}{|}}{C}} - NH_3^+$$

L-alanina   D-alanina

Como é possível notar na Figura 1.32, a configuração L e D dos aminoácidos segue a referência do carboidrato gliceraldeído. Colocando o grupo carbonila acima do carbono α, a L-alanina tem o grupo -NH_3^+ à esquerda do estereocentro de carbono, tal como o grupo -OH do gliceraldeído se localizaria (Figura 1.4).

Vale destacar que tanto a isoleucina quanto a treonina são aminoácidos com dois centros assimétricos e, portanto, exibem quatro estereoisômeros.

1.3.1.1 Peptídeos

A condensação de dois ou mais aminoácidos forma um polímero linear chamado de *peptídeo*. Essa condensação ocorre pela ligação do grupo α-carboxila de um aminoácido com o grupo α-amino de outro e a eliminação de uma molécula de água (Figura 1.33).

Figura 1.33 – Ligação peptídica entre dois aminoácidos

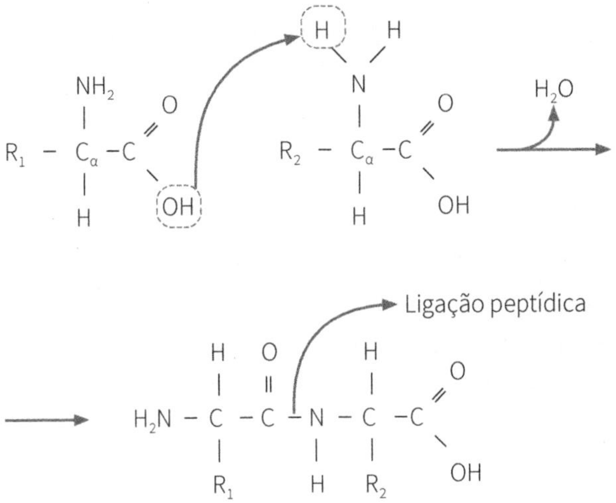

$$R_1 - \underset{H}{\underset{|}{\overset{NH_2}{\overset{|}{C_\alpha}}}} - C\overset{O}{\underset{OH}{\diagdown\!\!\!/}} \quad R_2 - \underset{H}{\underset{|}{\overset{N-H}{\overset{|}{C_\alpha}}}} - C\overset{O}{\underset{OH}{\diagdown\!\!\!/}} \quad \xrightarrow{H_2O}$$

$$\longrightarrow H_2N - \underset{R_1}{\underset{|}{C}} - \overset{O}{\overset{\|}{C}} - \underset{H}{\underset{|}{N}} - \underset{R_2}{\underset{|}{C}} - C\overset{O}{\underset{OH}{\diagdown\!\!\!/}}$$

Ligação peptídica

Quando perdem uma molécula de água na ligação peptídica, os aminoácidos passam a ser, de maneira mais rigorosa, chamados de *resíduos de aminoácidos*. De acordo com o número de resíduos presentes num peptídeo, este pode ser chamado de di-, tri-, tetra-, n-peptídeo, sendo n-1 o número de aminoácidos.

Cadeias com até 30 resíduos de aminoácidos são chamadas de *oligopeptídeos*. As cadeias mais longas são denominadas *polipeptídeos*. E, por sua vez, os polipeptídeos associados a uma função são chamados de *proteínas*.

Preste atenção!

O dipeptídeo L-aspartil-L-fenilalanina é cerca de 200 vezes mais doce que o açúcar comum. O derivado de éster metílico desse peptídeo, que contém um grupo metila ligado ao grupo carboxila livre (Figura 1.34), é chamado de *aspartame* e tem imensa relevância comercial.

Em 1981, o emprego do aspartame como edulcorante em pó de baixa caloria foi autorizado pela Food and Drug Administration (FDA), a agência federal de saúde dos Estados Unidos. Em 1986, foi aprovada sua utilização em todos os alimentos e bebidas. Todavia, as pessoas acometidas pela fenilcetonúria, uma doença genética rara, são incapazes de metabolizar o aminoácido fenilalanina, razão pela qual devem evitar o consumo dessa substância.

Figura 1.34 – Estrutura do aspartame

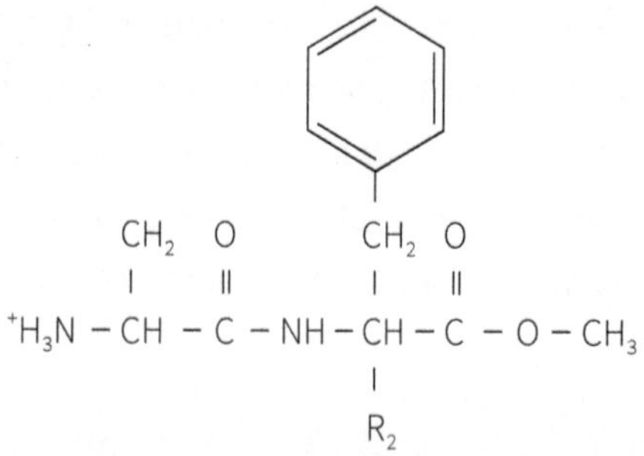

$$^+H_3N-CH(CH_2-\phi)-C(=O)-NH-CH(CH_2-R_2)-C(=O)-O-CH_3$$

1.3.2 Conformação e estrutura das proteínas

O arranjo espacial decorrente das posições dos diferentes grupos presentes em uma proteína é identificado como *conformação*. Em condições biológicas normais, cada sequência de aminoácidos confere uma conformação tridimensional específica e possivelmente única à proteína resultante. As proteínas são organizadas em quatro níveis estruturais: (i) estrutura primária, (ii) estrutura secundária, (iii) estrutura terciária e (iv) estrutura quaternária.

A **estrutura primária** consiste na sequência de aminoácidos na cadeia polipeptídica. A ligação peptídica entre esses aminoácidos é covalente planar e muito estável. Por convenção internacional, os peptídeos são escritos inicialmente pelo grupo terminal -NH_2 e terminam com o grupo -COOH. Por exemplo, o peptídeo Ala-Ser-Lys apresenta o grupo amino da alanina livre, ao passo que o peptídeo Lys-Ser-Ala tem o grupo amino da lisina livre. Eles são, portanto, diferentes.

A **estrutura secundária** representa o primeiro grau de ordenação espacial da cadeia polipeptídica. Refere-se à ordenação regular e periódica de proteínas no espaço, ao longo de seu eixo. Ela é estabilizada por várias forças, das quais as eletrostáticas, as pontes de hidrogênio, as interações hidrofóbicas e dipolo-dipolo são as mais importantes. As duas estruturas secundárias mais comuns em proteínas (Figura 1.35) são a α-hélice (enrolamento da cadeia ao redor de um eixo) e a folha-β pregueada (interação lateral de segmentos de uma cadeia polipeptídica ou de cadeias diferentes). Ambas as estruturas foram propostas em 1940 por Linus Pauling (1901-1994) e Robert Corey (1987-1971).

Figura 1.35 – Estruturas secundárias (a) α-hélice e (b) folha-β pregueada em proteínas

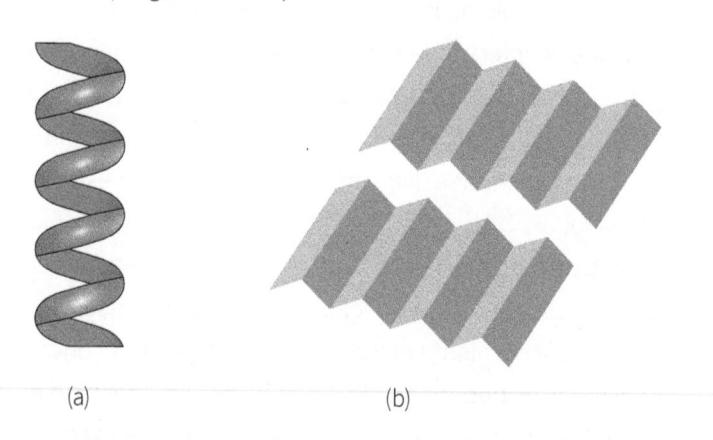

(a) (b)

Art of Science e magnetix/Shutterstock

A **estrutura terciária** está relacionada com a maneira como a cadeia polipeptídica encurva-se e dobra-se tridimensionalmente. Além das interações da cadeia peptídica principal, a estrutura terciária inclui interações entre as cadeias laterais. Seus desdobramentos são mantidos pelo grande número de ligações individualmente fracas, as quais podem ser de diferentes tipos: ligações de hidrogênio, interações hidrofóbicas, ligações iônicas ou salinas e forças de Van der Waals.

Da estrutura terciária surgem as proteínas globulares (de forma mais ou menos esférica) e as fibrosas (de forma cilíndrica). A Figura 1.36 representa uma proteína globular de cadeia simples.

Figura 1.36 – Estrutura terciária de uma proteína globular

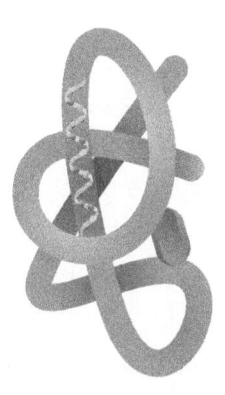

Por fim, a **estrutura quaternária** somente ocorre em proteínas que apresentam mais de uma cadeia polipeptídica (Figura 1.37).

Figura 1.37 – Estrutura quaternária de uma proteína globular

Ela resulta de associações de cadeias polipeptídicas (idênticas ou não). Essas subunidades agrupam-se e estabilizam-se por ligações de hidrogênio, pontes salinas e interações hidrofóbicas.

1.3.3 Proteínas conjugadas

Proteínas conjugadas são aquelas cujas partes não são constituídas por aminoácidos (grupos prostéticos). Como exemplo, podemos citar as hemoproteínas, as glicoproteínas e as lipoproteínas, cujos grupos prostéticos são, respectivamente, o heme (que contém um íon ferro), um carboidrato e um lipídeo.

Entre as hemoproteínas estão a hemoglobina, a mioglobina, a catalase e os citocromos. Como glicoproteínas, podemos citar as imunoglobulinas, o colágeno, alguns hormônios, as proteínas secretadas (como as mucinas, presentes nas secreções mucosas), entre outras. As lipoproteínas encontram-se na parede celular de certas bactérias.

1.4 Vitaminas

As vitaminas são compostos orgânicos que facilitam o metabolismo de outros nutrientes e possibilitam diversos processos fisiológicos vitais a todas as células ativas, tanto vegetais quanto animais. Elas podem prevenir e tratar várias doenças, como elevados níveis de colesterol, problemas cardíacos, distúrbios oculares e doenças de pele.

Do ponto de vista nutritivo, as vitaminas são consideradas nutrientes essenciais. Com raras exceções, elas devem ser obtidas por meio da dieta. Apesar de serem encontradas em quantidades muito pequenas nos alimentos, a ingestão diária recomendada (IDR) pela Agência Nacional de Vigilância Sanitária

(Anvisa) varia de microgramas a miligramas dependendo da vitamina. Mesmo que a IDR sugira valores baixos, a ausência de vitaminas pode resultar em quadros clínicos graves. Escorbuto, raquitismo e cegueira noturna são exemplos de doenças ocasionadas por deficiências vitamínicas.

O termo *vitamina* foi usado pela primeira vez pelo bioquímico polonês Casimir Funk (1884-1967). Em 1912, ele isolou uma fração do arroz que curava o beribéri. Como essa fração tinha propriedades da amina (tiamina), ele a chamou de *vitamine* (*vital amine*), que significa "amina vital" ou "amina indispensável para a vida". Posteriormente, em 1920, Jack Cecil Drummond (1891-1952) sugeriu que nem todos esses compostos eram aminas e, em vez de *vitamine*, foram designados como *vitamin* (sem o -e, já que o padrão define terminações -*in* para substâncias neutras com composições indefinidas). Em 1948, com a descoberta da cianocobalamina, completou-se o período de 36 anos em que o restante das vitaminas foi identificado.

As vitaminas podem ser classificadas, de acordo com sua solubilidade, em lipossolúveis (A, D, E, K) ou hidrossolúveis (complexo B, C).

1.4.1 Vitaminas lipossolúveis

As vitaminas lipossolúveis A, D, E e K são absorvidas no intestino na presença de gordura. Deficiências clássicas dessas vitaminas podem manifestar-se clinicamente como cegueira noturna (falta de vitamina A), osteomalácia (falta de vitamina D), aumento do estresse oxidativo celular (falta de vitamina E) e hemorragia (falta de vitamina K). Dada a importância dessas vitaminas para a saúde humana, nesta subseção, trataremos de cada uma delas particularmente.

1.4.1.1 Vitamina A

A vitamina A, conhecida como *retinol* ou *axeroftol*, é encontrada nos alimentos de origem animal na forma de ésteres de retinol. Uma vez que estes estão presentes no trato intestinal, são facilmente hidrolisados a retinol (Figura 1.38).

Figura 1.38 – Estrutura do retinol e de um éster de retinol

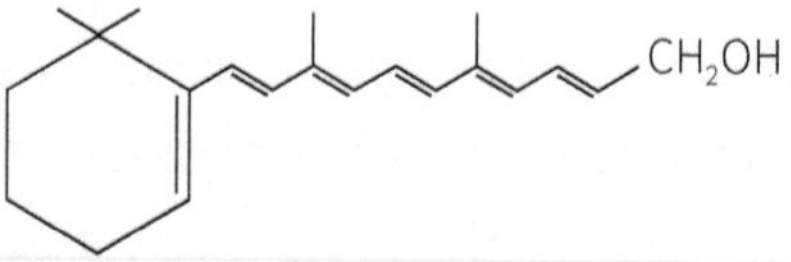

Retinol

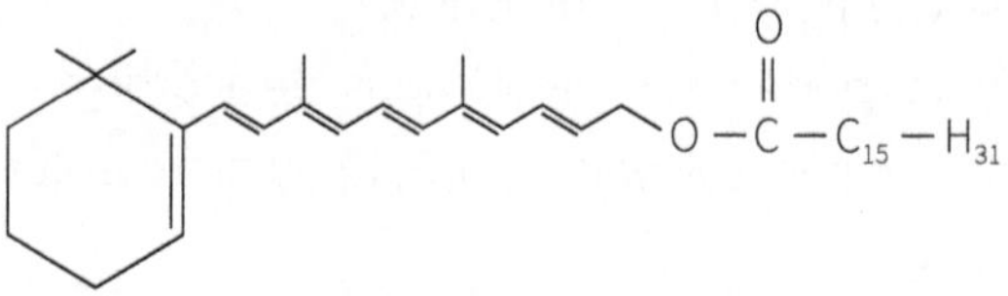

Palmitato de retinol (éster de retinol)

A vitamina A é encontrada apenas no reino animal, principalmente no fígado, assim como no leite, no ovo, no peixe etc. Nos alimentos de origem vegetal, estão presentes apenas os precursores da vitamina A, os carotenoides que contêm o anel de β-ionona (Figura 1.39), chamados de *provitamina A*.

Dos carotenoides, o β-caroteno é o que exibe maior atividade de vitamina A. Há β-caroteno na abóbora, na batata-doce, na cenoura, no tomate e no espinafre, por exemplo.

Figura 1.39 – Estrutura da β-ionona

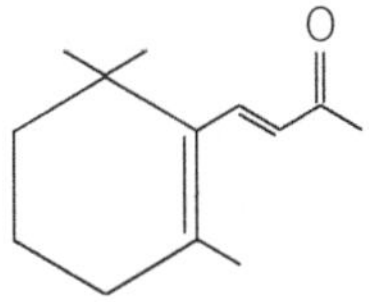

Na conversão de β-caroteno em vitamina A, ocorrem reações de oxidorredução que, primeiro o transformam em retinal, depois, em retinol, até que ele finalmente seja armazenado no fígado como derivado do palmitato. Teoricamente, a quebra enzimática dos dois carbonos centrais do β-caroteno na mucosa intestinal liberaria duas moléculas do retinal; no entanto, na prática, essa transformação não é totalmente alcançada e atinge-se apenas 50% de eficácia. Logo, o β-caroteno, que é a provitamina mais ativa, possui apenas 50% de vitamina A.

Acrescentamos que a presença de duplas-ligações conjugadas permite a formação de vários isômeros nos retinoides, seus ésteres e carotenos. Todavia, a vitamina A apresenta maior atividade biológica quando se encontra na configuração trans. Portanto, a isomerização de carotenoides (trans para cis) em vegetais durante o processamento térmico pode resultar em perdas de 15% a 35% na atividade da vitamina A. Alimentos expostos à luz e submetidos a temperaturas superiores à 100 °C também podem sofrer perdas. Nesse sentido, antioxidantes em preparações comerciais exercem um efeito protetor.

Para expressar a atividade de vitamina A de carotenoides em dietas numa base comum, foi introduzido o conceito de retinol equivalente (RE) e foi estabelecida a seguinte relação entre as fontes alimentares de vitamina A: 1 µg de retinol equivale a 1 RE, 1 µg de β-caroteno equivale a 0,167 µg RE e 1 µg de outros carotenoides provitamina A equivale a 0,084 µg RE.

A vitamina A é primordial para a imunidade do corpo, para a visão, para o crescimento dos ossos e para o desenvolvimento e a manutenção do tecido epitelial. Por outro lado, seu consumo excessivo pode ocasionar dor e fragilidade nos ossos e, ainda, alterações na pele e no cabelo.

1.4.1.2 Vitamina D

Com esse nome, são conhecidos 11 compostos semelhantes com estruturas de esterol, com um sistema trino e conjugado de duplas-ligações, entre os quais as substâncias calciferol (vitamina D_2) e colecalciferol (vitamina D_3) são as mais importantes. A vitamina D_2 tem o precursor ergosterol, proveniente da fonte dietética de vegetais e fungos. A vitamina D_3 é formada por intermédio da irradiação da luz ultravioleta (luz solar) sobre o 7-deidrocolesterol da pele (Figura 1.40). O colecalciferol também pode ser obtido pela dieta, com a ingestão de salmão, atum e gema de ovo.

Figura 1.40 – Estruturas do 7-deidrocolesterol e do colecalciferol

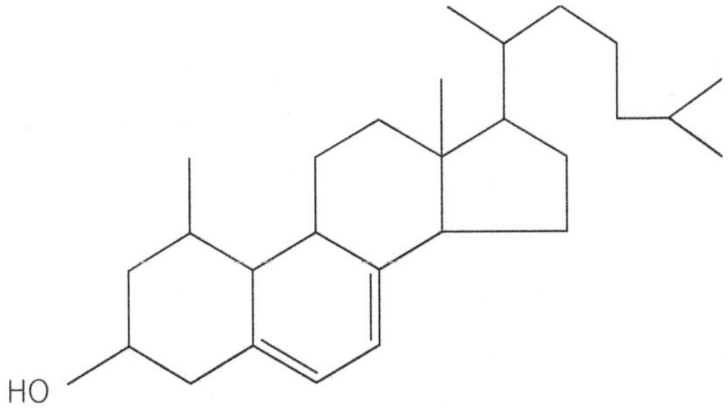

7-deidrocolesterol

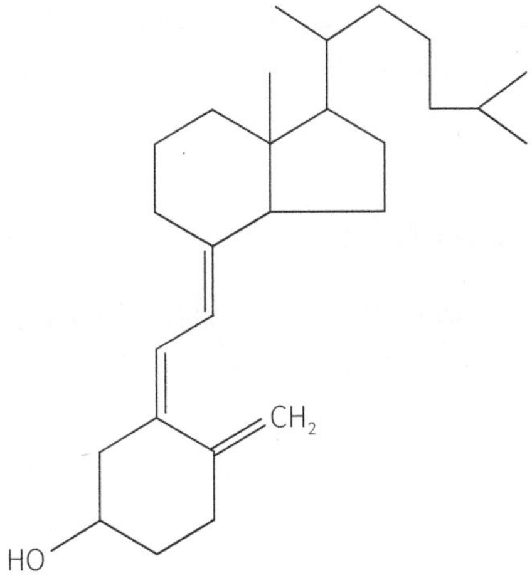

Colecalciferol

A vitamina D é fundamental para o metabolismo e a absorção intestinal do cálcio e do fósforo. Atua na retenção do cálcio pelos ossos e na transferência dele dos ossos para o sangue. Contudo, para efetivar a mineralização óssea, ela age em associação com outras vitaminas, hormônios e nutrientes.

Além disso, a vitamina D exerce importante função biológica no cérebro, no pâncreas, nos órgãos reprodutivos, no sistema nervoso, nos músculos, na cartilagem e nas células imunológicas.

A deficiência de vitamina D pode gerar deformação dos ossos, dentes frágeis, cáries dentárias, fraqueza muscular e câimbras, raquitismo nas crianças e osteomalacia em adultos. Entretanto, quando em excesso, pode ocasionar cálculos renais, calcificação dos rins e pulmões, hipercalcemia, cefaleia, fraquezas, náuseas, vômitos etc.

1.4.1.3 Vitamina E

Com atividade de vitamina E são conhecidos oito compostos das famílias dos tocoferóis e dos tocotrienóis. São eles: α, β, γ e δ-tocoferol; e α, β, γ e δ-tocotrienol (Figura 1.41). O mais ativo é o α-tocoferol (100% de potência), seguido do β (50%), γ (5%) e δ (1%).

Figura 1.41 – Estrutura do tocoferol e do tocotrienol e tabela com os valores dos substituintes R_1 e R_2 dos isômeros (α, β, γ e δ) de ambas as moléculas

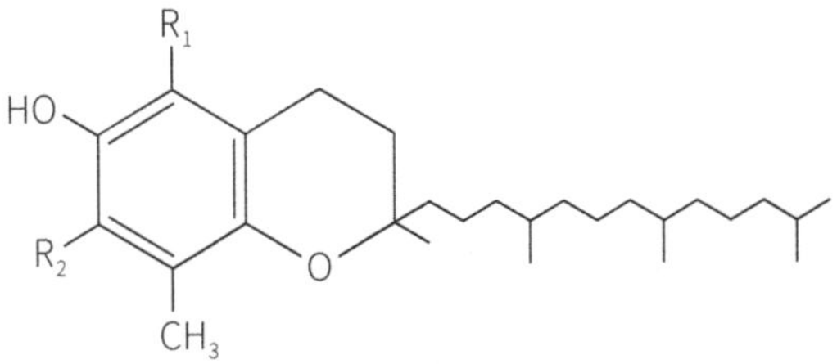

Tocoferol

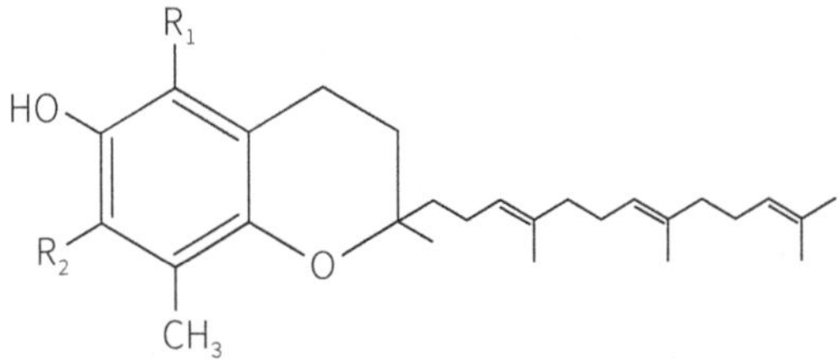

Tocotrienol

	R_1	R_2
α	CH_3	CH_3
β	CH_3	H
γ	H	CH_3
δ	H	H

A vitamina E é o principal antioxidante lipossolúvel no organismo humano e age nas membranas celulares impedindo a propagação de radicais livres. Ela pode ser encontrada em óleos vegetais, sementes, gérmen de trigo, óleo de gérmen de trigo, margarina, gema de ovo, abacate, brócolis e fígado, por exemplo.

Os tocoferóis são sensíveis à luz ultravioleta, a álcalis e a oxigênio e, nos alimentos, são destruídos por reações de rancidez, frituras e congelamento. No refino de óleos, os tocoferóis e os tocotrienóis se deterioram, principalmente por oxidação, e sua concentração é reduzida em até 70%. Quando oxidados, são induzidas as reações típicas de auto-oxidação, que geram quinonas, substâncias di-hidroxiladas e alguns polímeros. Sua atividade como antioxidante é fraca em óleos refinados, razão pela qual geralmente são usados antioxidantes sintéticos.

1.4.1.4 Vitamina K

A *vitamina K* (da palavra alemã *Koagulation*) recebeu esse nome por ter sido descoberta como um componente dos azeites que atuava como fator anti-hemorrágico.

Os compostos químicos com atividade de vitamina K são as quinonas. Duas formas são naturais: a K_1 (filoquinona), que está presente nas folhas das plantas, e a K_2 (menaquinona), sintetizada pelas bactérias intestinais. Existem também formas sintéticas, como a K_3 (menadiona), com atividade aproximadamente duas vezes maior que as formas naturais, a qual não possui a cadeia lateral e é utilizada como aditivo alimentar. Uma representação da estrutura dessas vitaminas pode ser visualizada na Figura 1.42.

Figura 1.42 – Estruturas das vitaminas K_1, K_2 e K_3

Filoquinona
(Vitamina K_1):

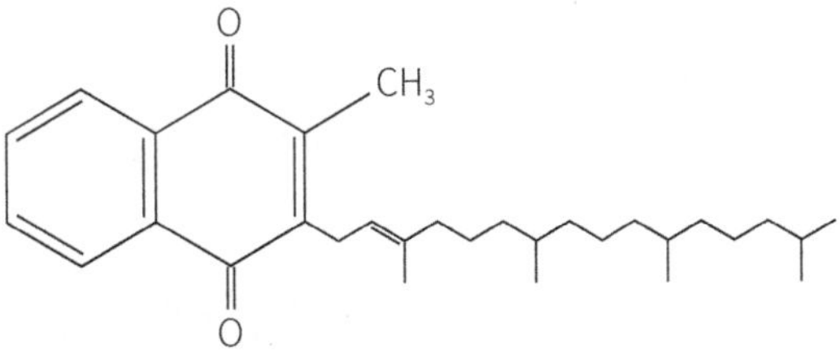

Menaquinona
(Vitamina K_2):

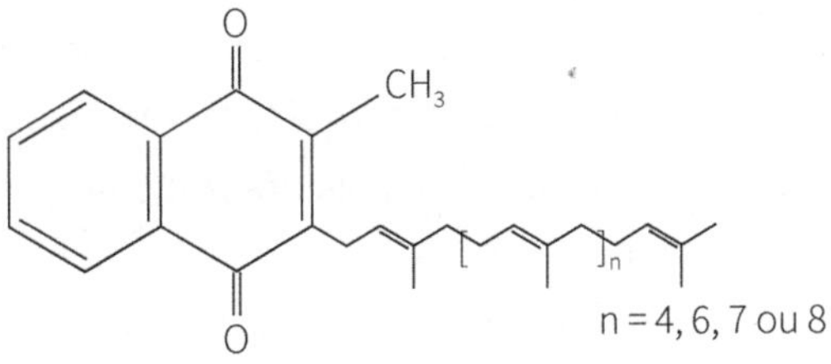

n = 4, 6, 7 ou 8

Menadiona
(Vitamina K_3):

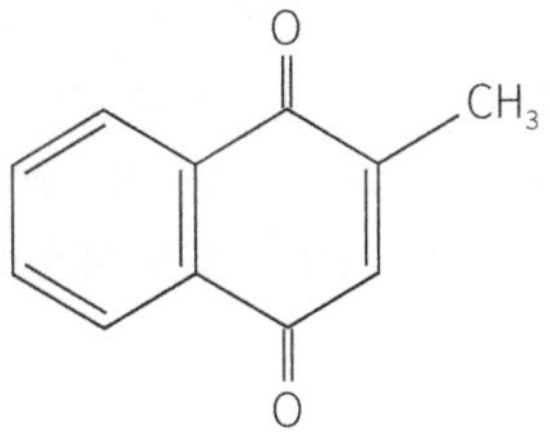

A vitamina K é fundamental para a coagulação normal do sangue. Logo, um sangramento constante e a presença de hematomas podem sinalizar deficiência dessa vitamina. Esse componente pode ser encontrado no fígado, no ovo, no tomate, nos brócolis, na couve, no espinafre e em óleos e gorduras, por exemplo.

Apesar de as vitaminas K_1 e K_2 serem muito estáveis ao calor, elas são sensíveis a hidróxidos alcalinos e à luz. Todavia, geralmente há poucas perdas durante os diferentes tratamentos e processos aos quais os alimentos estão sujeitos.

1.4.2 Vitaminas hidrossolúveis

As vitaminas hidrossolúveis são um grupo de compostos que não estão inter-relacionados em termos estruturais e funcionais. Entretanto, elas compartilham a característica de serem essenciais para as funções celulares normais, crescimento e desenvolvimento.

A deficiência desses micronutrientes leva a diversas anormalidades clínicas, que variam de anemia a retardo de crescimento e distúrbios neurológicos. Por isso, otimizar seus níveis corporais representa resultados positivos para a saúde. Vale ressaltar que os seres humanos não podem sintetizar vitaminas hidrossolúveis (com exceção de alguma síntese de niacina), razão pela qual devem ser obtidas por fontes exógenas, via absorção intestinal.

1.4.2.1 Vitaminas do complexo B

As vitaminas do complexo B são: a tiamina (B_1), a riboflavina (B_2), a niacina (B_3), o ácido pantotênico (B_5), a piridoxina (B_6), a biotina (B_7), o ácido fólico (B_9) e a cobalamina (B_{12}). Elas atuam como componentes vitais de determinadas coenzimas e grupos prostéticos e participam de inúmeras reações do metabolismo energético e proteico. Em geral, muitas delas são encontradas conjuntamente em alimentos de origem vegetal. E, por serem solúveis em água, a lixiviação é um mecanismo de perda comum para todas elas.

A tiamina (vitamina B_1) promove a saúde do sistema nervoso, da pele, do cabelo, dos olhos, da boca e do fígado; melhora o funcionamento cardiovascular; e participa do metabolismo de carboidratos, proteínas e gorduras. A deficiência dessa vitamina pode desencadear fadiga, irritabilidade, instabilidade emocional, perda de apetite, retardo de crescimento normal e, em caso de uma deficiência grave, beribéri. A doença *beribéri* (nome que significa "fraqueza extrema") é caracterizada por debilidade inicial e perda de sensibilidade nas pernas, com desenvolvimento de insuficiência cardíaca, falta de ar e edema em alguns casos.

Quimicamente, a tiamina é constituída por um anel de pirimidina unido a outro de tiazol mediante uma ponte de metileno (Figura 1.43).

Figura 1.43 – Estrutura da tiamina (vitamina B_1)

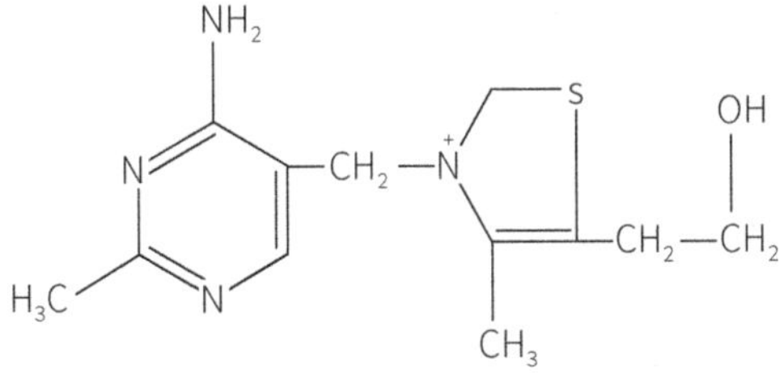

Ela pode ser encontrada em levedo de cerveja, gérmen de trigo, vegetais verdes, carne de fígado e de porco, cereais integrais, centeio, feijão, batata, cogumelos, sementes de girassol, tomate, entre outros alimentos.

A tiamina suporta a esterilização comercial a um pH < 3,5, mas se torna muito instável em pH mais altos. Ela é destruída rapidamente em temperaturas elevadas e em solução alcalina, razão pela qual se deve evitar adicionar bicarbonato de sódio na água de cocção. A vitamina B_1 também pode ser destruída pela luz ultravioleta e por sulfetos que se formam no tratamento de frutas desidratadas com dióxido de enxofre.

A riboflavina (vitamina B_2), por sua vez, é um pigmento amarelo fluorescente formado, quimicamente, por um anel de flavina ligado ao álcool ribitol (Figura 1.44).

Figura 1.44 – Estrutura da riboflavina (vitamina B_2)

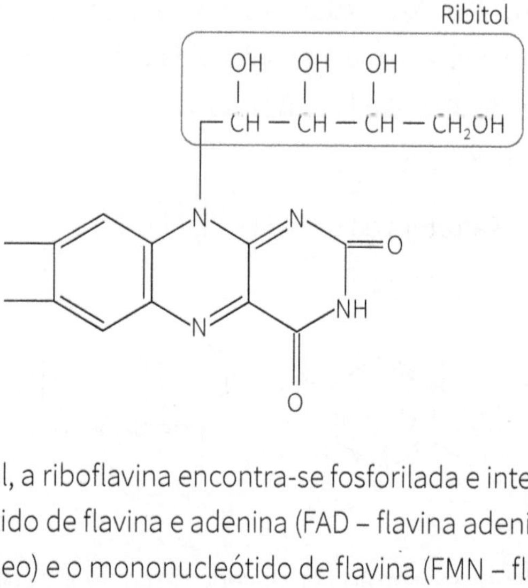

Em geral, a riboflavina encontra-se fosforilada e integra o dinucleótido de flavina e adenina (FAD – flavina adenina dinucleotídeo) e o mononucleótido de flavina (FMN – flavina mononucleótido) sintetizados e armazenados no fígado. Ambos funcionam como coenzimas do grupo das flavoproteínas que regulam os processos de transferência de hidrogênios em reações de oxidorredução de aminoácidos e outros compostos.

A deficiência de B_2 causa dermatite seborreica, vascularização da córnea, glossite (língua inchada e vermelha) e queilose (rachadura nos cantos dos lábios). A vitamina B_2 pode ser encontrada em carnes, ovos, leite e produtos lácteos.

Na maioria dos alimentos, a estabilidade da riboflavina a altas temperaturas é boa (melhor que a da tiamina), uma vez que ela resiste à esterilização com pH ligeiramente ácido. Todavia, à medida que se aproxima da neutralidade, torna-se sensível e, em condições alcalinas, é definitivamente muito termolábil.

O ácido nicotínico (niacina ou vitamina B_3) apresenta como precursor o triptofano. A vitamina B_3, normalmente, é administrada em doses terapêuticas na sua forma amida (nicotinamida), visto que o ácido nicotínico é um vasodilatador (Figura 1.45). A vitamina B_3 também pode ser sintetizada pelas bactérias da flora intestinal.

Figura 1.45 – Estrutura do triptofano, do ácido nicotínico e da nicotinamida

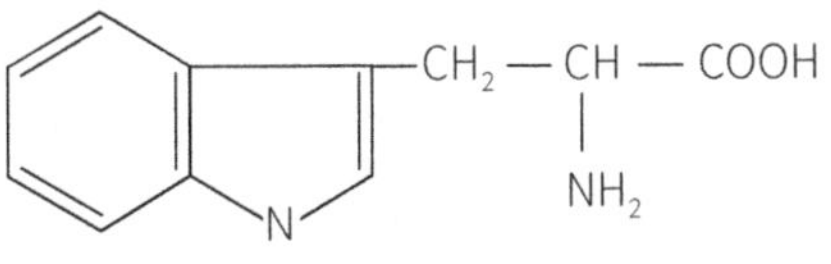

Triptofano

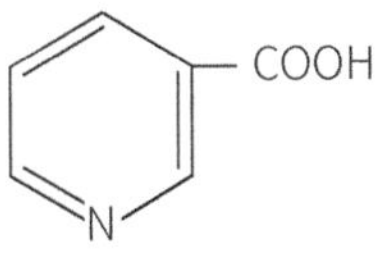

Ácido nicotínico

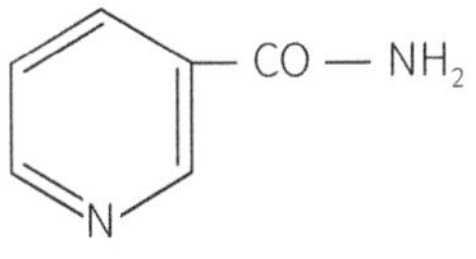

Nicotinamida

O ácido nicotínico é um precursor das coenzimas nicotinamida adenina dinucleotídeo (NAD) e nicotinamida adenina dinucleotídeo fosfato (NADP), as quais estão envolvidas com o metabolismo dos açúcares, a síntese de gorduras e a respiração celular.

A carência de vitamina B_3 acarreta os seguintes sintomas: anorexia, náuseas, diarreia, úlceras gastrointestinais, cefaleia (dores de cabeça), insônia, irritabilidade e depressão. Em casos críticos, essa deficiência conduz à pelagra (conhecida como a *doença dos três Ds*), cujos sintomas clássicos são a demência, a dermatite e a diarreia, além de, eventualmente, levar à morte. Vale enfatizar a existência de pesquisas que indicam que a pelagra é resultado não apenas da deficiência da niacina, mas de uma carência mista com a tiamina e a riboflavina, ou seja, das três vitaminas.

A niacina pode ser encontrada em leveduras, carnes, fígado, cereais, legumes e sementes e no leite, por exemplo. Ela é mais estável que a riboflavina e a tiamina e é resistente a calor, oxigênio, luz, álcalis e ácidos.

O ácido pantotênico (vitamina B_5) é formado pela ligação peptídica do ácido pantoico com o aminoácido β-alanina (Figura 1.46).

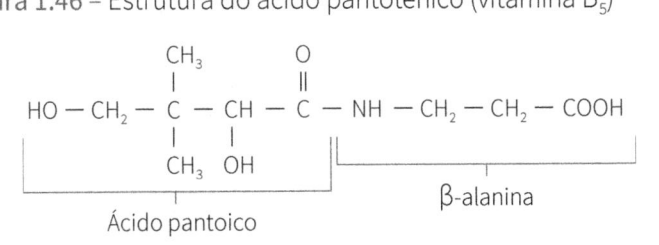

Figura 1.46 – Estrutura do ácido pantotênico (vitamina B$_5$)

$$\underbrace{HO-CH_2-\underset{\underset{CH_3}{|}}{\overset{\overset{CH_3}{|}}{C}}-\underset{\underset{OH}{|}}{CH}-}_{\text{Ácido pantoico}}\overset{O}{\overset{\|}{C}}-\underbrace{NH-CH_2-CH_2-COOH}_{\beta\text{-alanina}}$$

O ácido pantotênico faz parte da estrutura da coenzima A, a qual funciona como um carreador do grupo acil em diversas reações bioquímicas, incluindo o ciclo de Krebs, a degradação do aminoácido durante o catabolismo, a síntese de aminoácidos, colesterol e hormônios esteroides, entre outras.

A deficiência de vitamina B$_5$ provoca cansaço, problemas gastrointestinais e de coordenação motora, lesões na pele e inibição do crescimento. Esse é um quadro raro porque tal vitamina tem presença amplamente distribuída nos alimentos.

O ácido pantotênico pode ser encontrado no leite materno, no fígado, na gema de ovo, no brócoli, no arroz (polido e não polido) e no suco de maçã, por exemplo. Todavia, a vitamina B$_5$ é decomposta por ácidos, álcalis, pelo aquecimento a seco e é, ainda, parcialmente perdida pela cocção (até 50% nos alimentos de origem animal e até 78% nos de origem vegetal).

A vitamina B$_6$, apesar de ser chamada de *piridoxina*, engloba três compostos químicos – a piridoxina propriamente dita e seus derivados piridoxamina e piridoxal (Figura 1.47). Todas elas são estáveis ao calor, mas a luz as destrói.

Figura 1.47 – Fórmulas estruturais da vitamina B_6

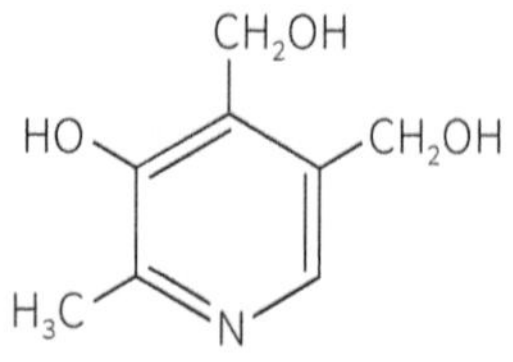

Piridoxina

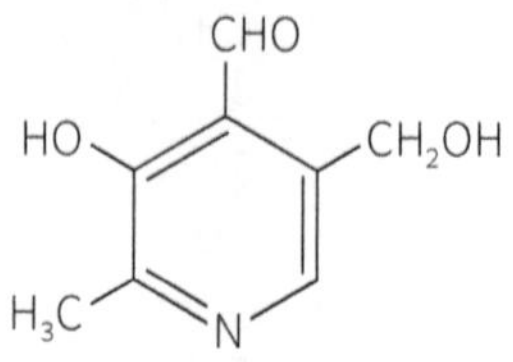

Piridoxal

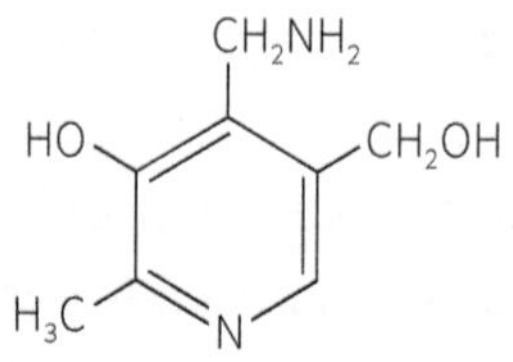

Piridoxamina

Esses compostos são encontrados no sangue humano, que os distribui por todo o corpo. O piridoxal na forma fosforilada (piridoxal-5-fosfato, PLP) é uma coenzima que participa de muitas reações metabólicas, entre as quais o metabolismo de aminoácidos e de lipídeos e a produção de neurotransmissores como a serotonina e a dopamina.

Entre os sinais de deficiência de vitamina B_6, estão a dermatite seborreica, a queilose, a glossite, a náusea, os vômitos, a anorexia, a irritabilidade, a depressão, a confusão e as convulsões.

A vitamina B_6 pode ser encontrada no levedo, no gérmen de trigo, na carne de porco, no fígado, na aveia, nos cereais integrais, nas leguminosas, na batata e na banana. A biotina (vitamina B_7, também conhecida como *vitamina H*), por sua vez, está presente nos alimentos na forma livre ou ligada a proteínas. É possível examinar sua fórmula estrutural na Figura 1.48.

Figura 1.48 – Estrutura da biotina (vitamina B$_7$)

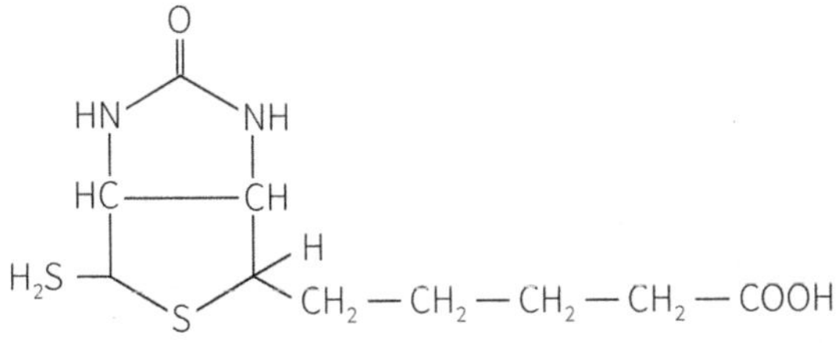

$$\text{HN} \overset{\overset{O}{\|}}{\underset{\underset{HC \longrightarrow CH}{|}}{}} \text{NH}$$

H$_2$S —S— CH$_2$—CH$_2$—CH$_2$—CH$_2$—COOH

A biotina pode ser encontrada na geleia real, no fígado, no leite, na gema de ovos, na soja, na couve-flor e no espinafre, por exemplo, e participa do metabolismo intermediário das reações de carboxilação, da síntese de ácidos graxos e da formação de ácidos graxos e aminoácidos. Por ser facilmente sintetizada no trato intestinal, sua deficiência é rara. Contudo, quando ocorre, acarreta sintomas como doenças de pele, perda de apetite, náuseas, insônia, anemia, depressão e hipoglicemia em jejum.

O ácido fólico, ou ácido pteroilglutâmico, é a forma mais estável da vitamina B$_9$ e é formado por um ácido pteroico ligado a um ácido glutâmico (Figura 1.49).

Figura 1.49 – Estrutura do ácido fólico (vitamina B$_9$)

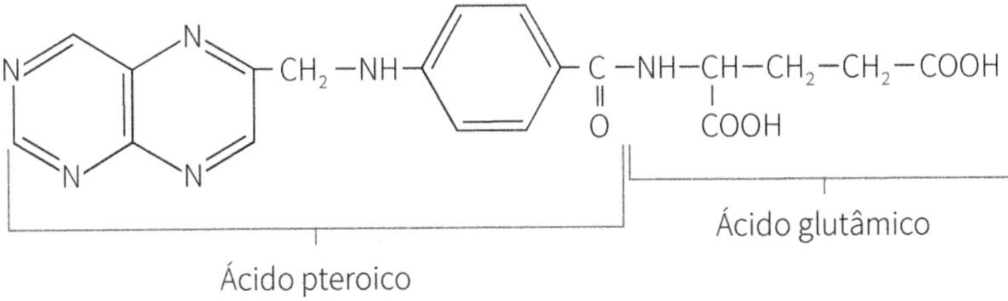

[Estrutura: anel de pteridina]—CH$_2$—NH—[anel benzênico]—C(=O)—NH—CH(COOH)—CH$_2$—CH$_2$—COOH

Ácido pteroico | Ácido glutâmico

A vitamina B_9 é necessária para o metabolismo adequado de proteínas e gorduras, permite o crescimento normal, mantém a capacidade reprodutora, previne certas desordens sanguíneas e, em associação com a vitamina B_{12}, ainda promove a formação de células vermelhas do sangue. Podemos citar como exemplos de fontes alimentares de ácido fólico a carne de fígado, os vegetais verdes, o feijão, a lentilha, a banana e a laranja.

A carência de ácido fólico pode causar malformações congênitas decorrentes do fechamento incompleto do tubo neural (estrutura precursora do cérebro e da medula espinhal) durante o desenvolvimento embrionário.

No Brasil, como forma de prevenir a incidência de malformação de bebês durante a gestação e a anemia, de acordo com a Resolução RDC n. 344, de 13 de dezembro de 2002 (Brasil, 2002b), tornou-se obrigatório o enriquecimento de farinhas de trigo e milho com ferro e ácido fólico.

A *cobalamina* (vitamina B_{12}) recebeu esse nome graças à presença de um íon cobalto (Figura 1.50) nas moléculas de seu grupo, entre as quais a cianocobalamina e a hidroxicobalamina são as mais ativas.

Figura 1.50 – Estrutura da vitamina B_{12}

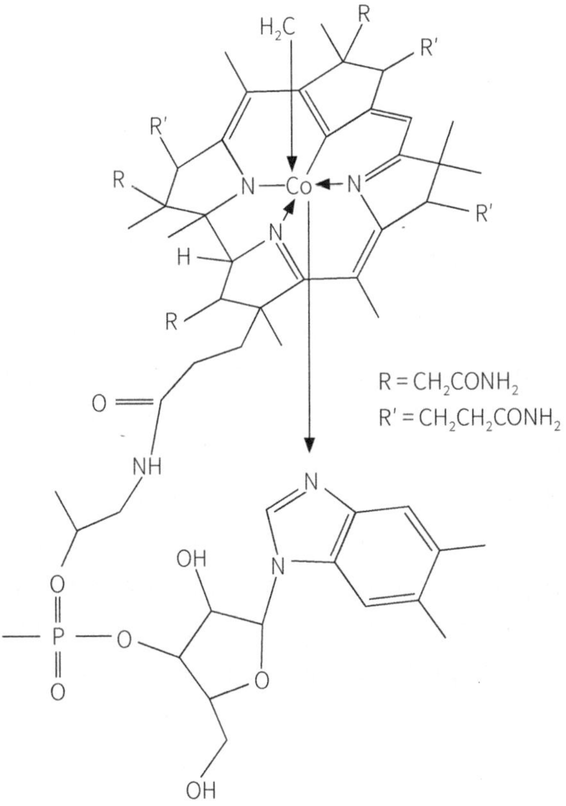

$R = CH_2CONH_2$
$R' = CH_2CH_2CONH_2$

A vitamina B_{12} está presente em produtos de origem animal, como fígado bovino, frango, salmão, atum, ovo, leite, iogurte e queijo. Ela desempenha muitas funções nas vias metabólicas necessárias para os sistemas nervoso central (SNC) e periférico (SNP) e constitui também um cofator e uma coenzima em muitas reações bioquímicas, incluindo a síntese de ácido desoxirribonucleico (DNA – *deoxyribonucleic acid*).

A deficiência de vitamina B_{12} é mais comumente causada por falhas em sua absorção do que por sua carência na dieta. Ela tem como consequência a anemia, infecções intestinais e sintomas neurológicos (dormência e formigamento de braços e pernas, dificuldade de caminhar, perda de memória, desorientação e demência).

1.4.2.2 Vitamina C

A vitamina C engloba todos os compostos com atividade biológica do ácido ascórbico (carboidrato de fórmula $C_6H_8O_6$) e seus produtos oxidados – monoânion de ascorbato e ácido deidroascórbico.

Em solução aquosa, o ácido ascórbico é facilmente oxidado a L-deidroascórbico, agindo como antioxidante em vários sistemas biológicos (Figura 1.51). A vitamina C também atua na prevenção e na cura do escorbuto, na integridade da estrutura celular, na preservação da estrutura capilar, na cicatrização de ferimentos e fraturas e na síntese do hormônio tireoide, por exemplo.

Figura 1.51 – Oxidação do ácido ascórbico à ácido L-deidroascórbico

Ácido L-ascórbico   Ácido L-deidroascórbico

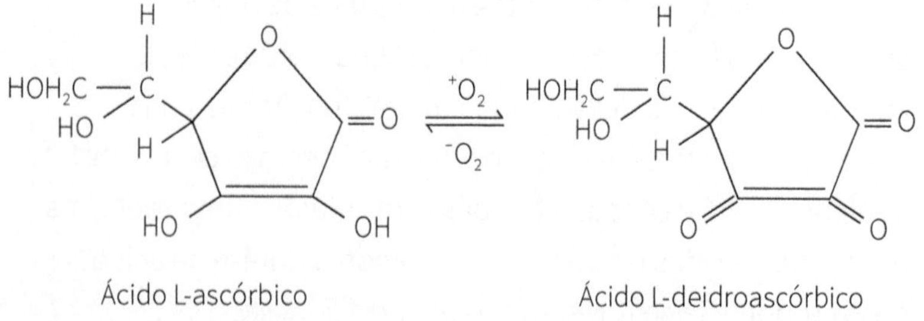

A deficiência de vitamina C pode causar escorbuto (doença caracterizada pelo defeito do tecido conjuntivo), alteração da cicatrização e degradação oxidativa de alguns fatores de coagulação sanguínea, contribuindo para a inflamação e o sangramento das gengivas e as hemorragias perifoliculares.

O ácido ascórbico tem duas formas enantioméricas, entre as quais o ácido L-ascórbico é a mais encontrada na natureza; e a forma D, que apresenta pouca ou nenhuma atividade antiescorbútica.

A concentração de vitamina C, encontrada em vegetais e em todas as frutas cítricas, varia de acordo com as condições de crescimento, maturação e tratamento pós-colheita. Durante o processamento de frutas, pode haver perdas de ácido ascórbico associadas a reações de escurecimento não enzimático. Essas perdas podem ser reduzidas com a adição de sulfito (SO_2).

Síntese

- Os alimentos são formados principalmente pelos elementos químicos carbono (C), hidrogênio (H), oxigênio (O) e nitrogênio (N), os quais estão presentes em diferentes quantidades nos nutrientes contidos nos alimentos.
- Os carboidratos são a fonte de energia mais abundante para o corpo humano, a maioria dos quais apresenta a fórmula geral $C_n(H_2O)_n$. Eles têm estrutura de poli-hidroxialdeído, de poli-hidroxicetona, de poli-hidroxiálcool ou de poli-hidroxiácido, de seus derivados ou de polímeros desses compostos.

- A glicose, a frutose e a sacarose são carboidratos responsáveis pelo sabor doce de muitos alimentos. O amido se comporta como reserva energética para os vegetais, e a celulose consiste na principal matéria estrutural das plantas.
- A celulose é um carboidrato que não serve como fonte de energia para o organismo humano porque não este não dispõe das enzimas que a catalisam na digestão. Todavia, ela auxilia no bom funcionamento do intestino por ser um material fibroso que forma bolo fecal.
- Os carboidratos podem ser divididos em monossacarídeos, dissacarídeos e polissacarídeos.
- Os monossacarídeos (como a glicose e a frutose) são os mais simples e têm menor peso molecular do grupo. Ao serem hidrolisados, deixam de ser carboidratos. Eles se organizam no espaço de forma cíclica, o que se dá por ligação hemiacetálica resultante da aproximação do grupo carbonila (C = O) de uma das hidroxilas. A representação da ligação hemiacetálica pode ser feita pela fórmula de projeção de Fisher-Tollens, dos anéis formados, pelas projeções de Haworth e, da conformação tridimensional, pela forma de "cadeira" (conformação de cadeira).
- Os oligossacarídeos são cadeias que contêm de 2 a
  10 unidades de monossacarídeos unidos por ligações características denominadas *ligações glicosídicas*.
  Os oligossacarídeos mais abundantes são os dissacarídeos (como a maltose, a lactose e a sacarose), formados por 2 unidades de monossacarídeos.

- Os polissacarídeos, também conhecidos como *glicanos*, são constituídos por mais de 10 moléculas de monossacarídeos unidos por ligações glicosídicas. Três importantes polissacarídeos são o amido, o glicogênio e a celulose.
- Os lipídeos são formados por unidades estruturais com pronunciada hidrofobicidade, sendo solúveis em solventes orgânicos, mas não em água. Todavia, alguns lipídeos contêm ambas as porções, hidrofílicas e hidrofóbicas; portanto, são polares e diferentes dos lipídeos neutros.
- Os lipídeos armazenam energia e atuam como mensageiros químicos e isolantes térmicos. Além disso, sua insolubilidade é importante para a formação de membranas de separação de compartimentos que contêm soluções aquosas.
- Os principais lipídeos encontrados nos alimentos são os triacilgliceróis (conhecidos como *óleos* e *gorduras*), decorrentes predominantemente da condensação entre glicerol e ácidos graxos.
- Os ácidos graxos têm como grupo terminal o grupo carbonila e normalmente são constituídos por uma cadeia longa com número par de átomos de carbono sem ramificações.
- As cadeias de ácidos graxos podem ser saturadas, monoinsaturadas ou poli-insaturadas. Alguns ácidos graxos insaturados são ditos *essenciais* porque não são sintetizados pelo corpo humano e, portanto, devem ser ingeridos pela alimentação. Como exemplos, podemos citar o ácido α-linolênico ($\omega 3$) e o ácido linoleico ($\omega 6$), primordiais para a função celular normal.

- Os lipídeos podem ser classificados em: (i) simples (produtos da esterificação de ácidos graxos e álcoois), como os óleos, as gorduras e as ceras; (ii) compostos (lipídeos simples associados com moléculas não lipídicas), como os fosfolipídeos, os cerebrosídios e as lipoproteínas; (iii) e derivados, como as vitaminas lipossolúveis e os pigmentos.
- As proteínas podem exercer diversas funções no nosso organismo, como estrutural, catalítica, hormonal, de transporte, de proteção, de reserva, de regulação e de contração.
- As proteínas são constituídas por unidades estruturais de aminoácidos, os quais são formados por um grupo amino (- NH2) e um carboxílico (- COOH) no carbono α. O carbono α também está ligado a um átomo de hidrogênio e a uma cadeia lateral (grupo R) variável. A única exceção é o aminoácido prolina, que apresenta uma ligação entre os grupos R e N.
- As proteínas são formadas por 20 tipos de aminoácidos, dos quais 8 são considerados indispensáveis para adultos, ou seja, devem ser obtidos mediante dieta, porque sua taxa de síntese no organismo humano é insignificante. Esses aminoácidos, qualificados *essenciais*, são: leucina, isoleucina, lisina, metionina, fenilalanina, treonina, triptofano e valina. As crianças também precisam de histidina.
- A condensação de 2 ou mais aminoácidos forma um polímero linear chamado *peptídeo*. Essa condensação efetiva-se pela ligação do grupo α-carboxila de um aminoácido com o grupo α-amino de outro e a eliminação de uma molécula de água.

- Cadeias com até 30 resíduos de aminoácidos são chamadas de *oligopeptídeos*. As cadeias mais longas, de *polipeptídeos*. E os polipeptídeos associados a uma função são chamados de *proteínas*.
- O arranjo espacial resultante das posições dos diferentes grupos presentes em uma proteína é conhecido como *conformação*. Em condições biológicas normais, cada sequência de aminoácidos confere uma conformação tridimensional específica e possivelmente única à proteína resultante. A conformação das proteínas é organizada em quatro níveis de estruturas – primária, secundária, terciária e quaternária.
- As vitaminas são responsáveis pelo bom funcionamento das enzimas do organismo e pelo metabolismo dos alimentos ingeridos. Podem ser classificadas, de acordo com sua solubilidade, em: lipossolúveis (A, D, E, K) ou hidrossolúveis (complexo B, C).
- A vitamina A é encontrada apenas no reino animal. Uma vez no trato intestinal, ela é facilmente hidrolisada a retinol. A vitamina A é importante para a imunidade do corpo, para a visão, para o crescimento dos ossos e para o desenvolvimento e a manutenção do tecido epitelial. Contudo, seu consumo excessivo pode causar dor e fragilidade nos ossos, além de alterações na pele e no cabelo.
- A vitamina D representa 11 compostos semelhantes com estruturas de esterol, com um sistema trino conjugado de duplas-ligações; entre eles, as substâncias calciferol (vitamina D_2) e colecalciferol (vitamina D_3) são as mais

importantes. A vitamina D_3 é formada por irradiação da luz solar sobre o 7-deidrocolesterol da pele. A deficiência da vitamina D pode provocar deformação dos ossos, dentes frágeis, cáries dentárias, fraqueza muscular e câimbras, raquitismo nas crianças e osteomalacia em adultos. Seu excesso pode resultar em cálculos renais, calcificação dos rins e pulmões, hipercalcemia, cefaleia, fraquezas, náuseas, vômitos etc.

- Com atividade de vitamina E são conhecidos oito compostos das famílias dos tocoferóis e dos tocotrienóis: os α, β, γ e δ-tocoferol; e α, β, γ e δ-tocotrienol. A vitamina E é o principal antioxidante lipossolúvel no organismo humano. Ela pode ser encontrada em óleos vegetais, sementes, gérmen de trigo, óleo de gérmen de trigo, margarina, gema de ovo, abacate, brócoli e fígado, por exemplo.
- Os compostos químicos com atividade de vitamina K são as quinonas. A vitamina K é fundamental para a coagulação normal do sangue e pode ser encontrada no fígado, no ovo, no tomate, no brócoli, na couve, no espinafre e em óleos e gorduras, por exemplo.
- As vitaminas do complexo B são a tiamina (B_1), a riboflavina (B_2), a niacina (B_3), o ácido pantotênico (B_5), a piridoxina (B_6), a biotina (B_7), o ácido fólico (B_9) e a cobalamina (B_{12}). Elas atuam como componentes essenciais de determinadas coenzimas e grupos prostéticos e participam de inúmeras reações do metabolismo energético e proteico. Em geral, muitas delas são encontradas juntas em alimentos de origem vegetal.

☐ A vitamina C engloba todos os compostos com atividade biológica do ácido ascórbico e seus produtos oxidados – monoânion de ascorbato e ácido deidroascórbico. A vitamina C atua na prevenção e cura do escorbuto, na integridade da estrutura celular, na preservação da estrutura capilar, na cicatrização de ferimentos e fraturas, na síntese do hormônio tireoide, entre outros benefícios. Ela está presente em vegetais e em todas as frutas cítricas. A deficiência dessa vitamina pode causar escorbuto e outros problemas.

Atividades de autoavaliação

1. Sobre os alimentos e seus nutrientes, marque a alternativa **incorreta**:
   a) Os alimentos são formados principalmente pelos elementos químicos carbono, hidrogênio, oxigênio e nitrogênio, embora seja possível encontrar outros elementos em menores quantidades.
   b) Os carboidratos são os compostos orgânicos mais encontrados na natureza, são um dos principais componentes sólidos do alimento, e constituem a fonte de energia mais abundante para o corpo humano.
   c) O organismo humano pode armazenar energia usando gordura, com a queima das quais se produz mais que o dobro da energia em relação à queima de um peso igual de carboidratos.

d) As proteínas podem exercer diversas funções no organismo, como a estrutural, a catalítica, a hormonal, a de transporte, a de proteção, a de reserva, a de regulação e a de contração.
e) As vitaminas constituem o componente celular mais abundante na natureza.

2. Assinale a única alternativa que não corresponde a uma característica da sacarose:
   a) Carboidrato.
   b) Dissacarídeo não redutor.
   c) Formado pela ligação glicosídica entre uma glicose e uma frutose.
   d) Polissacarídeo.
   e) α-D-glicopiranosil-β-D-frutofuranosídio.

3. Sobre os lipídeos, indique V para as afirmativas verdadeiras e F para as falsas.
   ( ) Os principais lipídeos encontrados nos alimentos são os triacilgliceróis, formados predominantemente pela condensação entre glicerol e ácidos graxos.
   ( ) Os ácidos graxos com insaturações apresentam isomeria geométrica, em que a configuração trans é designada para os casos nos quais os átomos de hidrogênio encontram-se do mesmo lado em relação à dupla-ligação; e a configuração cis, para quando os átomos estão em lados opostos.
   ( ) A diferença dos termos *óleo* e *gordura* está no fato de que esta é sólida à temperatura ambiente ao passo que aquele é líquido.

( ) O termo *azeite* é utilizado exclusivamente para óleos extraídos de frutos, como o azeite de oliva e o de dendê.

( ) O ácido graxo essencial linoleico (ω6) apresenta a primeira dupla-ligação entre o 3º e o 4º carbonos, iniciando a contagem a partir do grupo terminal CH_3, cujo carbono passa a ser o número 1.

( ) Todos os ácidos graxos são essenciais, já que eles não são sintetizados pelo organismo e, portanto, devem ser obtidos pela alimentação.

Agora, assinale a alternativa que corresponde corretamente à sequência de indicações, de cima para baixo:

a) V, F, V, V, V, F.
b) V, F, V, V, F, F.
c) F, V, F, F, F, V.
d) V, V, V, V, V, F.
e) F, F, V, V, F, V.

4. Sobre os aminoácidos, unidades estruturais das proteínas, marque a única alternativa correta:

a) Com exceção da prolina, todos os demais aminoácidos são formados por um grupo amino, um grupo carboxílico, um hidrogênio e uma cadeia lateral (grupo R) variável ligados ao carbono α.

b) O radical R é o responsável por distinguir os aminoácidos entre si, porém todo radical R é um radical polar neutro.

c) Para cada aminoácido com estereocentro, existem dois enantiômeros: o L-isômero e o D-isômero, os quais são imagens especulares um do outro; todavia, na natureza, predominam os D-isômeros.

d) Todos os 20 aminoácidos mais comuns em proteínas alimentares são considerados essenciais por não serem produzidos pelo organismo humano e precisarem ser ingeridos na alimentação.

e) A condensação de dois ou mais aminoácidos por meio de uma ligação glicosídica forma um polímero linear chamado *peptídeo*.

5. Sobre as vitaminas, indique V para as afirmativas verdadeiras e F para as falsas.

   ( ) As vitaminas, de acordo com sua solubilidade, podem ser classificadas em: hidrossolúveis (A, D, E, K) ou lipossolúveis (complexo B, C).

   ( ) A vitamina A é encontrada apenas no reino vegetal.

   ( ) A vitamina D_3 é formada pela irradiação da luz solar sobre o 7-deidrocolesterol da pele.

   ( ) A deficiência de vitamina D pode acarretar deformação dos ossos, dentes frágeis, cáries dentárias, fraqueza muscular e câimbras, raquitismo nas crianças e osteomalacia em adultos.

   ( ) A vitamina C engloba todos os compostos com atividade biológica do ácido ascórbico e seus produtos oxidados – monoânion de ascorbato e ácido deidroascórbico.

   ( ) Todas as vitaminas podem ser ingeridas em excesso.

   Agora, assinale a alternativa que corresponde corretamente à sequência de indicações, de cima para baixo:

   a) V, F, V, V, V, V.
   b) V, F, V, F, F, V.

c) F, F, V, F, F, V.
d) V, V, V, V, V, F.
e) F, F, V, V, V, F.

Atividades de aprendizagem

Questões para reflexão

1. Agora que você aprendeu a distinguir os macronutrientes (carboidratos, lipídeos e proteínas), indique quais deles se sobressaem em seus pratos de comida favoritos.

2. Com base na explanação sobre vitaminas, responda: Você apresenta algum sintoma que possa ser oriundo da falta ou do excesso da ingestão de alguma vitamina em particular?

Atividade aplicada: prática

1. Primeiramente, leia a Resolução RDC n. 332, de 23 de dezembro de 2019, que define os requisitos para uso de gorduras trans industriais em alimentos. Em seguida, com base no que foi abordado neste capítulo a respeito dos potenciais danos à saúde e da limitação e proibição do uso dessas gorduras conforme a lei mencionada, realize pesquisa e revisão bibliográfica sobre as alternativas tecnológicas à utilização desse componente.

BRASIL. Ministério da Saúde. Agência Nacional de Vigilância Sanitária. Resolução RDC n. 332, de 23 de dezembro de 2019. **Diário Oficial da União**, Brasília, DF, 26 dez. 2019. Disponível em: <https://nutritotal.com.br/pro/wp-content/uploads/sites/3/2020/03/Material-3-nova-rdc.pdf>. Acesso em: 15 mar. 2021.

Capítulo 2

Minerais e metais pesados nos alimentos

A matéria seca dos alimentos pode conter compostos orgânicos (carboidratos, proteínas, lipídios, vitaminas) e inorgânicos (minerais e metais pesados). Estes últimos não contêm átomos de carbono que formam cadeias e são ligados ao hidrogênio. Alguns deles, embora até possam conter carbono em sua estrutura (como é o caso do dióxido de carbono – CO_2), graças à forma como este se liga, são tidos como inorgânicos. No geral, os compostos inorgânicos também são formados por ametais ou hidrogênio e estabelecem ligações com átomos metálicos.

Neste capítulo, analisaremos os minerais presentes nos alimentos, a função deles para o organismo humano, a função dos minerais do solo e, por fim, a contaminação por metais pesados e seus sintomas. Vale ressaltar que, apesar de serem mais tóxicos quando ligados a agrupamentos carbônicos, os metais pesados também serão discutidos aqui.

2.1 Minerais

Os minerais são os elementos que permanecem como cinzas após a combustão de tecidos vegetais e animais, ou seja, após a queima da matéria orgânica. Na química dos alimentos, eles podem ser definidos como compostos inorgânicos nutritivos que não são produzidos pelo organismo humano, mas devem ser obtidos mediante alimentação ou suplementação. Os minerais podem ser classificados em:

- **Elementos principais** – Essenciais para os seres vivos em quantidades acima de 50 mg/dia (Ca, Cl, K, Mg, Na, P). O enxofre (S) também faz parte desse grupo, porém seus requisitos são atendidos pela ingestão de aminoácidos que o contêm.

- **Elementos de vestígios** – Essenciais em concentrações inferiores a 50 mg/dia (Co, Cr, Cu, F, Fe, I, Mn, Mo, Ni, Se, Zn). As ações bioquímicas desses minerais já foram elucidadas no capítulo anterior.
- **Elementos ultratraços** – Elementos cuja essencialidade foi testada em experiências com animais em várias gerações, e sintomas de deficiência foram encontrados sob condições extremas (Al, As, B, Ba, Bi, Br, Cd, Cs, Ge, Hg, Li, Pb, Rb, Sb, Si, Sm, Sn, Sr, Tl, Ti, W). Se, para algum desses elementos, for detectada alguma função bioquímica em um tecido ou órgão vital, ele passa a ser classificado como um elemento de vestígio.

Os elementos principais e os elementos de vestígios desempenham funções variadas, atuando como eletrólitos e materiais de construção.

Isolar e caracterizar as espécies minerais de alimentos é muito difícil porque os alimentos são muito complexos e existem diversas espécies minerais instáveis. Além disso, os minerais são encontrados nas cinzas na forma de óxidos, sulfatos, fosfatos, nitratos, cloretos e outros halogenetos. Portanto, o teor de cinzas superestima o teor total de minerais, que é medido graças ao oxigênio presente em muitos dos ânions. Ele fornece, no entanto, uma ideia aproximada do conteúdo mineral, razão pela qual é necessário calcular o total de carboidratos no esquema analítico imediato.

A Tabela 2.1 apresenta a quantidade de sódio, potássio, cálcio, ferro e fósforo em alguns alimentos. Devemos esclarecer que, em uma mesma matéria-prima alimentar, o conteúdo mineral pode variar bastante a depender dos fatores genéticos e climáticos, dos procedimentos agrícolas, da composição do solo e da maturação das colheitas. Isso se aplica aos elementos principais e aos de vestígios. Alterações no conteúdo mineral geralmente ocorrem também no processamento de matérias-primas (como em processos térmicos e separações de materiais).

Tabela 2.1 – Conteúdo mineral (Na, K, Ca, Fe e P) em mg/100g de alguns alimentos (valores médios)

Produto alimentício	Na	K	Ca	Fe	P
Leite e produtos lácteos					
Leite bovino cru de alta qualidade	48	157	120	0,046	92
Leite humano	16	53	31	0,06	15
Manteiga	5	16	13	0,02-0,2	21
Queijo					
Emmental (45% de gordura)	275	95	1020	0,35	636
Camembert (60% de gordura)	709	95	90	0,13	310
Camembert (30% de gordura)	669	120	600	0,17	385
Ovo					
Gema de ovo de galinha	51	138	140	7,2	590
Clara de ovo de galinha	170	154	11	0,2	21

(continua)

(Tabela 2.1 – continuação)

Produto alimentício	Na	K	Ca	Fe	P
Carne e produtos à base de carne					
Carne bovina, carcaça inteira, magra	66	342	5,7	2,6	190
Carne de porco, carcaça inteira, magra	69	397	5	1,0	192
Fígado de vitelo	87	316	8,7	7,9	306
Fígado de porco	77	363	7,6	18	407
Fígado de galinha	68	218	18	7,4	240
[...] Cereais e produtos à base de cereais					
Trigo, grão inteiro	7,8	381	33	3,3	341
Farinha de trigo tipo 550	2,0	146	15	1,0	108
Farinha de trigo tipo 1050	3,0	203	24	2,2	208
Gérmen de trigo	5	993	49	8,5	1100
Centeio, núcleo inteiro	3,8	530	37	2,8	337
Farinha de centeio tipo 997	1	285	25	1,9	189
Milho, semente inteira	6	294	8	1,5	213
Cereais					
Flocos de milho	915	120	13	2,0	59
Flocos de aveia	6,8	374	48	5,4	415
Arroz não polido	10	238	16	3,2	282
Arroz polido	3,9	103	6	0,8	114
Legumes					
Agrião	12	276	180	3,1	64
Cogumelos (cultivados)	8	390	11	1,26	123
Chicória	4,4	192	26	0,74	26
Ervilhas verdes	2	274	24	1,7	113

(Tabela 2.1 – conclusão)

Produto alimentício	Na	K	Ca	Fe	P
[...]					
Couve	35	451	212	1,9	87
Batatas	3,2	418	6,4	0,43	50
[...]					
Alface	7,5	179	22	0,34	23
Lentilhas secas	6,6	837	65	8,0	412
Cenouras	60	321	37	0,39	35
Couve-de-bruxelas	7	451	31	1,1	84
Espinafre	65	554	117	3,8	46
Cogumelos comestíveis (*Boletus edulis*)	6	341	4,2	1,0	85
Repolho branco	13	255	46	0,4	36
Tomate	3,3	242	9,4	0,3	22
Frutas					
Maçã	1,2	122	5,8	0,25	12
Laranja	1,4	165	42	0,19	23
Damascos	2	278	16	0,65	21
Morango	1,4	161	21	0,64	29
Ameixas	1,7	177	8,3	0,26	18

Fonte: Belitz; Grosch; Schieberle, 2009, p. 422-423, tradução nossa.
Nota: O tomate, diferentemente de como foi classificado na tabela, é uma fruta.

Todos os sistemas biológicos contêm água, e a maioria dos nutrientes é transportada e metabolizada pelos organismos em meio aquoso. Logo, a disponibilidade e a reatividade dos minerais dependem, em grande parte, de sua solubilidade na água. Isso exclui a forma elementar de quase todos os elementos (dioxigênio e nitrogênio são exceções) da atividade fisiológica dos sistemas vivos, porque essas formas, como o ferro elementar, são insolúveis em água e, portanto, indisponíveis para incorporação nos organismos vivos ou nas moléculas biológicas.

As espécies (ou formas) dos elementos presentes nos alimentos variam consideravelmente a depender das propriedades químicas do elemento em questão.
Os componentes dos grupos IA (família dos metais alcalinos, com exceção do hidrogênio) e VIIA (família dos halogênios) integram os alimentos predominantemente como espécies iônicas livres (Na^+, K^+, Cl^- e F^-). Esses íons são muito solúveis em água e têm baixa afinidade com a maioria dos ligantes. Assim, eles existem principalmente como íons livres em sistemas aquosos. A maioria dos outros minerais está presente como complexos, quelatos ou ânions que contêm oxigênio.

A solubilidade dos complexos minerais e quelatos varia com relação aos sais inorgânicos. Por exemplo, se o cloreto férrico dissolver-se na água, o ferro logo precipitará como hidróxido férrico. Por outro lado, o ferro férrico quelatado com citrato é bastante solúvel. Ao contrário, o cálcio na forma de cloreto de cálcio é bastante solúvel, ao passo que o cálcio quelado com oxalato é insolúvel.

Existem muitos ácidos e bases encontrados naturalmente nos alimentos e usados como aditivos ou auxiliares de processamento. O ácido fosfórico (inorgânico), por exemplo, serve de acidulante e aromatizante em algumas bebidas carbonatadas não alcoólicas.

Outros ácidos minerais comuns são HCl (ácido clorídrico ou ácido muriático) e H_2SO_4 (ácido sulfúrico). Eles não são adicionados diretamente aos alimentos, embora possam ser gerados durante o processamento ou o cozimento destes. Por exemplo, o H_2SO_4 é produzido quando os sulfatos de sódio e de alumínio são aquecidos na presença de água.

2.1.1 Funções dos minerais

Os minerais não fornecem calorias, porém desempenham várias funções no organismo humano, como: regulação do metabolismo enzimático; manutenção do equilíbrio hidroeletrolítico; auxílio na transferência de compostos pela membrana celular; e participação na composição de enzimas, hormônios, secreções e tecidos orgânicos.

As quantidades de minerais essenciais requeridas pelo corpo humano variam de alguns microgramas diários a 1 g/dia. Se a ingestão for baixa por certo tempo, tendem a aparecer os sinais de carência. Já uma ingestão muito alta pode levar à toxicidade. Felizmente, na maioria dos minerais, o intervalo adequado de ingestão apropriada e segura é bastante amplo, de modo que tanto as deficiências quanto a toxicidade são relativamente raras, isso quando há o consumo de uma dieta variada.

A seguir, citaremos as funções específicas de alguns elementos minerais e as doenças causadas pela carência deles.

A Tabela 2.2 apresenta a ingestão diária recomendada (IDR) pela Agência Nacional de Vigilância Sanitária (Anvisa) (Brasil, 2005) de alguns dos minerais (Resolução RDC n. 269, de 22 de setembro de 2005).

Tabela 2.2 – IDR pela Anvisa

		Magnésio (mg)	Cálcio (mg)	Fósforo (mg)	Ferro (mg)	Zinco (mg)	Iodo (µg)	Cromo (µg)	Manganês (mg)
Lactentes	0-6 meses	36	300	100	0,27	2,8	90	0,1	0,003
	7-11 meses	53	400	275	9	4,1	135	5,5	0,6
Crianças	1-3 anos	60	500	460	6	4,1	75	11	1,2
	4-6 anos	73	600	500	6	5,1	110	15	1,5
	7-10 anos	100	700	1250	9	5,6	100	15	1,5
Gestante		220	1200	1250	27	11	200	30	2,0
Lactante		270	1000	1250	15	9,5	200	45	2,6
Adultos		260	1000	700	14	7	130	35	2,3

Fonte: Elaborado com base em Brasil, 2005.

Sódio

- **Função**: manter a pressão osmótica do fluido extracelular.
- **Consequência do consumo excessivo**: hipertensão.
- **Carência**: embora a quantidade de sódio presente nos produtos industrializados torne muito rara a carência do mineral, vale dizer que a baixa ingestão de sódio pode ser

constatada em pessoas que seguem uma dieta sem sal ou utilizam sal *diet*.

- **Alimentos**: abacate, abacaxi, acelga, alho, arroz cozido, beterraba cozida, brócolis, couve-manteiga, camarão, carambola, caranguejo, coração de boi, ervilha, espinafre, fígado de boi, inhame, lagosta cozida, leite, melão, ostra, tomate, vagem.

Potássio

- **Funções**: regular a pressão osmótica dentro da célula; participar do transporte da membrana celular; e ativar um número de enzimas glicolíticas e respiratórias.
- **Consequências da carência**: fraqueza, cansaço muscular, sede e problemas cardíacos.
- **Alimentos**: abacate, abacaxi, acelga, agrião, amendoim cru, arroz cozido, aveia (flocos), banana-prata, batata, beterraba cozida, brócolis, camarão seco, carambola, caranguejo, caju, caqui, cenoura, couve, couve-flor, ervilha, espinafre, feijão, goiaba vermelha, inhame, iogurte, laranja, maçã, mamão, maracujá, melancia, morango, ostra, peixe tilápia, tangerina, vagem.

Magnésio

- **Funções**: constituir e ativar muitas enzimas, particularmente aquelas associadas à conversão de compostos de fosfato ricos em energia, estabilizador das membranas plasmáticas, membranas intracelulares e ácidos nucleicos; intervir na formação de ossos e dentes.

- **Consequências da carência**: fraqueza muscular, depressão e irritação. Em alguns casos, até ataque cardíaco e anorexia.
- **Alimentos**: agrião, amêndoas, amendoim torrado, aveia, avelã, caju, castanha, cevada, espinafre, gérmen de trigo, grão-de-bico, leite, milho, ostra, soja.

Cálcio

- **Funções**: participar da estrutura do sistema muscular; e controlar processos essenciais, como contração muscular (sistema locomotor, batimento cardíaco), coagulação sanguínea, atividade das células cerebrais e crescimento celular.
- **Consequências da carência**: osteoporose, tetania e raquitismo.
- **Alimentos**: leite e seus derivados (principais fontes desse elemento), abóbora, açaí, acelga, agrião, amêndoa, beterraba (folhas), brócolis cozido, caju, camarão cozido, coentro, espinafre, quiabo, ostra, siri, vagem.

Cloro

- **Função**: participar do equilíbrio químico e da pressão osmótica do organismo.
- **Consequências da carência**: fraqueza muscular, letargia e diminuição do apetite.
- **Alimentos**: camarão, leite, peixe, ostra, ovos, sal de mesa.

Fósforo

- **Funções**: a maior parte do fósforo no corpo está nos ossos e dentes, principalmente na forma de hidroxiapatita. O restante do fósforo distribui-se nos músculos, no fígado, no intestino, na pele, no tecido nervoso e em outros órgãos e tecidos, principalmente na forma de ésteres orgânicos. Nos fluidos biológicos, o fósforo está presente como íon fosfato. Além de intervir na formação e na estrutura dos ossos, o fósforo exerce outros papéis no corpo humano, uma vez que participa do metabolismo de carboidratos, lipídeos e proteínas, é componente da adenosina trifosfato (ATP), de ácidos nucleicos e fosfolipídios, e influencia o equilíbrio ácido-básico do plasma.
- **Consequências da carência**: manifestações renais e problemas sanguíneos.
- **Alimentos**: amendoim cru, aveia (flocos), café solúvel, queijo de minas, caju, castanha, ervilha seca, feijão-preto, gema de ovo, queijo prato, sardinha.

Enxofre

- **Função**: ser o constituinte essencial da estrutura proteica.
- **Consequências da carência**: cálculo renal e cistinúria.
- **Alimentos**: agrião, alho, amêndoa, aveia, bacalhau salgado, berinjela, camarão, carne de boi, caranguejo, cebola, carne de porco, couve, couve-flor, fígado de boi, frango, feijão, gérmen de trigo, lentilha, língua de boi, miolos de boi, ostras, ovo, peixes, repolho, soja.
- **Exigências diárias**: uma dieta adequada em proteínas já supre a exigência diária de enxofre.

Ferro

- **Função**: compor a hemoglobina (sangue), os pigmentos de mioglobina (tecido muscular) e várias enzimas (como peroxidases, catalases e hidroxilases).
- **Consequência da carência**: redução do desempenho intelectual, da resistência a doenças, do controle de temperatura do corpo. Em casos mais severos, anemia grave.
- **Alimentos**: abóbora, açaí, acelga, aveia (flocos), brócolis, carne de boi, feijão-preto, fígado de boi, gema de ovo e repolho.

Zinco

- **Função**: atuar no crescimento e na replicação das células, na imunidade celular, na maturação sexual, na fertilidade e na reprodução.
- **Consequências da carência**: diminuição da imunidade e do hormônio de crescimento e perda de cabelo.
- **Alimentos**: agrião, arroz, banana, carne de boi, carne de porco, camarão, caranguejo, espinafre, fígado de boi, leite, ostra e soja.

Iodo

- **Função**: na glândula tireoide, atuar na biossíntese do hormônio tiroxina (tetraiodotironina) e de sua forma menos iodada, tri-iodotironina.
- **Consequências da carência**: bócio, redução da taxa metabólica e cabelos secos.

- **Alimentos**: agrião, algas, alho, camarão, carne de boi, caranguejo, espinafre, fígado de boi, iogurte, leite, ostra e sal de mesa.

Cromo

- **Função**: ajudar no metabolismo da glicose.
- **Consequência da carência**: diminuição da tolerância à glicose.
- **Alimentos**: água potável, levedo de cerveja e grãos integrais.

Manganês

- **Função**: compor enzimas que participam do metabolismo geral.
- **Consequência da carência**: anomalia óssea.
- **Alimentos**: banana, carne de boi, cebola, cenoura, damasco, espinafre, feijão, milho, ostra, pêssego, soja e tomate.

2.2 Função dos nutrientes para as plantas

As plantas requerem alguns elementos específicos do ambiente externo, que geralmente são obtidos pelas raízes no solo. Menos tipicamente, os nutrientes podem ser absorvidos pela superfície das folhas ou por estruturas especializadas nos poucos tipos de plantas que podem capturar e digerir insetos. As quantidades dos componentes demandados pelas plantas podem ser usadas para defini-los como macronutrientes ou micronutrientes.

Vários minerais inorgânicos são essenciais para o crescimento das plantas. Eles são retirados do solo com o uso de proteínas transportadoras localizadas na membrana plasmática, e o excesso é armazenado no vacúolo celular ou convertido em formas de armazenamento polimerizadas. Para as culturas, é essencial corresponder o suprimento de nutrientes à demanda durante toda a estação de crescimento para obter o rendimento máximo.

Essas formas de armazenamento de nutrientes podem funcionar como indicadores agrícolas do *status* de nutrientes das culturas e do potencial de perdas de lixiviação de fertilizantes. Os transportadores da membrana fornecem uma entrada para os nutrientes nas plantas, mas a seletividade desses filtros pode quebrar quando minerais quimicamente semelhantes estão presentes em concentrações muito altas. Os minerais, embora não sejam sempre vitais para o crescimento, podem entrar nas células das plantas e causar toxicidade.

As características físicas e químicas do solo determinam a disponibilidade de nutrientes para obtenção pelas raízes das plantas. Os nutrientes dissolvidos na água do solo são aqueles que geralmente podem ser absorvidos. E é por isso que a maioria das plantas pode ser cultivada com sucesso em hidroponia (ou cultura de água). No solo, a planta pode influenciar diretamente o quantitativo de nutrientes na área ao redor da superfície da raiz; essa zona é chamada de *rizosfera*.

Alterações no pH e nos micróbios do solo, mediadas pelas raízes, podem impactar diretamente a solubilidade de muitos nutrientes em água. Por exemplo, um pH da rizosfera mais ácido dissolve o fósforo mineral do solo, aumentando a solubilidade e disponibilizando o nutriente para absorção pelas raízes das plantas. Uma planta pode ajustar essas propriedades das raízes de acordo com suas necessidades nutricionais e, sob deficiência, essas mudanças podem ser um indicativo do *status* dos nutrientes.

Para melhorar a disponibilidade dos nutrientes, muitas plantas sob deficiência excretam ácidos orgânicos e algumas raízes excretam enzimas específicas e moléculas quelantes. As raízes podem estimular o crescimento de tipos particulares de bactérias e fungos capazes de solubilizar minerais no solo, elevando a oferta de nutrientes para captação nas raízes. Essas populações microbianas recebem carbono da raiz para fomentar sua propagação na rizosfera. Há boas evidências de que, embora o tipo de solo seja importante, cada tipo ou cultivo de planta pode promover determinada população de fungos e bactérias, conferindo uma "impressão digital" característica à rizosfera.

Como as concentrações de nutrientes são críticas para os processos envolvidos no metabolismo e no crescimento, um suprimento limitado de qualquer nutriente acarreta estatura e rendimento abaixo do ideal. Além disso, há outros sintomas visuais, como a clorose (um amarelecimento dos tecidos das folhas e do caule).

O padrão preciso da clorose pode indicar mais especificamente qual nutriente está faltando. Por exemplo, o *deficit* de nitrogênio resulta em uma clorose geral, mas plantas com deficiência de ferro mostram amarelecimento entre as veias das folhas. Quando elementos em particular, como o fósforo, estão deficitários, as plantas desenvolvem uma coloração roxa em razão da produção de grandes quantidades de antocianinas. Esses produtos químicos são produzidos quando as plantas são estressadas e têm um papel bioquimicamente protetor na célula. A morte ou necrose do tecido ocorre após a clorose, à medida que as deficiências tornam-se mais agudas. Nas plantas com deficiência de potássio, a necrose ocorre ao longo das margens das folhas, mas, nas plantas com deficiência de manganês, ocorre necrose entre as veias. Para alguns nutrientes como ferro, os sintomas de deficiência aparecem primeiro em uma folha jovem, o que sugere que o elemento não é facilmente translocado das folhas velhas para as jovens. Nitrogênio, potássio e magnésio são facilmente carregados no floema e no xilema e translocados de folhas velhas para folhas em desenvolvimento. Para esses nutrientes, as folhas mais velhas demonstram sintomas de insuficiência.

 O nitrogênio é um macronutriente empregado pelas plantas na produção de clorofila e no próprio crescimento, sendo absorvido e transportado em sua maior parte na forma de amônio (NH_4^+) ou de nitrato (NO_3^-). A carência desse recurso resulta na clorose das folhas ocasionada pela diminuição da clorofila. Ademais, uma vez que o nitrogênio é responsável pela produção de clorofila e que esta auxilia na conversão de carbono, hidrogênio e oxigênio em açúcares simples que estimulam o crescimento da planta, a falta desse nutriente pode acarretar um retardo de crescimento. E não somente isso: como o nitrogênio também é um componente dos aminoácidos, sua escassez diminui o teor de proteínas nas sementes e nas partes vegetativas.

O fósforo, assim como o nitrogênio, é um elemento fundamental para o crescimento das plantas. A maior parte dele é absorvido como íon ortofosfato primário ($H_2PO_4^-$) e, em menor quantidade, como íon ortofosfato secundário (HPO_4^{2-}). Outras formas também podem ser utilizadas, porém em quantidades menores que as mencionadas. O fósforo realiza ainda inúmeras outras funções, como atuação na fotossíntese e na respiração, no armazenamento e na transferência de energia, na divisão e no crescimento das células. Ele participa na transferência dos códigos genéticos de uma planta para outra; aumenta a resistência delas ao inverno rigoroso e a algumas doenças; acelera a maturidade; e pode ser responsável pela obtenção de frutas, verduras e culturas graníferas com qualidade superior. Como sintomas da deficiência de fósforo, podemos citar o desenvolvimento subnormal de toda planta (ex.: folhas distorcidas), áreas mortas nas folhas, nos frutos e no pecíolo, e atraso da maturidade.

Curiosidade

No caso do milho e de algumas outras culturas (principalmente as de inverno), a deficiência de fósforo pode provocar uma coloração púrpura (arroxeada) ou avermelhada graças ao acúmulo de açúcar.

O potássio, à semelhança do nitrogênio e do fósforo, compreende um dos nutrientes primários das plantas – assimilado na forma iônica (K^+) –, ou seja, aqueles que usualmente se tornam deficientes no solo antes dos demais em razão da quantidade relativamente grande que deles é assimilada pelas plantas. Ele cumpre um papel primordial na fotossíntese e na síntese proteica, sendo igualmente relevante no processo de decomposição dos carboidratos (que consequentemente fornecem energia para o crescimento das plantas), na translocação de metais pesados e na formação dos frutos. Outrossim, o potássio ajuda a controlar o balanço iônico, a superar os efeitos das doenças, a melhorar a tolerância ao frio. Ainda, ele está envolvido na ativação de muitos sistemas enzimáticos associados à regulação da taxa de sistemas metabólicos das plantas. Somam-se a isso alguns benefícios do potássio para a qualidade das culturas. Por exemplo, nas espigas de milho, observa-se o aumento do número e do tamanho das sementes; na soja, o melhoramento do teor de óleo e proteínas; na cana-de-açúcar e na beterraba, o aumento da concentração de açúcares; no trigo, a melhoria da qualidade para moagem e panificação.

A deficiência de potássio reduz a fotossíntese e eleva a respiração das plantas, minorando assim o suprimento dos carboidratos para a planta. Entre os sintomas de sua deficiência estão: o aspecto queimado nas folhas, o crescimento lento, o sistema radicular pouco desenvolvido, os frutos e as sementes menores e enrugados e a baixa resistência às doenças.

Além dos três nutrientes primários já comentados, há os secundários e os micronutrientes, os quais são tão importantes quanto aqueles para uma fertilidade adequada do solo, apesar de serem geralmente aplicados em menores quantidades e tendem a ser menos deficientes no solo. A falta de qualquer micronutriente, por exemplo, pode limitar o crescimento das plantas, mesmo que os nutrientes primários estejam em quantidades adequadas no solo. Da mesma forma, os nutrientes secundários não cumprem um papel prescindível; muito pelo contrário, a deficiência deles pode reduzir o crescimento das plantas tanto quanto a dos primários, embora, conforme já mencionado, eles sejam exigidos em percentuais inferiores. O cálcio, o magnésio e o enxofre compõem os nutrientes secundários; e o boro, o cloro, o cobre, o ferro, o manganês, o molibdênio e o zinco, os micronutrientes. Existem ainda alguns nutrientes que são considerados essenciais para algumas plantas, porém quase nunca são deficientes no solo, a saber: o sódio, o cobalto, o vanádio, o níquel e o silício.

    Vale ressaltar que concentrações muito altas de alguns nutrientes podem culminar em toxicidade nas plantas, o que raramente ocorre na natureza. A via normal de entrada de nutrientes pode ser aproveitada de modo oportunista por elementos tóxicos. O acúmulo desses elementos pode ser evitado aumentando-se o suprimento de nutrientes que geralmente entram na planta pelo mesmo sistema transportador.

2.3 Contaminação por metais pesados

Metais pesados são elementos com propriedades metálicas, massa específica elevada e massa atômica superior a 20. Esse termo está associado a substâncias com propriedades toxicas.

Em altas concentrações, os metais pesados podem ser tóxicos para o solo, as plantas, a vida aquática e a saúde humana. Eles podem, por exemplo, afetar a biota do solo ao diminuir o número e a atividade dos microrganismos presentes, inibir o metabolismo fisiológico das plantas e estimular a produção de espécies reativas de oxigênio, as quais podem danificar organismos aquáticos. Uma vez absorvidos pelas plantas, os metais pesados podem acumular-se ao longo da cadeia alimentar, gerando uma ameaça potencial à saúde animal e à humana.

A exposição do homem aos metais pesados ocorre não somente pelo consumo de alimentos e água, mas também pela inalação de ar poluído, pelo contato com a pele e pela exposição ocupacional no local de trabalho.

É pertinente destacar que alguns metais pesados, como cobre, cobalto, ferro, níquel, magnésio, molibdênio, crômio, selênio, manganês e zinco, têm papéis funcionais fundamentais para diversas atividades fisiológicas e bioquímicas do corpo. No entanto, parte deles, em altas doses, podem ser prejudiciais aó organismo, ao passo que outros, como cádmio, mercúrio, chumbo, crômio, prata e arsênico, em pequenas quantidades, têm efeitos delirantes no organismo, causando toxicidade aguda e crônica em seres humanos.

O principal mecanismo da toxicidade de metais pesados inclui a geração de radicais livres que induzem a estresse oxidativo, danos a moléculas biológicas, como enzimas, proteínas, lipídeos e ácidos nucleicos, e danos ao DNA, que é a chave para a carcinogênese e a neurotoxicidade.

A toxicidade dos metais pesados também pode ser causada de outras maneiras. Uma delas corresponde a uma ligação direta deles com grupos tiol das proteínas/enzimas, o que causa perturbações em suas conformações tridimensionais. Outro modo consiste na ligação dos metais pesados com os sítios ativos das proteínas/enzimas em substituição aos íons metálicos (cofatores), os quais são essencialmente exigidos pelas proteínas/enzimas para a atividade ideal. Em qualquer uma dessas situações, essas biomoléculas tendem a perder suas características nativas graças ao desdobramento ou à desnaturação e, em seguida, suas funções são significativamente comprometidas, o que leva a graves influências em sua atividade biológica e, finalmente, na saúde celular.

2.3.1 Sintomas de contaminação por metais pesados

Ainda que muitos metais tóxicos possam afetar vários sistemas orgânicos, a maioria das toxicoses metálicas é caracterizada pelo envolvimento de órgãos ou sistemas específicos. Formas orgânicas de metais como chumbo, arsênico e mercúrio frequentemente penetram nas barreiras fisiológicas gerando distúrbios neurológicos e reprodutivos. Mercúrio inorgânico, cádmio, urânio, chumbo, arsênico, antimônio, bismuto e plutônio são nefrotóxicos, ao passo que o berílio é primariamente um tóxico pulmonar. A toxicose do tálio, por sua vez, causa disfunção no sistema gastrointestinal e nos sistemas nervoso e tegumentar. Inúmeros metais pesados têm efeitos adversos na reprodução e no desenvolvimento, alguns dos quais são cancerígenos.

Há alguns metais pesados que são tóxicos mesmo em baixas concentrações, como o cádmio, o mercúrio, o arsênio e o crômio. Na sequência, apresentaremos os efeitos da contaminação desses quatro elementos sobre o organismo.

2.3.1.1 Cádmio

O cádmio (Cd) não cumpre função biológica conhecida em animais e humanos. A exposição ocupacional ao cádmio, principalmente por inalação, pode resultar em febre de fumaça de metal, pneumonite química, edema pulmonar e câncer de pulmão.

Sua toxicidade aguda por via oral é raramente observada em humanos. As exposições a altas concentrações por meio de alimentos e bebidas fortemente contaminados podem culminar em sintomas gastrointestinais, incluindo náusea, vômito e dor abdominal. O nível sem efeito adverso de uma dose oral única é estimado em 3 mg de cádmio elementar por pessoa, e as doses letais reportadas variam de 350 mg a 8.900 mg.

Os efeitos tóxicos da exposição por via oral crônica são muito mais preocupantes do que as exposições agudas, porque aquela requer níveis mais baixos e ocorre mais frequentemente. As exposições crônicas ao cádmio por alimentos contaminados têm sido associadas a danos de órgãos e sistemas múltiplos, incluindo rins, ossos e sistema cardiovascular. Efeitos adversos à saúde nos sistemas endócrino e neural e vários tipos de cânceres também têm sido relatados.

2.3.1.2 Mercúrio

O mercúrio (Hg) foi reconhecido como uma substância neurotóxica e imunotóxica e designado pela Organização Mundial da Saúde (OMS) como um dos 10 produtos químicos mais perigosos para a saúde pública (WHO, 2021). Ele existe no ambiente sob diversas formas químicas, como Hg elementar (metálico), Hg inorgânico e Hg orgânico. Cada forma apresenta propriedades toxicológicas diferentes. As propriedades tóxicas do vapor de mercúrio são uma consequência do acúmulo de mercúrio no cérebro, causando sinais neurológicos que envolvem uma síndrome psicastênica e vegetativa inespecífica (micromercurialismo). Em altos níveis de exposição, observam-se tremor mercurial acompanhado de graves alterações de comportamento e de personalidade, aumento da excitabilidade, perda de memória e insônia. O mercúrio também pode afetar outros sistemas orgânicos, como o rim.

As ações agudas e de longo prazo de sais mercúricos, compostos de fenilmercúrio e compostos de alcoxialquilmercúrio provavelmente são distúrbios gastrointestinais e danos renais que aparecem como disfunção tubular, com necrose tubular em casos graves. A dose letal em humanos é de aproximadamente 1 g de sal mercúrico. Ocasionalmente, os compostos mercúricos podem causar sintomas cutâneos idiossincráticos, que podem evoluir para dermatite esfoliativa grave ou causar nefrite glomerular. Observações clínicas em animais mostraram que o mercúrio estimula o sistema imunológico, e o metilmercúrio (MeHg) o inibe. Uma forma específica de idiossincrasia, a chamada *acrodinia* (ou doença rosa), é observada em crianças. A maioria dos casos está associada à exposição ao mercúrio, em razão da qual são detectados níveis aumentados de mercúrio na urina.

Os riscos envolvidos na ingestão a longo prazo de alimentos que contenham MeHg ou etilmercúrio (Etil-Hg) e na exposição ocupacional a MeHg são resultado da absorção eficiente (90%) do alquilmercúrio em humanos e do longo tempo de retenção, que leva ao acúmulo deste no cérebro. O envenenamento crônico acarreta degeneração e atrofia do córtex cerebral sensorial, parestesia, ataxia, deficiências auditiva e visual e implica um risco elevado de doenças cardiovasculares, como infarto cardíaco e acidente vascular cerebral (AVC). Esses últimos efeitos são atenuados pela ingestão de ácidos graxos poli-insaturados pelo consumo de peixes. A exposição de mulheres grávidas a determinado nível de MeHg pode resultar no desenvolvimento cerebral inibido do feto, com retardo psicomotor da criança, o que também parece ser reduzido pela ingestão do componente já citado.

2.3.1.3 Arsênio

A toxicidade crônica por arsênio (As) está associada a várias manifestações clínicas conhecidas como *arsenicose*. Pigmentação e queratose são lesões cutâneas específicas características da toxicidade crônica por arsênico, por exemplo. A arsenicose também está associada a doenças pulmonares crônicas, como bronquite crônica, doença pulmonar obstrutiva crônica e bronquiectasia, doença hepática, como fibrose portal não cirrótica, polineuropatia e doença cerebrovascular, doença vascular periférica, hipertensão e cardiopatia isquêmica, *diabetes mellitus*, fraqueza e anemia, congestão ocular, pterígio, catarata e disfunção erétil. Os cânceres de pele, de pulmão e de bexiga são, nesse sentido, importantes patologias associadas à toxicidade crônica por arsênico.

O tratamento da arsenicose é insatisfatório e é, principalmente, sintomático. A interrupção do consumo de água contaminada com arsênico é a base do manejo da arsenicose, uma vez que a terapia quelante específica tem valor limitado. O câncer de pele precoce, detectável pela vigilância ativa regular, é curável.

2.3.1.4 Crômio

O crômio (Cr) é um metal natural encontrado no ar, no solo e na água. Existem três estados de valência estáveis que ocorrem naturalmente: crômio metálico [Cr (0)], crômio trivalente [Cr (III)] e crômio hexavalente [Cr (VI)]. O Cr (VI) é um agente canceríngeno estabelecido, ao passo que o Cr (III) é considerado geralmente seguro em concentrações de exposição. Esse último, é pertinente esclarecer, já não é definido como elemento essencial para o estado nutricional humano.

As ocupacionais e as ambientais são duas configurações principais das exposições humanas ao crômio. Estudos epidemiológicos de trabalhadores com crômio expostos ocupacionalmente relataram que eles foram acometidos por câncer de pulmão. Em geral, a exposição ao Cr (VI) é atrelada a cânceres respiratórios e dérmicos; entretanto, pesquisas recentes demonstraram que ele pode provocar uma variedade de problemas (incluindo parâmetros de reprodução).

A exposição ao Cr (VI) tem sido historicamente vinculada a casos ocupacionais ou decorrentes da proximidade a processos industriais. Nos últimos anos, contudo, tem havido uma preocupação com os efeitos do crômio na água sobre a saúde.

Síntese

- Os minerais são os elementos que permanecem como cinzas após a combustão de tecidos vegetais e animais, ou seja, após a queima da matéria orgânica.
- Na química dos alimentos, os minerais podem ser definidos como compostos inorgânicos nutritivos que não são produzidos pelo organismo humano, mas devem ser obtidos pela alimentação ou por meio de suplementação.
- Os minerais podem ser classificados em elementos principais (essenciais para os seres vivos em quantidades acima de 50 mg/dia), elementos de vestígios (essenciais em concentrações inferiores a 50 mg/dia) e elementos ultratraços (elementos que ainda não cumprem função bioquímica constatada em um tecido ou órgão vital).
- Em uma mesma matéria-prima alimentar, o conteúdo mineral pode variar bastante a depender de fatores genéticos e climáticos, procedimentos agrícolas, composição do solo, maturação das colheitas, entre outras variáveis. Isso se aplica aos elementos principais e aos de vestígios. Alterações no conteúdo mineral geralmente ocorrem também no processamento de matérias-primas, como em processos térmicos e separações de materiais.

- A disponibilidade e a reatividade dos minerais dependem em grande parte da solubilidade deles na água. Isso exclui a forma elementar de quase todos os elementos (dioxigênio e nitrogênio são a exceção) da atividade fisiológica dos sistemas vivos, porque essas formas, como o ferro elementar, são insolúveis em água e, portanto, indisponíveis para incorporação nos organismos vivos ou nas moléculas biológicas.
- Os minerais não fornecem calorias, porém exercem várias funções no organismo humano, como a regulação do metabolismo enzimático, a manutenção do equilíbrio hidroeletrolítico, o auxílio na transferência de compostos pela membrana celular e a participação na composição de enzimas, hormônios, secreções e tecidos orgânicos.
- As quantidades de minerais essenciais requeridas pelo organismo humano variam de alguns microgramas diários a 1 g/dia. Se a ingestão for baixa por um certo tempo, tendem a aparecer os sinais de carência. Já uma ingestão muito alta pode levar à toxicidade.
- Vários minerais inorgânicos são essenciais para o crescimento das plantas. Eles são retirados do solo pela utilização de proteínas transportadoras localizadas na membrana plasmática, e o excesso é armazenado no vacúolo celular ou convertido em formas de armazenamento polimerizadas.
- As características físicas e químicas do solo determinam a disponibilidade de nutrientes para absorção pelas raízes das plantas.
- Os nutrientes dissolvidos na água do solo são aqueles que geralmente estão disponíveis para absorção.

- No solo, a planta pode influenciar diretamente a quantidade de nutrientes na área ao redor da superfície da raiz; essa zona é chamada de *rizosfera*.
- Para melhorar a disponibilidade dos nutrientes, muitas plantas sob deficiência excretam ácidos orgânicos e algumas raízes excretam enzimas específicas e moléculas quelantes. As raízes podem estimular o crescimento de tipos particulares de bactérias e fungos capazes de solubilizar minerais no solo, elevando a oferta de nutrientes para captação nas raízes.
- As deficiências nutricionais resultam em crescimento atrofiado das plantas. Contudo, há outros sintomas visuais, como a clorose, um amarelecimento dos tecidos das folhas e do caule.
- O potássio, o nitrogênio e o fósforo são considerados nutrientes primários das plantas, porque usualmente se tornam deficientes no solo antes dos demais graças à quantidade relativamente grande que deles é assimilada pelas plantas.
- Os nutrientes secundários (cálcio, magnésio, enxofre) e os micronutrientes (boro, cloro, cobre, ferro, manganês, molibdênio, zinco) também são importantes para uma fertilidade adequada do solo, porém são geralmente utilizados em menores quantidades e são menos deficientes no solo.
- Concentrações muito altas de alguns nutrientes podem resultar em toxicidade nas plantas, embora isso raramente ocorra na natureza.
- Metais pesados são elementos com propriedades metálicas, massa específica elevada e massa atômica superior a 20. O termo está associado a substâncias com propriedades tóxicas.

- Em altas concentrações, os metais pesados podem ser tóxicos para o solo, as plantas, a vida aquática e a saúde humana.
- Alguns metais pesados, como cobre, cobalto, ferro, níquel, magnésio e molibdênio, têm papéis funcionais essenciais para diversas atividades fisiológicas e bioquímicas do corpo. No entanto, alguns desses metais, em altas doses, podem ser prejudiciais ao organismo, ao passo que outros, como cádmio, mercúrio, chumbo, crômio, prata e arsênico, em pequenas quantidades, têm efeitos delirantes no organismo, causando toxicidade aguda e crônica em seres humanos.
- O principal mecanismo da toxicidade de metais pesados inclui a geração de radicais livres que induzem a estresse oxidativo, danos a moléculas biológicas, como enzimas, proteínas, lipídios e ácidos nucleicos, e danos ao DNA, que é a chave para a carcinogênese e a neurotoxicidade.
- Os metais pesados podem provocar desdobramentos ou desnaturação das proteínas/enzimas, as quais tendem a perder suas características nativas, e, em seguida, suas funções são significativamente comprometidas.
- A exposição do homem aos metais pesados ocorre não somente pelo consumo de alimentos e água, mas também pela inalação de ar poluído, pelo contato com a pele e pela exposição ocupacional.

Atividades de autoavaliação

1. Sobre os minerais, marque a alternativa **incorreta**:
   a) São os elementos que permanecem como cinzas após a combustão de tecidos vegetais e animais.
   b) São compostos inorgânicos nutritivos.
   c) Uma vez que eles não são produzidos pelo organismo humano, devem ser obtidos por meio da alimentação ou da suplementação.
   d) Podem ser classificados em elementos principais, elementos de vestígios e elementos ultratraços.
   e) O conteúdo de elementos principais e de vestígios em uma mesma matéria-prima alimentar independe de fatores genéticos e climáticos, procedimentos agrícolas, composição do solo e maturação das colheitas.

2. Sobre a função dos minerais, marque a única alternativa **incorreta**:
   a) Não fornecem calorias.
   b) Auxiliam na transferência de compostos pela membrana celular.
   c) Sua ingestão muito elevada não causa toxicidade.
   d) Participam da composição de enzimas, hormônios, secreções e tecidos orgânicos.
   e) Nos humanos, são requisitados de alguns microgramas diários de minerais a 1 g/dia.

3. Sobre a carência da ingestão dos diferentes minerais, indique V para as afirmativas verdadeiras e F para as falsas.

( ) A quantidade de sódio presente nos produtos industrializados torna sua carência muito rara.
( ) Entre as consequências da carência de cálcio estão a osteoporose e o raquitismo.
( ) A carência de cloro causa cálculo renal e cistinúria.
( ) A carência de ferro está ligada à diminuição do desempenho intelectual e da resistência às doenças. Em casos mais severos, causa anemia grave.
( ) A carência do crômio aumenta a tolerância à glicose.
( ) A carência de iodo pode causar bócio.

Agora, assinale a alternativa que corresponde corretamente à sequência de indicações, de cima para baixo:

a) V, V, F, V, F, V.
b) F, V, V, F, F, V.
c) F, F, V, F, F, V.
d) V, V, F, F, F, V.
e) F, F, V, F, V, F.

4. Sobre a função dos nutrientes no solo, marque a alternativa **incorreta**:

a) As quantidades de cada elemento requerido pelas plantas podem ser usadas para defini-los como macronutrientes ou micronutrientes.
b) Vários minerais inorgânicos são essenciais para o crescimento das plantas.

c) O potássio, o nitrogênio e o fósforo são nutrientes primários.
d) Se todos os nutrientes primários estiverem em quantidades adequadas no solo, a falta de qualquer micronutriente não poderá limitar o crescimento das plantas.
e) Concentrações muito altas de alguns nutrientes podem resultar em toxicidade nas plantas.

5. Sobre a contaminação por metais pesados, marque a alternativa **incorreta**:
   a) Em altas concentrações, os metais pesados podem ser tóxicos para a saúde humana.
   b) A exposição do homem aos metais pesados ocorre somente pelo consumo de alimentos e água.
   c) Um dos mecanismos da toxicidade de metais pesados é a geração de radicais livres que induzem a estresse oxidativo.
   d) Os metais pesados podem causar desdobramentos ou desnaturação das proteínas/enzimas, as quais tendem a perder suas características nativas, e, em seguida, suas funções são significativamente comprometidas.
   e) Radicais livres gerados pelos metais pesados podem propagar carcinogêneses.

Atividades de aprendizagem

Questões para reflexão

1. Considerando o que expusemos a respeito dos minerais, responda: Você apresenta algum sintoma que possa ser oriundo da carência de algum deles em seu organismo?

2. Você já teve intoxicação por metais pesados, conhece alguém que foi acometido por tal problema, ou ouviu algum relato a respeito? Qual era o metal? Qual foi a via de contaminação? Quais foram os sintomas dessa contaminação?

Atividade aplicada: prática

1. Registre tudo o que você ingerir diariamente ao longo de uma semana. Em seguida, avalie todos os sais minerais presentes nos alimentos de sua dieta e compare com os resultados obtidos por algum colega.

Capítulo 3

Toxicologia

Neste capítulo, abordaremos conceitos e assuntos relacionados à toxicologia, uma ciência que estuda os efeitos maléficos que as substâncias químicas podem causar no organismo sob condições específicas de exposição.

A área do conhecimento científico que avalia a presença de fatores tóxicos e antinutricionais nos alimentos, estando eles presentes naturalmente, por adição, contaminação ou geração durante o processamento, é chamada de *toxicologia alimentar*. Demonstraremos que esse estudo é importante para definir quais são as condições nas quais os alimentos podem ser ingeridos de maneira segura.

3.1 Conceitos fundamentais

Iniciemos o capítulo analisando brevemente a definição das substâncias de acordo com o respectivo efeito sobre o organismo.

- **Xenobiótico** – Molécula ou substância química estranha ao organismo, que não desempenha papel fisiológico conhecido e pode ser originada externa ou internamente.
- **Agente tóxico** – Qualquer composto químico capaz de provocar danos a um organismo vivo, causando alterações funcionais ou morte sob certas condições de exposição.
- **Fármaco** – Substância de estrutura química definida e capaz de modificar o sistema fisiológico ou o estado patológico de um organismo a fim de obter efeitos benéficos para ele.

- **Droga** – Qualquer substância capaz de modificar o sistema fisiológico ou o estado patológico de um organismo, com ou sem efeitos benéficos.
- **Antídoto** – Agente capaz de combater os efeitos dos agentes tóxicos.

3.2 Intoxicações

A intoxicação é um desequilíbrio fisiológico em consequência das alterações bioquímicas causadas pelos agentes tóxicos no organismo. Ela é detectada por meio de sinais e sintomas ou exames laboratoriais e pode ser classificada, de acordo com o tempo de exposição, em: aguda; sobreaguda (ou subcrônica); e crônica.

A **intoxicação aguda** é caracterizada por uma única exposição ou múltiplas exposições (efeito cumulativo) ao agente tóxico num período aproximado de 24 horas, com absorção rápida dele. Nesse caso, as manifestações clínicas aparecem imediatamente ou no decorrer de alguns dias, em no máximo duas semanas.

A **intoxicação sobreaguda** decorre de exposições repetidas ao agente tóxico em um período menor que um mês. A intoxicação é dita *subcrônica* quando ocorre em um período entre um a três meses.

Por fim, a **intoxicação crônica** acontece quando as exposições repetidas à substância química ocorrem num período de tempo prolongado, que varia entre meses e anos. Nesse caso, há o acúmulo do agente tóxico no organismo.

Dependendo dos compostos, eles podem até não gerar danos após algumas exposições. Todavia, sob exposições prolongadas, podem ocasionar danos graves, como mutagenicidade e carcinogenicidade.

3.3 Vias de exposição do organismo aos agentes tóxicos

As principais vias do corpo humano que estão expostas aos agentes tóxicos são a dérmica, a respiratória e a oral.

A pele humana é formada por múltiplas camadas, a mais externa delas é chamada de *epiderme* e constituída pelo estrato córneo, uma barreira limitante de absorção. Apesar de a pele ser relativamente impermeável à maioria dos íons e às soluções aquosas, ela é permeável a muitos toxicantes sólidos, líquidos lipossolúveis e gases.

Algumas substâncias, como ácidos, bases e certos sais e oxidantes, geralmente provocam efeitos locais na epiderme. Contudo, pode acontecer de alguma dessas ou outras substâncias ocasionar um efeito sistêmico, ou seja, aquele cuja atividade dos agentes tóxicos estende-se às células ou aos tecidos distantes do local de acesso.

A via respiratória também é vital, uma vez que as partículas suspensas no ar, como gases e substâncias voláteis, entram pelas fossas nasais pela inalação, chegam até os alvéolos pulmonares e alcançam a circulação sanguínea sistêmica.

Entre os agentes tóxicos que causam doenças pulmonares em humanos, podemos citar o amianto, a poeira de alumínio, de carvão e de algodão, os óxidos de ferro, o manganês, a sílica, o talco e o estanho. Entre os efeitos agudos que podem ser apresentados a depender do toxicante inalado, podemos mencionar a tosse, a irritação das vias aéreas, a produção de muco, o encurtamento da respiração, os edemas alveolar e pulmonar graves, pneumonia, bronquite e a broncoconstrição. Entre os efeitos crônicos, por sua vez, podemos referir a fibrose, os cânceres hepático e pulmonar, a bronquite crônica, a laringite, a asma e a pneumonia recorrente.

Pela via oral, a absorção dos agentes tóxicos pode ocorrer tanto pelo estômago quanto pelo intestino.

3.4 Avaliação da toxicidade

A toxicidade é a propriedade dos agentes tóxicos de causar danos às estruturas biológicas por meio de interações físico-químicas.

Para expressar o grau de toxicidade de uma substância, são utilizados os parâmetros DL_{50} (dose letal 50%) e DL_{10} (dose letal 10%), os quais representam a dose provável de causar morte em 50% e 10% da população de estudo, respectivamente.

O Quadro 3.1 apresenta uma classificação dos agentes tóxicos de acordo com o valor do DL_{50}.

Quadro 3.1 – Categorias dos agentes tóxicos de acordo com a DL_{50}

Categoria	DL_{50}	Exemplos
Extremamente tóxico	< 1 mg/kg	Fluoracetato de sódio
Altamente tóxico	1 a 50 mg/kg	Cianeto de Na, fluoreto de Na, paration
Moderadamente tóxico	50 a 500 mg/kg	DDT
Ligeiramente tóxico	0,5 a 5 g/kg	Acetanilida
Praticamente não tóxico	5 a 15 g/kg	Acetona
Relativamente atóxico	> 15 g/kg	Glicerol

Fonte: IFA, 2013, citado por Ruppenthal, 2013, p. 17.

Além dos parâmetros de dose letal, existem os de doses efetivas (ou eficazes) DE_{50} e DE_{90}, que representam as quantidades de determinado fármaco que promovem os efeitos desejados em 50% e 90% da população de estudo, respectivamente.

Uma vez que todos os medicamentos podem produzir efeitos desejáveis e adversos, a relação entre os valores de DE e DL permite estabelecer o **índice de segurança clínica** deles. Nesse sentido, o risco de intoxicação é menor quanto maior for o valor do índice terapêutico (IT) e da margem de segurança (MS), calculados conforme as seguintes equações:

$$IT = \frac{DL_{50}}{DE_{50}}$$

$$MS = \frac{DL_{10} - DE_{50}}{DE_{90}} \times 100$$

3.5 Avaliação do risco

O fato de uma substância ser altamente tóxica não significa que ela necessariamente também será de alto risco. Na verdade, o risco está relacionado com condições particulares de uso e nada mais é do que a probabilidade de uma substância produzir seu efeito adverso. Por exemplo, a dose total de uma substância pode ser muito tóxica se recebida de uma vez só pelo organismo. Entretanto, se for administrada em frações e houver tempo suficiente para que o corpo repare ou neutralize os danos entre uma porção e outra, a probabilidade da manifestação dos efeitos tóxicos será reduzida.

Outrossim, quando o organismo entra em contato com várias substâncias simultaneamente, ele pode receber uma resposta final combinada. Por exemplo, pode ocorrer um efeito aditivo igual à soma dos efeitos de cada agente tóxico envolvido. Porém, quando o efeito é sinérgico, o efeito final é ainda maior do que o aditivo. Quando um agente tem seu efeito aumentado pela presença de outro, diz-se que ocorreu uma *potencialização*. Todavia, da mesma forma que um agente pode ter seu efeito aumentado, ele pode ter seu efeito diminuído por outro agente tóxico, quando então se diz que aconteceu um *antagonismo*. Soma-se a isso a chamada *reação idiossincrática*, que ocorre quando um indivíduo tem uma tolerância maior a doses altas ou até letais, ou uma reação adversa a doses baixas consideradas atóxicas.

Além disso, há casos em que acontece apenas uma reação alérgica. Nesse contexto, após uma primeira exposição ao agente tóxico, o organismo produz anticorpos. Esses, ao atingirem certa concentração, causam reações alérgicas toda vez que o organismo entra em contato com a substância química novamente.

O padrão utilizado para o processo de avaliação do risco está no manual norte-americano *Risk Assessment in the Federal Government: Managing the Process*, publicado pelo National Research Council (USA, 1983). No Brasil, o órgão responsável por conduzir a avaliação do risco de exposição humana a contaminantes de alimentos é a Agência Nacional de Vigilância Sanitária (Anvisa).

O processo de avaliação do risco em uma dieta inclui: (i) a identificação do dano/perigo; (ii) a caracterização da relação dose/resposta; (iii) a avaliação da exposição na dieta; e (iv) a caracterização do risco.

3.5.1 Identificação do perigo

Na primeira etapa de identificação do perigo, são caracterizados os efeitos adversos (tipo e natureza) à saúde humana decorrentes da exposição a determinada substância química. Nessa etapa, podem ser utilizadas diferentes fontes de informação, incluindo dados provenientes de estudos clínicos, estudos com animais de laboratório, testes *in vitro* e relação entre estrutura molecular e atividade (SAR – *struture-activity relationship*).

A SAR apoia-se no princípio de que a atividade biológica da substância depende de sua estrutura química e da presença de grupos funcionais específicos. Sendo assim, com base em dados disponíveis para compostos semelhantes, é possível predizer o potencial dano da substância no organismo, suas propriedades toxicocinéticas e a necessidade da realização de testes experimentais.

3.5.2 Caracterização da relação dose/resposta

Uma vez identificado o perigo, obtém-se a caracterização da relação dose/resposta. O termo *dose* designa a quantidade (geralmente por peso corpóreo, em formato de concentração) de determinada substância administrada em um organismo vivo. A dose (concentração) necessária para causar danos varia bastante e depende das propriedades físico-químicas de cada substância. Logo, é a relação dose/resposta que quantifica a associação entre as características de exposição e a incidência de resposta de um efeito tóxico.

Para a caracterização da dose/resposta de potenciais agentes tóxicos em alimentos, recorre-se, principalmente, aos estudos com animais de teste como fonte de informação. Todavia, a estratégia para esse perfilamento depende de os efeitos adversos de determinada substância química apresentarem ou não limiar de dose.

Para as substâncias com limiar de dose, não se observa nenhuma resposta biológica evidente abaixo de uma dose específica. Por sua vez, no caso das substâncias sem limiar de dose, carcinogênicas e genotóxicas, a exposição a uma única molécula do agente tóxico já pode causar uma alteração genética e desencadear o processo de carcinogênese.

Para o caso das substâncias com limiar, são estimadas as doses que não causam um efeito adverso em animais de teste (NOAEL – *no observed adverse effect levels*) e/ou as doses de menor efeito adverso observado (LOAEL – *lowest observed adverse effect levels*).

O NOAEL é utilizado para o cálculo de parâmetros como a dose de referência (RfD, do inglês *reference dose*) e a ingestão diária aceitável (IDA), calculados de acordo com as seguintes equações:

$$RfD = \frac{NOAEL}{UF \times MF}$$

$$IDA = \frac{NOAEL}{UF \times MF}$$

UF (*uncertainty factor*) é um fator de incerteza, e MF (*modifying factor*), um fator de modificação. O valor de UF é tradicionalmente igual a 100, pois toma a extrapolação de um ensaio com animal (considerando-se que um humano pode ser até 10 vezes mais sensível que um animal) e a variabilidade humana à resposta (admitindo-se que um indivíduo pode ser até 10 vezes mais sensível que a média da população). O kMF é utilizado quando há necessidade de ajuste no valor de UF. Por exemplo, quando não existem estudos suficientes ou quando se quer acrescentar um fator de proteção a um grupo altamente sensível da população, pode-se utilizar um valor maior para UF. Por outro lado, quando os dados comprovam que o homem é menos sensível que o animal de teste ou o efeito é pouco severo, por exemplo, pode-se utilizar um valor menor para UF.

Existe ainda uma alternativa aos parâmetros NOAEL, o chamado *método de dose-padrão* (BMD – *benchmark dose*). O NOAEL depende do desenho de um experimento, já a BMD utiliza modelagem matemática da curva de dose/resposta para interpolar uma dose estimada que corresponda a um nível particular de resposta.

3.5.3 Avaliação da exposição na dieta

A avaliação da exposição na dieta consiste em estimar, qualitativa e quantitativamente, a ingestão provável de agentes tóxicos via alimento e a exposição a outras fontes.

A exposição humana às substâncias químicas presentes nos alimentos é dada em mg/kg corpóreo e é calculada da seguinte forma:

$$\text{Exposição} = \frac{\text{Concentração da substância (mg/kg)} \times \text{consumo do alimento (kg)}}{\text{Peso corpóreo (individual ou da população em estudo) (kg)}}$$

No caso da concentração de contaminantes em alimentos, como estes são difíceis de controlar/eliminar totalmente, utiliza-se uma base de dados que informa limites máximos esperados/permitidos nos alimentos. Como exemplo, citamos o limite máximo (LM), que nada mais é do que a quantidade máxima de um aditivo ou contaminante permitida por lei em um alimento. No caso de aditivos, podemos utilizar a concentração fornecida pela embalagem do alimento. O LM de contaminantes é obtido considerando-se níveis naturalmente encontrados no alimento, isso leva em conta que boas práticas de fabricação tenham sido aplicadas e que esses níveis não sejam suficientes para rejeitar a comercialização do produto.

Outra base de dados é o limite máximo de resíduos (LMR), que representa a quantidade mais alta de resíduos (de um pesticida ou de uma droga veterinária) permitida no alimento com base em estudos de campo.

Ainda, há estudos de monitoramento que analisam amostras de alimentos coletadas no comércio, os quais refletem melhor níveis de contaminantes que o LM e o LMR. Todavia, nenhum desses dados demonstra a real condição dos alimentos quando consumidos, uma vez que, depois de comprados, o consumidor ainda vai processá-los e, consequentemente, poderá diminuir sua exposição ao risco. No estudo de dieta total (EDT), os alimentos são processados segundo procedimentos-padrão antes da análise. Por exemplo, as frutas com cascas não comestíveis são descascadas antes da análise, assim como os alimentos que são usualmente consumidos cozidos passam previamente por cocção.

Para determinar o consumo do alimento, podem ser utilizados dados de suprimentos de alimentos (calculados com base nos balancetes da produção agropecuária do país), de disponibilidade de alimento no domicílio (dados nacionais de quantidade de cada alimento adquirida pelas famílias durante um período) e de consumo individual de dieta (consumo de subgrupos específicos da população).

3.5.4 Caracterização do risco

Na última etapa de caracterização do risco, com base nos dados das etapas anteriores, é evidenciado o risco da exposição a um agente tóxico sob determinadas condições. A metodologia dessa caracterização é definida pela característica toxicológica da substância, ou seja, se ela necessita de um limiar de dose no organismo para exercer sua ação tóxica (não genotóxica) ou não (genotóxica e carcinogênica).

Para a avaliação do risco da exposição a substâncias não genotóxicas, utiliza-se como valor-padrão um parâmetro de ingestão segura; logo, quando a ingestão calculada ultrapassa esse parâmetro, pode existir um risco. Como exemplo, no caso de uma exposição crônica, se a porcentagem da IDA ultrapassar o valor de 100, pode haver risco:

$$\% \text{IDA} = \frac{\Sigma \text{ ingestão}}{\text{IDA}} \times 100$$

Para a verificação do risco da exposição a substâncias genotóxicas e carcinogênicas, pode-se utilizar, por exemplo, o método TTC (*threshold of toxicological concern*, em português limiar de preocupação toxicológica). O TTC é aplicado para avaliar possíveis problemas de saúde humana provocados por um produto químico com base em suas características químicas estruturais e na exposição estimada, isso quando dados de toxicidade específicos dele são escassos ou inexistentes.

Para o caso da exposição à aflatoxina, o Comitê Internacional de Especialistas Científicos (JECFA – Joint FAO/WHO Expert Committee on Food Additives) utilizou a estratégia de extrapolação para doses de exposição aceitáveis/conhecidas com base em estudos de carcinogenicidade com roedores (WHO, 2011).

Ademais, há o cálculo da margem de exposição (MOE), aplicado pelo JECFA para avaliar o risco da exposição humana à acrilamida. Essa substância é produzida em batatas e produtos de panificação, por exemplo, durante o processamento a altas temperaturas. De acordo com o MOE:

$$MOE = \frac{\text{Referência toxicológica}}{\text{Exposição}}$$

Para estimar o ponto de referência, o JECFA e a Autoridade Europeia para a Segurança Alimentar (EFSA – European Food Safety Authority) recomendam usar a abordagem BMD. A BMD é baseada em modelagem matemática da curva dose/resposta ajustada a dados experimentais tumorais para interpolar uma dose estimada que corresponda a um nível particular de resposta.

Por exemplo, BMD10 corresponde à dose que ocasionou um aumento de 10% na incidência de tumores. Normalmente, a incerteza dessa interpolação também é estimada, e o uso da BMDL10 (*benchmark dose lower confidence limit*, ou limite mínimo de confiança do método de dose-padrão) representa o limite inferior da dose num intervalo de confiança de 95% no BMD, correspondente a 10% de incidência de tumor.

Todavia, a EFSA percebeu que, quando os dados de dose/resposta são inadequados para fornecer uma estimativa confiável do BMDL, o uso do T25 é recomendável como ponto de referência. O T25 corresponde à dose que ocasionou um aumento de 25% na incidência de tumores. Como o T25 é menos conservador que o BMDL, a EFSA recomenda a necessidade de um fator adicional de 2,5.

3.6 Fases da intoxicação

Os eventos compreendidos desde a exposição do organismo ao agente tóxico até o aparecimento de sinais e sintomas podem ser divididos em quatro fases: (i) exposição, (ii) toxicocinética; (iii) toxicodinâmica; (iv) clínica.

Na **fase de exposição**, a parte interna ou externa do organismo entra em contato com o agente tóxico. Nessa etapa, a fração do xenobiótico disponível para a absorção depende de sua quantidade, concentração e propriedades físico-químicas, de sua via de introdução, da frequência e da duração da exposição e, ainda, da suscetibilidade de cada indivíduo.

Na **fase toxicocinética**, efetivam-se reações mútuas entre o agente tóxico e o organismo, envolvidas nos processos de absorção, distribuição, eliminação, biotransformação e excreção.

No processo de absorção, os agentes tóxicos atravessam as membranas do corpo e entram na corrente sanguínea. Durante a distribuição, o agente tóxico alastra-se pelos tecidos e localiza-se em certos órgãos conforme sua afinidade. Na tentativa de se defender, o organismo procura facilitar a eliminação dos tóxicos num processo chamado *biotransformação*. Para isso, ocorrem reações que resultam em derivados mais solúveis e, consequentemente, menos nocivos e mais fáceis de serem eliminados. A eliminação ocorre por vias naturais, como por meio do sistema urinário, do sistema digestivo, dos pulmões, do suor, da saliva, da bile e dos pelos.

Enfatizamos que são as propriedades físico-químicas do agente tóxico que estabelecem em que medida ele vai atingir o(s) órgão(s)-alvo e a velocidade com a qual é eliminado do organismo. O balanço desses movimentos é que determina a biodisponibilidade do agente tóxico.

Na **fase toxicodinâmica**, há a interação entre as moléculas do toxicante e o(s) órgão(s)-alvo e, consequentemente, o aparecimento do desequilíbrio homeostático.

Por fim, na **fase clínica**, já aparecem sinais e sintomas ou alterações patológicas detectáveis mediante provas diagnósticas.

Síntese

- Agente tóxico é qualquer composto químico capaz de provocar danos a um organismo vivo, causando alterações funcionais ou morte sob certas condições de exposição.
- A intoxicação é um desequilíbrio fisiológico em consequência das alterações bioquímicas provocadas por agentes tóxicos no organismo.
- A intoxicação aguda é caracterizada por uma única exposição ou múltiplas exposições (efeito cumulativo) ao agente tóxico num período aproximado de 24 horas, com absorção rápida do tóxico.
- A intoxicação sobreaguda é causada por exposições repetidas ao agente tóxico em um período menor que um mês.
- A intoxicação subcrônica decorre de exposições repetidas ao agente tóxico entre um e três meses.
- A intoxicação crônica resulta de exposições repetidas à substância química num período de tempo prolongado, que varia entre meses e anos. Nesse caso, o agente tóxico acumula-se no organismo.
- As principais vias do corpo humano expostas aos agentes tóxicos são a dérmica, a respiratória e a oral.
- A toxicidade é a propriedade dos agentes tóxicos de causar danos às estruturas biológicas por meio de interações físico-químicas.

- Para expressar o grau de toxicidade de uma substância, utilizam-se os parâmetros DL_{50} (dose letal 50%) e DL_{10} (dose letal 10%), os quais representam a dose provável de causar morte em 50% e 10% da população de estudo, respectivamente.
- Além dos parâmetros de dose letal, existem os de doses efetivas (ou eficazes) DE_{50} e DE_{90}, que representam as quantidades que promovem os efeitos desejados em 50% e 90% da população de estudo, respectivamente.
- A relação entre os valores de DE e DL permite determinar o índice terapêutico (IT) e a margem de segurança (MS) – quanto maiores forem esses valores para uma substância, menor será o risco de intoxicação.
- O risco está relacionado com condições específicas de uso e nada mais é do que a probabilidade de uma substância produzir seu efeito adverso.
- O processo de avaliação do risco em uma dieta inclui a identificação do dano/perigo, a caracterização da relação dose/resposta, a avaliação da exposição na dieta e a descrição do risco.
- Na identificação do perigo (primeira etapa de avaliação do risco), são caracterizados os efeitos adversos à saúde humana causados pela exposição a uma substância química.
- Na caracterização da relação dose/resposta, a associação entre as características de exposição e a incidência de resposta de um efeito tóxico é quantificada.

- Na avaliação da exposição na dieta, são estimadas, qualitativa e quantitativamente, a ingestão provável de agentes tóxicos via alimento e a exposição a outras fontes.
- Na caracterização do risco (última etapa de avaliação do risco), com base nos dados das etapas anteriores, evidencia-se o risco de exposição a um agente tóxico sob determinadas condições.
- Os eventos compreendidos desde a exposição do organismo ao agente tóxico até o aparecimento de sinais e sintomas podem ser divididos em quatro fases: (i) exposição; (ii) toxicocinética; (iii) toxicodinâmica; e (iv) clínica.
- Na fase toxicocinética, ocorrem reações mútuas entre o agente tóxico e o organismo, que estão envolvidas nos processos de absorção, distribuição, eliminação, biotransformação e excreção. Na fase toxicodinâmica, há a interação entre as moléculas do toxicante e o(s) órgão(s)-alvo e, consequentemente, o aparecimento do desequilíbrio homeostático. Na fase clínica, emergem sinais e sintomas ou alterações patológicas detectáveis por meio de provas diagnósticas.

Atividades de autoavaliação

1. Correlacione os itens da Coluna 1 com a respectiva definição na Coluna 2.

Coluna 1	Coluna 2
(A) Xenobiótico (B) Agente tóxico (C) Fármaco (D) Droga (E) Antídoto	( ) Capaz de combater os efeitos dos agentes tóxicos. ( ) Substância química estranha ao organismo e sem papel fisiológico conhecido. ( ) Substância capaz de modificar o sistema fisiológico ou o estado patológico de um organismo com ou sem efeitos benéficos para ele. ( ) Composto químico que, a depender das condições de exposição, pode provocar alterações funcionais no organismo ou mesmo morte. ( ) Substância de estrutura química definida capaz de modificar o sistema fisiológico ou o estado patológico de um organismo a fim de obter efeitos benéficos para ele.

Agora, assinale a alternativa que corresponde corretamente à sequência de correlação obtida, de cima para baixo:

a) E, A, D, B, C.
b) C, D, A, B, E.
c) C, B, A, D, E.
d) E, D, C, B, A.
e) A, C, B, D, E.

2. Sobre as intoxicações, indique V para as afirmativas verdadeiras e F para falsas.

( ) A intoxicação é caracterizada pelo desequilíbrio fisiológico em consequência das alterações bioquímicas causadas por agentes tóxicos no organismo.

( ) A intoxicação é evidenciada por sinais e sintomas ou exames laboratoriais.

( ) A intoxicação pode ser classificada, conforme tempo de exposição, em aguda, sobreaguda (ou subcrônica) e crônica.

( ) A intoxicação aguda é caracterizada por uma série de exposições repetidas à substância química num período de tempo prolongado, que varia entre meses e anos.

( ) A intoxicação é subcrônica quando ocorre em um período menor que um mês.

( ) Na intoxicação crônica, o agente tóxico acumula-se no organismo e, a depender do composto, caso a exposição seja prolongada, pode ocorrer mutagenicidade e carcinogenicidade.

Agora, assinale a alternativa que corresponde corretamente à sequência de indicações, de cima para baixo:

a) F, V, F, F, F, V.
b) V, V, F, V, F, V.
c) V, V, V, F, F, V.
d) V, V, V, V, F, F.
e) F, F, F, V, V, V.

3. Sobre a avaliação da toxicidade de uma substância, marque a alternativa **incorreta**:
   a) A toxicidade é a propriedade dos agentes tóxicos de causar danos às estruturas biológicas por meio de interações físico-químicas.
   b) Os parâmetros DL_{50} (dose letal 50%) e DL_{10} (dose letal 10%) representam a dose provável de causar morte em 50% e 10% da população de estudo, respectivamente.
   c) O agente classificado na categoria *extremamente tóxico* apresenta DL_{50} (dose letal 50%) inferior a 1 mg/kg.
   d) Quanto menor for o valor da margem de segurança, menor será o risco de intoxicação.
   e) Quanto maior for o valor do índice terapêutico, menor será o risco de intoxicação.

4. Sobre o risco e a avaliação do risco de uma substância, marque a alternativa **incorreta**:
   a) O fato de uma substância ser altamente tóxica não significa que ela necessariamente será de alto risco.
   b) O risco representa a probabilidade de uma substância produzir seu efeito adverso.

c) O risco não está relacionado com as condições específicas de uso.
d) No Brasil, o órgão responsável por conduzir a avaliação do risco de exposição humana a contaminantes de alimentos é a Anvisa.
e) O processo de avaliação do risco em uma dieta inclui a identificação do dano/perigo, a caracterização da relação dose/resposta, a avaliação da exposição na dieta e a definição do risco.

5. Sobre as fases da intoxicação, marque a alternativa **incorreta**:
   a) Os eventos que ocorrem entre a exposição do organismo ao agente tóxico até o aparecimento de sinais e sintomas podem ser divididos em quatro fases: exposição, toxicocinética, toxicodinâmica e clínica.
   b) Na fase de exposição, somente a parte externa do organismo entra em contato com o agente tóxico.
   c) Na fase toxicocinética, ocorrem reações mútuas entre o agente tóxico e o organismo.
   d) Na fase toxicodinâmica, há a interação entre as moléculas do toxicante e o(s) órgão(s)-alvo e, consequentemente, o aparecimento do desequilíbrio homeostático.
   e) Na fase clínica, aparecem sinais e sintomas ou alterações patológicas detectáveis por meio de provas diagnósticas.

Atividades de aprendizagem

Questões para reflexão

1. Você já passou por um processo de intoxicação? Se sim, qual foi o agente tóxico envolvido? No caso do aparecimento de sintomas clínicos, quais foram eles?

2. Considerando que os medicamentos podem causar efeitos adversos, qual é a sua opinião a respeito do uso deles?

Atividade aplicada: prática

1. Pesquise sobre as substâncias tóxicas presentes nos alimentos. Em seguida, registre os sintomas de intoxicação aguda e/ou crônica relacionados a uma das substâncias pesquisadas. A resposta dessa atividade introduzirá você ao conteúdo dos Capítulos 4 e 5 desta obra.

Capítulo 4

Contaminação alimentar

Os contaminantes alimentares podem ter natureza biológica (a mais comum), química ou física. Esses elementos dispõem de várias rotas ao longo da cadeia de suprimentos para entrar em um produto alimentício e torná-lo impróprio para consumo. Entre os contaminantes biológicos estão os microrganismos patogênicos; entre os químicos, os pesticidas, os metais pesados e outros agentes químicos estranhos; e entre os físicos, materiais como metal, vidro, plástico, lâminas de facas, cabelos e pedaços de madeira.

Neste capítulo, trataremos da contaminação alimentar por microrganismos patogênicos (Seção 4.1), algumas substâncias naturalmente presentes nos alimentos as quais podem exibir um caráter tóxico para o organismo humano (Seção 4.2) e, ainda, as formas de contaminação direta (Seções 4.3 e 4.4) e indireta (Seção 4.5) dos alimentos.

4.1 Substâncias tóxicas não nutritivas de origem natural

Algumas substâncias naturalmente presentes nos alimentos podem exibir um caráter tóxico, como os glicosídios cianogênicos, os glicosinolatos, os glicoalcaloides esteroidais, os oxalatos, os nitratos, a cafeína, as lectinas, os oligossacarídeos produtores de flatulências e os agentes carcinógenos. A seguir, analisaremos cada um deles.

4.1.1 Glicosídeos cianogênicos

Os glicosídios cianogênicos são compostos orgânicos solúveis em água e estão naturalmente presentes em mais de 2.500 espécies de plantas. Eles podem ser encontrados, por exemplo, nas amêndoas amargas, no sorgo, na mandioca brava, no feijão-de-lima, na linhaça, no espinafre, no broto de bambu, nas sementes de pera, na maçã, no pêssego e na ameixa.

Ao serem hidrolisados, liberam uma cetona ou um aldeído, um açúcar e um cianeto de hidrogênio (ácido cianídrico – HCN), que é altamente tóxico. O HCN é um potente asfixiante químico, porque inibe a citocromo-oxidase (enzima central na cadeia respiratória celular) e, consequentemente, impossibilita a utilização do oxigênio pelos tecidos. Uma vez absorvido, ele é rapidamente distribuído por todos os tecidos e lesiona os órgãos mais sensíveis (coração e cérebro). A DL_{50} do cianeto de hidrogênio administrado oralmente é de 0,5 – 3,5 mg/kg de peso corporal.

4.1.2 Glicosinolatos

Ao serem hidrolisados, os glicosinolatos produzem substâncias como a goitrina e o tiocianato, responsáveis por inibir a captação e a organificação do iodo, respectivamente, podendo reduzir a produção do hormônio da tireoide. Os glicosinolatos são encontrados em vacúolos de células vegetais. Quando o tecido vegetal é lesionado, ocorre a exposição da mirosinase ou tioglicosidase (enzima presente nas plantas que contêm glicosinolatos), a qual hidrolisa os glicosinolatos, formando os produtos tireotóxicos.

A progoitrina (glicosinolato precursor na goitrina) pode ser encontrada, por exemplo, no nabo e, em menor quantidade, nas plantas do gênero *Brassica* (como repolho, brócolis, couve-flor, couve-crespa e couve-de-bruxelas). Apesar de a probabilidade do aparecimento de bócio (aumento do volume da glândula tireoide pela deficiência de iodo) ser pouco provável em pessoas que tenham uma dieta nutricionalmente adequada de plantas do gênero *Brassica*, se a quantidade do consumo delas for alta e houver deficiência da ingestão de iodeto, podem ocorrer sintomas de hipotireoidismo.

O tiocianato, além de ser subproduto da hidrólise dos glicosinolatos, pode provir da detoxificação do cianeto. Como os glicosídeos cianogênicos são detoxificados e originam tiocianatos, podemos encontrar essas toxinas na mandioca, no milhete, no inhame, na batata-doce, no milho, no broto de bambu e no feijão-de-lima.

4.1.3 Glicoalcaloides esteroidais

Os glicoalcaloides esteroidais são metabólitos tóxicos encontrados principalmente em membros das famílias de plantas *Solanaceae* e *Liliaceae*. Eles protegem as plantas dos danos causados por pragas e patógenos, mas são perigosos para os seres humanos e outros animais que os consomem.

Ainda, são uma classe importante de compostos biologicamente ativos em batatas, influenciando o sabor das frescas e processadas com um amargor, até uma sensação de queimor, em concentrações mais elevadas. Na batata, α-solanina e α-chaconina representam mais de 90% dos glicoalcaloides. Estima-se que a concentração máxima segura na batata *in natura* para o consumo humano seja de 200 mg de glicoalcaloides totais/kg.

No organismo humano, os glicoalcaloides parecem ter ação sobre a acetilcolinesterase, afetando o sistema nervoso central; e sobre as membranas do trato gastrointestinal, provocando danos hemolíticos e hemorrágicos.

4.1.4 Oxalatos

Os oxalatos ocorrem em quase todas as formas de matéria viva, embora certas famílias e espécies de plantas contenham quantidades relativamente grandes dessa substância, principalmente em sua forma de sal, como o oxalato de sódio ou potássio, que são solúveis em água, ou o oxalato de cálcio, que é insolúvel.

Os oxalatos estão presentes em verduras (como a acelga e o espinafre), em frutas (como a carambola, o morango e o tomate), em grãos (incluindo o farelo de trigo), em raízes tuberosas (como a beterraba e a batata-doce), no feijão, nas nozes e no cacau. Eles têm sido associados a muitos danos à saúde humana, como: diminuição da biodisponibilidade de minerais; irritação gastrintestinal; redução da capacidade de coagulação do sangue; e possíveis lesões nos órgãos excretores etc.

Nos seres humanos, o oxalato é excretado na urina. Todavia, como o oxalato é pouco solúvel nela, sua ingestão associada a um aumento no consumo de cálcio possivelmente eleva o risco de recorrência de cálculos renais de oxalato de cálcio, o que tem sido tratado terapeuticamente por meio de restrição alimentar. Vale ressaltar que a restrição de cálcio na dieta melhora a absorção e a excreção de oxalato, ao passo que um aumento na ingestão do minério pode reduzir a excreção urinária de oxalato, resultando em mais oxalato no intestino.

4.1.5 Nitratos

O íon nitrato (NO_3^-) é a principal fonte disponível de nitrogênio para as plantas, as quais o absorvem do solo na formação de proteínas. Essa produção resulta da fotossíntese, mas, quando os níveis de luz caem, a taxa de fotossíntese diminui e o nitrato acumula-se nos fluidos celulares e na seiva. Os níveis desse íon em vegetais cultivados sob condições de pouca luz são, portanto, mais altos do que aqueles cultivados sob luz intensa. No geral, o acúmulo de nitrato nas plantas é determinado por genótipo, condições de cultivo, especialmente níveis de luz e temperatura do solo, e fertilização nitrogenada.

Os níveis naturais de nitrato nos vegetais geralmente são altos quando comparados com outros grupos de alimentos. Estima-se que 75-80% da ingestão diária total provenha de vegetais, em comparação com apenas 5-10% de água potável. Estudos também demonstram que o cozimento limita a concentração de nitrato nos alimentos, dependendo da técnica utilizada.

Os efeitos tóxicos da ingestão de nitrato podem ser severos ou não conforme a quantidade ingerida e a susceptibilidade do organismo. Os efeitos de contaminação na saúde são motivados pela transformação de nitratos em nitritos no trato gastrointestinal e pela possível conversão de nitritos em nitrosaminas no estômago. Estas são compostas de um grupo nitroso ligado ao átomo de nitrogênio de uma amina secundária (Figura 4.1). De acordo com as monografias da International Agency of Research on Cancer (Iarc, 2010), algumas das nitrosaminas já foram reconhecidas como agentes carcinogênicos para humanos e outras como prováveis ou possíveis.

Figura 4.1 - Estrutura geral das nitrosaminas

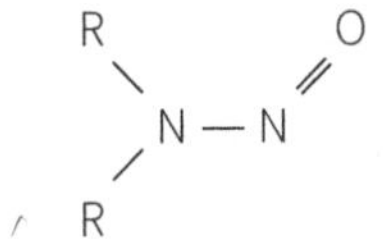

$$\begin{array}{c} R \\ \diagdown \\ N-N \\ \diagup \\ R \end{array} \begin{array}{c} O \\ \diagup\diagup \\ \end{array}$$

A exposição excessiva ao nitrato também pode suscitar o surgimento de metemoglobinemia. Nesse quadro, os nitratos oxidam a hemoglobina do sangue (responsável pelo transporte de oxigênio aos tecidos) e produzem metemoglobina, espécie de hemoglobina que não se liga ao oxigênio e prejudica a liberação deste para os tecidos. Frações de metemoglobina acima de 20% a 30% comumente se manifestam com sintomas neurológicos e cardiovasculares (tontura, cefaleia, ansiedade, dispneia, sintomas de baixo débito cardíaco, sonolência e crise convulsiva). Concentrações elevadas de metemoglobina (na ordem de 70%) podem ser fatais. É pertinente destacar que crianças com menos de quatro meses de vida ainda apresentam a hemoglobina fetal, que é mais sensível à metemoglobinemia que a hemoglobina de adultos.

4.1.6 Cafeína

A cafeína é uma substância que, apesar de não apresentar valor nutricional, é considerada um ergogênico nutricional em razão da capacidade que tem de melhorar a *performance* das atividades físicas esportivas. Ela está presente no chocolate e em bebidas como café, mate e à base de guaraná. A ingestão de doses elevadas de cafeína (10-15 mg/kg de peso corporal) pode resultar em quantidades plasmáticas tóxicas. Entre os danos à saúde, podemos citar a indução da insônia, do nervosismo, da irritabilidade, da ansiedade, das náuseas, do desconforto gastrointestinal e, ainda, de tremores nos membros superiores. O consumo diário de cafeína por mulheres grávidas também pode apresentar risco de abortamento maior do que para aquelas que não o ingerem.

4.1.7 Lectinas

As lectinas são um grupo complexo de proteínas e glicoproteínas capazes de se ligar a certos carboidratos. Elas estão presentes em uma variedade de espécies de plantas e animais, embora em maior quantidade em grãos de leguminosas e gramíneas. Podemos citar como exemplos a ervilha, o feijão-preto, o feijão-vermelho, o feijão-de-lima, a lentilha e a soja.

    Apesar de serem descritas como agentes de defesa das plantas pelas propriedades antifúngica e inseticida, as lectinas podem ser agentes antinutricionais em humanos, pois podem provocar efeitos fisiológicos adversos ou diminuir a biodisponibilidade dos nutrientes. Isso ocorre quando as lectinas se ligam às células epiteliais do intestino, resultando numa diminuição na absorção e na digestão dos nutrientes. Outrossim, há lectinas que se ligam aos ribossomos, ocasionando um efeito tóxico ainda maior. Cabe alertar que o cozimento prolongado de legumes pode detoxificar as lectinas.

4.1.8 Oligossacarídeos produtores de flatulência

Oligossacarídios como a rafinose, a estaquiose e a verbascose são responsáveis pela retenção de gases no intestino humano. Essa flatulência é causada pela ausência da enzima a-galactosidase, responsável por catalisar (acelerar) a reação de hidrólise (quebra com adição de água) da ligação α-galactosídica. Consequentemente, esses oligossacarídeos acumulam-se e são fermentados anaerobicamente pela flora intestinal, produzindo gases como dióxido de carbono, hidrogênio e metano. Essa flatulência ainda pode ser acompanhada de diarreia, dor de cabeça, dispepsia (dor ou desconforto na parte superior do abdômen), confusão mental e diminuição da capacidade de concentração no trabalho. Como exemplos de alimentos constituídos por oligossacarídios produtores de flatulência, podemos citar a soja, o feijão e a ervilha.

4.1.9 Carcinógenos

Diversas plantas medicinais são utilizadas indiscriminadamente na forma de chás, infusões, decocções, tinturas, xaropes, pós e compressas. O problema é que muitas delas podem agir tanto terapêutica quanto toxicamente a depender da dose e da forma de preparo. Já existe um estudo, por exemplo, que evidencia que o consumo elevado de mate-chimarrão (*Ilex paraguariensis*) pode potencializar a carcinogênese na orofaringe e no esôfago humano (Fonseca et al., 2000). A planta Confrei (*Symphytum officinale*), por exemplo, é conhecida na medicina popular por suas propriedades anti-inflamatória, analgésica e antiexsudativa. Todavia, estudos têm mostrado que sua ingestão pode provocar sintomas adversos, como anorexia, letargia, dor abdominal, destruição dos hepatócitos, trombose, inclusive formação de câncer (Oliveira; Gonçalves, 2006; Dias et al., 2013).

4.2 Contaminação biológica de alimentos

O desenvolvimento e a multiplicação dos microrganismos nos alimentos dependem de condições ditadas por fatores intrínsecos e extrínsecos dos alimentos, que podem funcionar como barreiras ou facilitadoras da contaminação microbiana e de seu alastramento. Os **fatores intrínsecos** são aqueles inerentes ao alimento, como pH, atividade de água, potencial de oxidorredução, conteúdo de nutrientes, constituintes antimicrobianos, estruturas biológicas e microbiota competitiva do alimento. Os **fatores extrínsecos** são aqueles relacionados ao ambiente que cerca o alimento, como temperatura, presença de gases da atmosfera, umidade relativa do ar e irradiação.

Nesse contexto, dependendo das condições intrínsecas e extrínsecas do alimento, alguns gêneros de microrganismos podem ser reduzidos, oferecendo melhores condições para que outros se desenvolvam livremente, e favorecendo, às vezes, aqueles produtores de toxinas ou causadores de infecções.

As doenças alimentares de origem microbianas podem ser infecciosas, toxinogênicas (toxinoses) ou intoxicações alimentares (toxinfecções). Para que haja infecção alimentar, é necessária a ingestão de alimentos que contenham células viáveis de microrganismos patogênicos numa dose mínima infectante. Essa dose nada mais é do que a quantidade de células microbianas capaz de produzir a manifestação clínica da doença.

As doenças toxinogênicas (toxinoses) e as intoxicações alimentares (toxinfecções), por outro lado, são resultados das toxinas (substâncias) produzidas pelos microrganismos, e não dos microrganismos propriamente ditos. Por isso, ambas são tratadas segundo aspectos que explicaremos adiante (Seção 4.3.1).

As doenças infecciosas podem ser acarretadas por bactérias, vírus e parasitas. Entre as bactérias, podemos citar as *Escherichia coli* enterovirulentas, a *Salmonella Typhi* e os demais sorovares, a *Shigella dysenteriae*, a *Vibrio cholerae* e a *Vibrio parahaemolyticus*. Entre os vírus, figuram os entéricos humanos e o da hepatite infecciosa. E, por fim, entre os parasitas, estão a *Taenia solium* e a *Taenia saginata* (responsável pela teníase, cujas larvas causam cisticercose), *Toxoplasma gondii* (causador da toxoplasmose), *Giardia lamblia* (agente da giardíase) e *Entamoeba histolytica* (responsável pela amebíase).

Entre as doenças infecciosas, focalizaremos a salmonelose, causada por espécies do gênero *Salmonella*, principalmente a *S. typhimurium*. Os alimentos comumente contaminados por essa bactéria são ovos, carnes e derivados e outros de origem animal. Os sintomas incluem dores abdominais, vômitos, diarreia e febre e aparecem entre 12 e 36 horas após a ingestão. A dose mínima para que ocorra a infecção é de 10 UFC/g ou mL.

Preste atenção!

Segundo o Ministério da Saúde (Éboli, 2009), 42,2% dos casos de doenças transmitidas por alimentos entre 1999 a 2007 foram causados pela contaminação de ovos com *Salmonella*. Não obstante, nesse período também foram registrados 64 casos de mortes relacionadas à ingestão de pratos feitos à base de ovos crus ou malcozidos, como maionese e salpicão. Diante desse cenário, a Agência Nacional de Vigilância Sanitária (Anvisa) aprovou o regulamento técnico que estabelece instruções de conservação e consumo na rotulagem de ovos, a Resolução RDC n. 35, de 17 de junho de 2009 (Brasil, 2009b). Com isso, na rotulagem dos ovos, além dos dizeres exigidos para alimentos, deve constar que o consumo do ovo cru ou malcozido pode causar danos à saúde e que ele deve ser mantido preferencialmente refrigerado.

4.3 Contaminação direta incontrolável

Os alimentos podem ser contaminados por substâncias potencialmente tóxicas durante as etapas de produção, processamento e armazenamento. Nesta seção, não mais abordaremos aquelas substâncias naturalmente presentes nos alimentos, mas sim as que, de forma direta ou indireta, os contaminaram.

A contaminação direta pode ser motivada pela dosagem excessiva de aditivos (potencialmente tóxicos) ou, de forma incontrolável, por meio da produção de toxinas microbianas e da geração de compostos tóxicos no alimento. Explicitaremos cada uma dessas maneiras na sequência.

4.3.1 Produção de toxinas por microrganismos

Diferentemente das infecções, as toxinfecções são caracterizadas pela liberação da toxina *in vivo*, sem a colonização do microrganismo produtor. Como exemplos de microrganismos causadores de toxinfecções, podemos citar o *Aspergillus flavus*, o *Clostridium perfringens* tipo A e o *Bacillus cereus*.

O *A. flavus* é um fungo que produz aflatoxina como um metabólito secundário nas sementes de várias culturas antes e após a colheita. A aflatoxina é um potente carcinógeno altamente regulamentado na maioria dos países. No campo, a aflatoxina está associada a oleaginosas sob estresse hídrico, incluindo milho, amendoim, semente de algodão e nozes. Sob as condições favoráveis, o fungo também pode crescer e gerar aflatoxina em quase todas as sementes armazenadas.

A intoxicação por *C. perfringens* tipo A ocasiona dores abdominais agudas, diarreia, febre, náuseas e, raramente, vômitos. Os sintomas costumam aparecer entre 8 e 12 horas após a ingestão de, no mínimo, 10^6 a 10^7 células por grama de alimento. Os principais alimentos relacionados a intoxicações com *C. perfringens* são aqueles à base de carne bovina e de frango e a maioria dos surtos conhecidos são os associados aos estabelecimentos institucionais (como restaurantes, escolas, fábricas).

O *B. cereus* também é causador de toxinoses pela toxina emética, como veremos mais à frente. Todavia, a toxina diarreica que ele cria é uma enterotoxina produzida no intestino. A síndrome diarreica tem um período de incubação de 8 a 16 horas e entre os sintomas estão diarreia intensa, dores abdominais, tenesmos retais e, raramente, náuseas e vômitos. Alimentos como vegetais crus e cozidos, produtos cárneos, pescados, massas, leite, sorvetes e pudins à base de amido são exemplos de vias envolvidas nos casos de gastrenterite diarreica por *B. cereus*. Cabe enfatizar que os esporos presentes nos alimentos que germinam, multiplicam-se e produzem a toxina diarreica após a ingestão sobrevivem ao cozimento dos alimentos.

Em contraposição às infecções e às intoxicações, as toxinoses são provocadas pela ingestão de alimentos que contenham toxinas microbianas pré-formadas. Nesse caso, o agente da doença é a toxina, e não o microrganismo patogênico. Como exemplos, podemos citar a toxina botulínica, a estafilocócica e a toxina emética do *B. cereus*.

O *Clostridium botulinum* é a bactéria responsável pelo botulismo, uma doença resultante da ingestão de alimentos que contêm as toxinas A, B, E e F, de natureza proteica, produzidas por aquele microganismo. A designação *botulismo* vem da palavra latina *botulus* (que significa "salsicha"), isso em razão do envolvimento desse alimento nos primeiros casos cientificamente comprovados da enfermidade.

O *C. botulinum* é produtor de esporos, e a germinação destes ocorre em condições anaeróbicas (alimentos embalados ou lacrados) com pH superior a 4,5 e elevada atividade de água. Sendo assim, durante o armazenamento, as células vegetativas podem produzir a toxina dentro da embalagem. Os esporos presentes em alimentos contaminados são destruídos a 120 °C por 30 minutos.

As toxinas botulínicas também são termorresistentes e somente são destruídas a 80 °C por 30 minutos ou a 100 °C por 10 min. Por isso, os enlatados de vegetais e conservas de carne elaborados em casa, cujos tratamentos térmicos são inadequados, constituem grande risco de contaminação.

O botulismo tem um período de incubação variável, mas normalmente dura de 12 a 36 horas, a depender da quantidade de toxina ingerida. Entre os sintomas estão fadiga, fraqueza muscular, problemas de visão (como queda das pálpebras, resposta alterada da pupila à luz e visão dupla), secura na boca e dificuldade de deglutição e de controle da língua. Além desses sintomas, a progressão da paralisação da musculatura que controla a respiração pode levar o indivíduo à morte em 3 a 5 dias.

O *Staphylococcus aureus* é uma bactéria produtora das toxinas A, B, C1, C2, C3, D e E. O período de incubação da doença, que pode ser fatal para indivíduos internados e debilitados, costuma ser de 30 minutos a 8 horas após a ingestão. Os sintomas envolvem náusea, vômitos, câimbras abdominais, diarreia e sudorese. Os alimentos comumente envolvidos na intoxicação estafilocócica são o leite, o creme, as tortas recheadas com creme, saladas de batata, atum, frango, presunto e carnes cozidas.

A toxina emética produzida pelo *B. cereus*, diferentemente da toxina diarreica, é produzida pelos microrganismos no alimento antes da ingestão. A síndrome emética é caracterizada por um período de incubação de uma a cinco horas e apresenta sintomas como vômitos, náuseas, mal-estar em geral e, em alguns casos, diarreia. Essa doença é vinculada ao consumo de arroz, massas e outros alimentos ricos em amido, pudim de leite, molho de baunilha e leite em pó.

4.3.2 Geração de compostos tóxicos nos alimentos

O processamento e o preparo de alimentos podem intervir na quantidade de nitrosaminas produzidas pela reação entre aminas secundárias e agentes nitrosantes presentes naqueles. Essa reação é conhecida por *nitrosação*.

As nitrosaminas são absorvidas principalmente pelo trato gastrointestinal e são compostos potencialmente carcinogênicos para humanos. Das nitrosaminas voláteis presentes nos alimentos, a nitrosodietilamina é a que apresenta maior potencial carcinogênico.

As nitrosaminas podem estar presentes em uma variedade de alimentos. Alguns exemplos são aqueles conservados pela adição de nitrito e/ou nitrato, como é o caso de carnes curadas e queijos. Também está presente em peixes e produtos defumados, uma vez que o óxido de nitrogênio na fumaça interage com oxigênio e forma um agente nitrosante, o tetróxido de nitrogênio. Outro exemplo é o leite em pó, quando este é secado por gases de combustão com a presença de óxidos de nitrogênio. Alimentos também podem ser contaminados pela migração de nitrosaminas formadas nas embalagens durante o armazenamento. Por fim, podemos, ainda, citar as nitrosaminas oriundas da contaminação dos alimentos armazenados em umidades inadequadas pelo fungo *Fusarium moniliforme*, o qual reduz o nitrato para nitrito.

Como mencionamos, a forma de processamento pode interferir na reação de nitrosação. Ela é mais relevante, por exemplo, em alimentos que foram conservados com nitrato e/ou nitrito e que sofreram aquecimento durante o processamento. A incorporação de inibidores da reação (como o ácido ascórbico ou o α-tocoferol) no processamento pode eliminar ou reduzir a formação de N-nitrosaminas durante o armazenamento. O controle da adição de nitrosaminas também pode diminuir a velocidade de constituição das N-nitrosaminas.

4.4 Contaminação direta pelo emprego indevido de aditivos

De acordo com a Portaria n. 540, de 27 de outubro de 1997 (Brasil, 1997), da Secretaria de Vigilância Sanitária, o aditivo alimentar é definido como "qualquer ingrediente adicionado intencionalmente aos alimentos, sem propósito de nutrir, com o objetivo de modificar as características físicas, químicas, biológicas ou sensoriais, durante a fabricação, processamento, preparação, tratamento, embalagem, acondicionamento, armazenagem, transporte ou manipulação de um alimento" (Brasil, 1997).

No entanto, teores excessivos de aditivos, assim como a inclusão de um aditivo não declarado, podem configurar risco à saúde do consumidor. A ingestão indevida de aditivos alimentares parece estar (ou pode estar) relacionada ao aparecimento de alergia (como a urticária), de alteração no comportamento infantil (como transtorno de déficit de atenção e hiperatividade), de hipertireoidismo e de carcinogenicidade.

Para que a utilização de aditivo seja autorizada, este deve ser submetido a uma avaliação toxicológica. Além disso, o uso dos aditivos deve se limitar a alimentos específicos, em condições particulares, ao menor nível para alcançar o efeito desejado e em concentrações tais que sua ingestão diária não supere os valores recomendados de ingestão diária aceitável.

O *Codex Alimentarius* (WHO, 2019a), por exemplo fornece uma lista de aditivos permitidos para uso sob condições preestabelecidas para categorias de alimentos ou itens alimentares individuais. O *Codex Alimentarius* é um programa conjunto da Organização das Nações Unidas para a Alimentação e a Agricultura (FAO – Food and Agriculture Organization of the United Nations) e da Organização Mundial da Saúde (OMS), com a finalidade de instaurar normas internacionais concernentes aos alimentos.

4.5 Contaminação indireta

A contaminação indireta dos alimentos é consequência dos processos realizados na obtenção da matéria-prima (como antimicrobianos, produtores de crescimento e agrotóxicos) e da migração de componentes presentes na embalagem do alimento. A seguir, abordaremos com detalhes cada um desses exemplos.

4.5.1 Antimicrobianos

Antimicrobianos são compostos naturais (antibióticos) ou sintéticos (quimioterápicos) utilizados para prevenir ou tratar infecções bacterianas nas medicinas humana e veterinária. Além disso, eles são acrescentados a rações animais para promover crescimento e eficácia alimentar. É interessante salientar que os antimicrobianos empregados na medicina veterinária são, no geral, iguais ou estreitamente relacionados aos da medicina humana.

A via de administração dos antimicrobianos em animais pode ser oral (pela água ou pelo alimento), intramuscular, intravenosa, subcutânea, topicamente sobre a pele ou por infusão intramamária ou intrauterina. Teoricamente, qualquer uma dessas vias pode acarretar a presença de resíduos de antimicrobianos nos alimentos (como a carne, o leite e os ovos) dos animais tratados.

Os resíduos podem ser tanto a substância original e respectivos metabólitos quanto os produtos de conversão ou reação, além de impurezas que permanecem em qualquer porção comestível dos animais tratados com o antimicrobiano.

A toxicidade dos antimicrobianos é muito variável. Entre os possíveis efeitos à saúde dos consumidores, podemos citar as reações alérgicas (como urticárias, dermatites, rinites, asma brônquica), o choque anafilático, a anemia aplástica e os problemas auditivos. Alguns antimicrobianos apresentam até mesmo potencial teratogênico (que pode causar anormalidades obstétricas e/ou fetais) e carcinogênico.

Ademais, outra preocupação referente ao uso amplo e, algumas vezes, indiscriminado de antimicrobianos é o aumento da resistência dos microrganismos patogênicos. A resistência microbiana é a habilidade que o microrganismo tem de continuar se multiplicando ou de persistir na presença de níveis terapêuticos de determinado agente antimicrobiano. Sendo assim, a microbiota intestinal de animais tratados pode servir como reservatório de bactérias resistentes às drogas, contaminando os alimentos originados desses animais. Uma vez consumidos, os microrganismos patogênicos podem vencer as barreiras naturais do trato gastrointestinal humano, multiplicar-se, criar uma infecção e, ainda, resistir aos tratamentos convencionais, comprometendo o sucesso da terapêutica.

Para prevenir resíduos de antimicrobianos nos alimentos oriundos de animais tratados, deve-se respeitar o período de carência da substância administrada antes do consumo do alimento. O período de carência é o prazo entre a última aplicação do produto veterinário (observadas as condições habituais de seu emprego) e o instante em que os resíduos toxicológicos nas matrizes de interesse estejam iguais ou inferiores aos limites máximos estabelecidos. De acordo com o Decreto n. 5.053, de 22 de abril de 2004 (Brasil, 2004a), o período de carência deve ser apresentado na bula, no rótulo-bula, no cartucho-bula, no rótulo e no cartucho, ou no invólucro dos produtos de uso veterinário. Mesmo assim, a legislação brasileira já proibiu o uso veterinário de alguns princípios ativos, como o cloranfenicol e os nitrofuranos.

A OMS, a FAO e a Organização Mundial da Saúde Animal (OIE – World Organisation for Animal Health) organizaram, em conjunto, reuniões com especialistas e recomendaram a elaboração de uma lista de agentes antimicrobianos de extrema importância na medicina humana, cujo título é *Critically Important Antimicrobials for Human Medicine* (WHO, 2019b). Esse documento é destinado às autoridades de saúde pública e animal, aos médicos e aos veterinários e outras partes interessadas que estejam envolvidas no gerenciamento da resistência antimicrobiana, a fim de garantir que todos os antimicrobianos, especialmente os de importância crítica, sejam usados com prudência nas medicinas humana e veterinária.

4.5.2 Promotores de crescimento

Alguns antimicrobianos, além da finalidade terapêutica, têm servido de aditivo na alimentação animal para controlar agentes prejudiciais ao processo digestivo animal. Os resultados obtidos são melhorias nos índices zootécnicos e maximização da produção.

O desempenho zootécnico é assim aprimorado porque os antimicrobianos atuam na microbiota intestinal dos animais, diminuindo a competição por nutrientes e reduzindo a produção de metabólitos que deprimem o crescimento dos animais. Soma-se a isso o fato de os antimicrobianos reduzirem a quantidade de microrganismos produtores de toxinas, atenuando a irritação e, consequentemente, a espessura e a massa do epitélio intestinal. Aparentemente, isso reduz, para o animal, a necessidade de nutrientes para a manutenção do tecido gastrointestinal.

Quando indicados para utilização como aditivo alimentar, os antimicrobianos são denominados *antibióticos promotores de crescimento* ou *antibióticos melhoradores do desempenho animal*.

Embora aprimorem o desempenho animal, muitos antimicrobianos têm utilização restringida em virtude da preocupação com o possível desenvolvimento de resistência bacteriana cruzada e com a exigência dos importadores por produtos livres de resíduos de antibióticos. No Brasil, por exemplo, estão proibidos os agentes clortetraciclina, oxitetraciclina, penicilina, nitrofurazona, furazolidona, cloranfenicol, avoparcina, arsenicais, antimoniais, cloranfenicol e nitrofuranos como promotores de crescimento.

Atualmente, para um antimicrobiano ser classificado como produtor de crescimento, ele precisa apresentar algumas características específicas e somente pode ser utilizado para essa finalidade. Ele se difere de um agente terapêutico, por exemplo, pelo amplo espectro de ação sobre bactérias gram-positivas e pela baixa absorção intestinal, evitando a deposição nos produtos comestíveis pelo homem.

4.5.3 Agrotóxicos

Os agrotóxicos são produtos químicos empregados na agricultura para combater pragas e doenças nas plantas. Todavia, seu uso incorreto pode configurar riscos de contaminação dos solos, das águas superficiais e subterrâneas, dos alimentos e dos organismos aquáticos e terrestres. Como consequência, a ingestão de alimentos e água contaminados pode causar intoxicação para o homem.

Dependendo do princípio ativo, ou seja, do composto responsável pela atividade biológica desejável presente na formulação do agrotóxico, são evidenciados diferentes danos à saúde. Entre esses danos estão: alergias; tumores; distúrbios gastrointestinais, respiratórios, endócrinos, reprodutivos e neurológicos; mortes acidentais; e suicídios.

No Capítulo 5, descreveremos mais detalhadamente os agrotóxicos e seus efeitos na saúde e no meio ambiente.

4.5.4 Incorporação de compostos das embalagens

Quando um alimento entra em contato direto com o material da embalagem, sucedem-se interações entre eles, as quais possibilitam a migração de constituintes da embalagem para o alimento por fenômenos físico-químicos. Isso acontece em decorrência das características físico-químicas do alimento (pH, presença de óleos essenciais, porcentagem de lipídeos, teor alcoólico etc.) e de fatores como temperatura e tempo de contato da embalagem com o alimento, relação superfície de contato/volume do alimento, espessura da embalagem e técnicas aplicadas no acondicionamento de alimentos.

Nem todas as interações dão origem a produtos tóxicos que possam colocar em risco a saúde humana após a ingestão do alimento. Um exemplo disso é a sulfuração, que consiste apenas em um efeito visual considerável que suscita a desconfiança do consumidor.

Entre os agentes tóxicos que podem migrar para o alimento, figuram o estanho, empregado na formulação de latas metálicas e de resinas como o bisfenol A e os monômeros não convertidos de poliestireno (PS) e policloreto de vinila (PVC).

O estanho é um elemento presente na composição da folha de flandres, material ferroso empregado na fabricação de latas de conserva. Se ingerido em grandes quantidades, ele pode provocar perturbações gastrointestinais. Quando a folha de flandres começou a ser usada, havia elevada ingestão de estanho em razão da má qualidade do revestimento e da migração do estanho para o alimento. Atualmente, a aplicação de vernizes (revestimento orgânico) tem minimizado as interações dos metais da embalagem com o produto acondicionado em seu interior. O nível máximo de estanho aceito em alimentos é de 250 mg/kg. Apesar de sua concentração no alimento aumentar em apenas 50 mg/kg durante vários meses, isso em condições normais de processamento e armazenamento, a presença de nitratos ou o excesso de oxigênio no espaço livre da lata aumentam a taxa de dissolução do estanho.

O bisfenol A, por sua vez, é usado na produção de policarbonato (em mamadeiras e garrafões de água, por exemplo) e resinas epóxi (envernizamento interno e externo de latas de alimentos, por exemplo). Outrossim, tem ainda aplicações menos significativas, como na fabricação de PVC.

O bisfenol A interfere na produção, na liberação, no transporte, no metabolismo, na ligação ou na eliminação dos hormônios naturais, bem como apresenta atividade estrogênica moderada, podendo influenciar na reprodução. Ainda, alguns estudos indicam que ele tem potencial para interromper a ação do hormônio tireoidiano, bloquear a síntese do hormônio testosterona e proliferar células de câncer de próstata (Fasano et al., 2012).

Considerando o proposto pelo Mercado Comum do Sul (Mercosul), a Resolução RDC n. 56, de 16 de novembro de 2012 (Brasil, 2012a), mantém o limite de migração específica (LME) em 0,6 mg de bisfenol A por quilo de alimento. Esse instrumento legal também proíbe o uso dessa substância em polímeros para fabricação de mamadeiras e artigos similares destinados a alimentação de lactantes.

Uma das preocupações com embalagens de PS diz respeito à presença, em sua estrutura, de estireno, o qual pode migrar para o alimento e representar risco de câncer. Contudo, a ingestão em doses tóxicas é prevenida pelo fato de o estireno apresentar odor forte e indesejável característico, o que facilita sua detecção.

A embalagem de PVC pode ter residual do monômero cloreto de vinila, que pode migrar para o alimento. De acordo com a Agência de Proteção Ambiental (EPA – Environmental Protection Agency), a exposição ao cloreto de vinila durante curto período a níveis elevados (40 mg/L a 900 mg/L) pode danificar o sistema nervoso; por sua vez, a exposição por longo período a níveis superiores a 0,1 mg/L pode causar câncer e danificar o fígado. Em consonância com o proposto pelo Mercosul, o limite do monômero cloreto de vinila livre estabelecido pela legislação brasileira é de 1 mg/kg do material plástico.

Além dos compostos tóxicos presentes em plásticos, metais e vernizes, referimos os provenientes de corantes de embalagens. Os corantes à base de sais de chumbo e cádmio, por exemplo, têm sido bastante utilizados em razão de seu alto poder de cobertura, seu baixo custo e sua boa estabilidade à luz e às altas temperaturas. No entanto, quando são inseridos em embalagens de alimentos, esses compostos podem migrar para estes e prejudicar a saúde humana.

As substâncias usadas na síntese de pigmentos (partículas praticamente insolúveis em solventes ou veículos de origem orgânica ou inorgânica) e corantes (solúveis) têm sido alçadas a objeto de vários estudos sobre efeitos genotóxicos, mutagênicos e carcinogênicos.

4.5.5 Incorporação de contaminantes provenientes de resíduos industriais

Os alimentos podem ser contaminados por substâncias potencialmente perigosas provenientes das atividades industriais. Essa contaminação pode ser simplesmente por acidente ou ignorância, mas também pode ocorrer por irresponsabilidade. De qualquer maneira, ela pode oferecer perigos à saúde humana. Alguns exemplos desses contaminantes são os hidrocarbonetos clorados (bifenilas policloradas e dibenzo-p-dioxinas policloradas) e os metais pesados (arsênio, chumbo, mercúrio e cádmio).

As bifenilas policloradas (BPCs) representam um grupo de compostos (102 deles já são conhecidos) derivados de clorados da bifenila. Em 1978, ocorreu um surto no Japão motivado pela contaminação do óleo de arroz com 2.000 a 3.000 partes por milhão (ppm) de BPCs. Isso ocorreu porque a água para irrigação estava contaminada com fluidos de descarga para transferência de massa contendo BPCs. As pessoas contaminadas apresentaram sintomas como cloracne, pigmentação da pele e das unhas, secreção ocular, inchaço generalizado, fraqueza, vômitos, diarreia e perda de peso. Ademais, os fetos de mães expostas e as crianças pequenas tiveram uma desaceleração no crescimento.

As dibenzo-p-dioxinas policloradas (DDPCs) são um grupo de substâncias que contêm átomos de oxigênio que formam ligações éter entre dois átomos de carbono, geralmente dentro de um anel de seis átomos. Nessa classe de substâncias, existem as dibenzodioxinas que apresentam um interesse toxicológico, a mais conhecida das quais é a tetraclorodibenzo-p-dioxina (TCDD). A poluição pela dioxina é gerada por incineradores de lixo, processos de branqueamento nas fábricas papel e produção de certos pesticidas, por exemplo. A dioxina, no entanto, acumula-se nos seres vivos e sobe a cadeia alimentar, perpassando a dieta humana. Em seres humanos, a toxicidade da TCDD manifesta-se com cloracne, sensação geral de fadiga, distúrbios nas respostas do sistema nervoso periférico, toxicidade hepática (aumento no tamanho do órgão e alterações nos níveis de enzimas) e possíveis efeitos teratogênicos.

Os metais pesados, por sua vez, também podem entrar no sistema de abastecimento da água com os resíduos industriais e, uma vez depositados no ecossistema, contaminar os alimentos ingeridos por animais e humanos – como explicamos em detalhes no Capítulo 2.

Síntese

- Algumas substâncias naturalmente presentes nos alimentos podem ter um caráter tóxico, como os glicosídeos cianogênicos, os glicosinolatos, os glicoalcaloides esteroidais, os oxalatos, os nitratos, a cafeína, as lectinas, os oligossacarídeos produtores de flatulências e os agentes carcinógenos.

- O desenvolvimento e a multiplicação dos microrganismos nos alimentos dependem de condições ditadas por fatores intrínsecos e extrínsecos dos alimentos, que podem funcionar como barreiras ou facilitadoras da contaminação microbiana e de seu alastramento.
- Os fatores intrínsecos são aqueles inerentes ao alimento, como o pH, a atividade de água, o potencial de oxidorredução e o conteúdo de nutrientes.
- Os fatores extrínsecos são aqueles relativos ao ambiente que cerca o alimento, como a temperatura, a presença dos gases da atmosfera e a umidade relativa do ar.
- As doenças alimentares de origem microbiana podem ser infecciosas, toxinogênicas (toxinoses) ou intoxicações alimentares (toxinfecções).
- A infecção alimentar é consequência da ingestão de alimentos que contêm células viáveis de microrganismos patogênicos numa dose mínima infectante.
- As toxinoses são causadas pela ingestão de alimentos que contêm toxinas microbianas pré-formadas.
- As intoxicações alimentares resultam da liberação da toxina *in vivo*, sem a colonização do microrganismo produtor.
- Os alimentos podem ser contaminados por substâncias potencialmente tóxicas durante as etapas de produção, processamento e armazenamento.
- A contaminação direta pode ocorrer pela dosagem excessiva de aditivos (potencialmente tóxicos) ou, de forma incontrolável, por meio da produção de toxinas microbianas

(como a botulínica, a estafilocócica e a emética do *Bacillus cereus*) e da geração de compostos tóxicos no alimento (nitrosaminas).
- A contaminação indireta dos alimentos é resultado dos processos utilizados na obtenção da matéria-prima (como antimicrobianos, produtores de crescimento e agrotóxicos) e da migração de componentes presentes na embalagem do alimento (como o estanho, o bisfenol A e os monômeros não convertidos de PS e PVC).

Atividades de autoavaliação

1. Sobre as substâncias tóxicas não nutritivas de origem natural, indique V para as afirmativas verdadeiras e F para as falsas.
   ( ) Os glicosídeos cianogênicos, naturalmente presentes em muitas espécies de plantas (como mandioca-brava, feijão-de-lima, linhaça e espinafre), ao serem hidrolisados, liberam uma cetona ou um aldeído, um açúcar e um cianeto de hidrogênio, que é altamente tóxico.
   ( ) Os glicosinolatos encontrados em vacúolos de células vegetais, ao serem hidrolisados, produzem substâncias como a goitrina e o tiocianato, responsáveis por inibir a captação e a organificação do iodo, respectivamente, podendo diminuir a produção do hormônio da tireoide.

( ) A ingestão de oxalato associada a uma diminuição na ingestão de cálcio configura aumento do risco de recorrência de cálculos renais de oxalato de cálcio.
( ) Estudos demonstram que, a depender da técnica utilizada, o cozimento pode aumentar a quantidade de nitrato nos alimentos.
( ) A cafeína apresenta valor nutricional, e mesmo doses elevadas de sua ingestão (10-15 mg/kg de peso corporal) não podem ser consideradas tóxicas.
( ) Apesar de as lectinas serem descritas como agentes de defesa das plantas em razão de suas propriedades antifúngica e inseticida, elas podem ser agentes antinutricionais em humanos.

Agora, assinale a alternativa que corresponde corretamente à sequência de indicações, de cima para baixo:

a) V, V, V, F, F, V.
b) V, V, F, F, F, V.
c) V, V, F, V, V, V.
d) F, V, F, V, V, V.
e) V, F, V, V, F, V.

2. Sobre a contaminação biológica de alimentos, indique V para as afirmativas verdadeiras e F para as falsas.
   ( ) Fatores intrínsecos e extrínsecos dos alimentos podem funcionar como barreiras ou facilitadores da contaminação microbiana e seu desenvolvimento.
   ( ) Os fatores extrínsecos são aqueles inerentes ao alimentos; e os fatores intrínsecos, aqueles relacionados ao ambiente que os cerca.

( ) Os fatores intrínsecos incluem o pH, a atividade de água, o potencial de oxidorredução, o conteúdo de nutrientes, os constituintes antimicrobianos, as estruturas biológicas e a microbiota competitiva do alimento.
( ) As doenças alimentares de origem microbiana podem ser infecções, toxinoses ou toxinfecções.
( ) Para que se configure uma infecção alimentar, é necessária a ingestão de alimentos que contenham células viáveis de microrganismos patogênicos numa dose mínima infectante.
( ) As doenças infecciosas são causadas apenas por vírus e parasitas.

Agora, assinale a alternativa que corresponde corretamente à sequência de indicações, de cima para baixo:

a) F, V, F, V, V, F.
b) F, F, V, V, V, F.
c) V, F, V, V, V, F.
d) V, F, V, V, V, V.
e) F, V, F, F, F, V.

3. Sobre a produção de toxinas por microrganismos, marque a alternativa **incorreta**:
   a) O *Aspergillus flavus*, o *Clostridium perfringens* tipo A e o *Bacillus cereus* são exemplos de microrganismos causadores de toxinfecções.
   b) O *Aspergillus flavus* é um fungo produtor de aflatoxina, um potente carcinógeno que, no campo, está associado a oleaginosas sob estresse hídrico, incluindo milho, amendoim, semente de algodão e nozes.

c) Diferentemente das toxinfecções, caracterizadas pela liberação das toxinas *in vivo*, as toxinoses são causadas pela ingestão de alimentos que contêm toxinas microbianas pré-formadas.
d) O *Bacillus cereus* não causa toxinoses, somente toxinfecções.
e) São exemplos de toxinas que causam toxinoses a botulínica (produzida pela bactéria *Clostridium botulinum*) e a estafilocócica (produzida pela bactéria *Staphylococcus aureus*).

4. Sobre os aditivos alimentares, marque a alternativa **incorreta**:
   a) Os aditivos são acrescentados intencionalmente aos alimentos sem propósito de nutrir.
   b) O aditivo alimentar é definido pela Portaria n. 540/1997 da Secretaria de Vigilância Sanitária.
   c) O aditivo alimentar tem o objetivo de modificar as características físicas, químicas, biológicas ou sensoriais, durante a fabricação, o processamento, a preparação, o tratamento, a embalagem, o acondicionamento, a armazenagem, o transporte ou a manipulação de um alimento.
   d) A inclusão de um aditivo não declarado pode causar risco à saúde do consumidor.
   e) A utilização de teores excessivos de aditivos de forma alguma pode causar risco à saúde do consumidor.

5. Sobre a incorporação de compostos das embalagens, marque a alternativa **incorreta**:
   a) Quando um alimento entra em contato direto com o material da embalagem, ocorrem interações entre eles que possibilitam a migração de constituintes da embalagem para o alimento.
   b) A migração dos constituintes da embalagem acontece em virtude de características físico-químicas do alimento e de fatores como temperatura e tempo de contato da embalagem com o alimento, relação superfície de contato/volume do alimento, espessura da embalagem e técnicas aplicadas no acondicionamento de alimentos.
   c) Todas as interações da embalagem com o alimento dão origem a produtos tóxicos que podem colocar em risco a saúde humana após a ingestão do item.
   d) O estanho é um agente tóxico utilizado na formulação de latas metálicas e que pode migrar para o alimento embalado.
   e) Os corantes à base de sais de chumbo e cádmio utilizados em embalagens podem migrar para o alimento e representar perigo para a saúde humana.

Atividades de aprendizagem

Questões para reflexão

1. Tudo o que você come pode ter efeitos bons ou ruins em seu corpo. Nesse sentido, na maioria das vezes, você tem "alimentado" sua saúde ou a doença? Justifique.

2. Faça uma análise dos alimentos que você mais consome. Eles são ultraprocessados, são repletos de aditivos e têm possíveis contaminantes? Embora mais naturais, eles têm a possível presença de agrotóxicos ou hormônios de crescimento? Como você poderia melhorar sua alimentação?

Atividade aplicada: prática

1. Realize uma pesquisa sobre as vantagens e as desvantagens do consumo de alimentos orgânicos.

Capítulo 5

Agrotóxicos e fertilizantes

Os agrotóxicos são muito úteis para o agronegócio, pois protegem as plantações da ação danosa de organismos nocivos. Os fertilizantes também são importantes, uma vez que proporcionam maior produtividade das culturas e a manutenção da fertilidade dos solos. Contudo, ambos podem impactar negativamente o meio ambiente e a saúde humana.

Com base nisso, neste capítulo, primeiramente, apresentaremos o conceito, os tipos e as classificações de agroquímicos, assim como os danos decorrentes da intoxicação causada por eles. Também explicaremos como os agrotóxicos podem contaminar regiões além das zonas agrícolas e de reflorestamento. Em seguida, analisaremos os impactos dos agrotóxicos sobre a vida aquática, assim como os parâmetros de avaliação da qualidade da água. Por fim, abordaremos os fertilizantes, a utilização deles como forma de reciclagem agrícola e as formas de tratamento da água para retirada de nitrato.

5.1 Agroquímicos e agrotóxicos

De acordo com o Decreto n. 4.074, de 4 de janeiro de 2002, que regulamenta a Lei n. 7.802, de 11 de julho de 1989 (Brasil, 1989), agroquímicos e afins são:

> produtos e agentes de processos físicos, químicos ou biológicos, destinados ao uso nos setores de produção, no armazenamento e beneficiamento de produtos agrícolas, nas pastagens, na proteção de florestas, nativas ou plantadas, e de outros ecossistemas e de ambientes

urbanos, hídricos e industriais, cuja finalidade seja alterar a composição da flora ou da fauna, a fim de preservá-las da ação danosa de seres vivos considerados nocivos, bem como as substâncias e produtos empregados como desfolhantes, dessecantes, estimuladores e inibidores de crescimento.
(Brasil, 2002a)

Os termos *agroquímico* e *defensivo agrícola* são, geralmente, utilizados pelo setor industrial, ao passo que os termos *agrotóxico*, *pesticida*, *praguicida* e *biocida* são empregados por agricultores, ecologistas e pesquisadores. Todos eles, no entanto, referem-se ao mesmo tipo de produto.

De acordo com a finalidade, os agrotóxicos podem ser classificados em acaricidas, fungicidas, herbicidas, inseticidas, raticidas, rodenticidas, nematicidas e molusquicidas. O Quadro 5.1 apresenta a finalidade de cada um desses agroquímicos.

Quadro 5.1 – Classificação dos agrotóxicos de acordo com sua finalidade

Agroquímico	Finalidade
Acaricidas	Controlar ácaros.
Fungicidas	Combater fungos em sementes e culturas.
Herbicidas	Combater ou impedir o crescimento de plantas daninhas.
Inseticidas	Combater insetos, formigas e larvas.
Molusquicidas	Combater moluscos.
Nematicidas	Combater nematoides.
Raticidas	Combater ratos, marmotas, toupeiras, esquilos e camundongos.
Rodenticidas	Combater roedores.

Apesar de os agrotóxicos protegerem as culturas agrícolas de doenças, pragas e plantas daninhas, eles podem oferecer perigos ao meio ambiente e à saúde humana. O uso incorreto deles contamina os solos, a atmosfera, as águas superficiais e subterrâneas e os alimentos, impactando negativamente os organismos terrestres e aquáticos. Como consequência, os seres humanos podem sofrer intoxicação pelo consumo de água e alimentos contaminados e intoxicação ocupacional pelo trabalho rural.

Conforme expusemos no Capítulo 3, a classificação da toxicidade de uma substância é dada de acordo com o valor da sua DL_{50} (dose letal 50%), ou seja, a dose necessária para matar 50% de uma população, sob determinadas condições. O Quadro 5.2 apresenta a classificação dos agrotóxicos segundo o valor da DL_{50} (em miligrama de substância por quilo de massa corporal). Com base nos valores de dose letal, os agrotóxicos também são separados em diferentes classes, diferenciadas por cores, utilizadas para fins de rotulagem.

Quadro 5.2 – Classificação dos agrotóxicos segundo sua toxicidade

Classe toxicológica	Toxicidade	DL_{50} (mg/kg)	Faixa colorida
I	Extremamente tóxico	≤ 5	Vermelha
II	Altamente tóxico	Entre 5 e 50	Amarela
III	Medianamente tóxico	Entre 50 e 500	Azul
IV	Pouco tóxico	Entre 500 e 5.000	Verde

Fonte: Peres; Moreira, 2003, citados por Braibante; Zappe, 2012, p. 14.
Nota: Há uma quinta classe possível, a dos *muito pouco tóxicos*, cuja DL_{50} (mg/kg) é > 5.000.

Pesquisas do Instituto Brasileiro do Meio Ambiente e dos Recursos Naturais Renováveis (Ibama) (2021) apontam que os cinco ingredientes ativos mais vendidos no Brasil são, nesta ordem: o glifosato e seus sais; o ácido diclorofenoxiacético (2,4-D); o mancozebe; o acefato; e a atrazina. O Quadro 5.3 mostra alguns detalhes dessas substâncias.

Quadro 5.3 – Ingredientes ativos de agrotóxicos

Ingrediente ativo	Classe pertencente	Fórmula estrutural	Males à saúde (evidenciados ou potenciais)
Glifosato	Herbicida		Efeitos teratogênicos, tumorigênicos, hepatorrenais e cancerígenos.
2,4 – D	Herbicida		Desregulação endócrina, perturbações nas funções reprodutivas, alterações genéticas (efeito genotóxico), efeitos cancerígenos e o desenvolvimento da doença de Parkinson.

(continua)

(Quadro 5.3 – conclusão)

Ingrediente ativo	Classe pertencente	Fórmula estrutural	Males à saúde (evidenciados ou potenciais)
Mancozebe	Fungicida e acaricida	(estrutura química)	Risco ao desenvolvimento e à reprodução.
Atrazina	Herbicida	(estrutura química)	Danos aos órgãos reprodutivos, ao fígado e aos rins, e associação com o aumento dos riscos de doença de Parkinson e linfoma não Hodgkin (LNH).
Acefato	Inseticida	(estrutura química)	Efeitos neurotóxicos, alteração no sistema cognitivo e possível cancerígeno.

No Quadro 5.4, destacamos os efeitos e/ou sintomas de intoxicação dos principais grupos químicos de agrotóxicos.

Quadro 5.4 – Sintomas de intoxicação de agrotóxicos

Classificação quanto à praga que controla	Classificação quanto ao grupo químico	Sintomas de intoxicação aguda	Sintomas de intoxicação crônica
Inseticidas	Organofosforados e carbamatos	Fraqueza, cólicas abdominais, vômitos, espasmos musculares e convulsões	Efeitos neurotóxicos retardados, alterações cromossomiais e dermatites de contato
	Organoclorados	Náuseas, vômitos, contrações musculares involuntárias	Lesões hepáticas, arritmias cardíacas, lesões renais e neuropatias periféricas
	Piretroides sintéticos	Irritações das conjuntivas, espirros, excitação, convulsões	Alergias, asma brônquica, irritações nas mucosas, hipersensibilidade
Fungicidas	Ditiocarbamatos	Tonteiras, vômitos, tremores musculares, dor de cabeça	Alergias respiratórias, dermatites, doença de Parkinson, cânceres
	Fentalamidas		Teratogêneses

(continua)

(Quadro 5.4 – conclusão)

Classificação quanto à praga que controla	Classificação quanto ao grupo químico	Sintomas de intoxicação aguda	Sintomas de intoxicação crônica
Herbicidas	Dinitroferóis e pentaclorofenol	Dificuldade respiratória, hipertermia, convulsões	Cânceres (Pentaclorofenol – formação de dioxinas), cloroacnes
	Fenoxiacéticos	Perda de apetite, enjoo, vômitos, fasciculação muscular	Indução da produção de enzimas hepáticas, cânceres, teratogêneses
	Dipiridilos	Sangramento nasal, fraqueza, desmaios, conjuntivites	Lesões hepáticas, dermatites de contato, fibrose pulmonar

Fonte: Paraná, 2013, p. 27-28.

Os agrotóxicos também podem ser classificados quanto à periculosidade ambiental, conforme apresentado no Quadro 5.5.

Quadro 5.5 – Classificação dos agrotóxicos segundo a periculosidade ambiental

Classes	Periculosidade	Exemplo
I	Altamente perigoso ao meio ambiente	Maioria dos organoclorados
II	Muito perigoso ao meio ambiente	Malation
III	Perigoso ao meio ambiente	Carbaril e glifosato
IV	Pouco perigoso ao meio ambiente	Derivados de óleos minerais

Ainda, segundo o registro de propriedade industrial, os agroquímicos também são classificados em: (i) produtos sob proteção de patentes; ou (ii) produtos genéricos. No Brasil, os produtos sob patente são protegidos por 20 anos de exclusividade; ou seja, durante esse período, nenhum outro fabricante pode ofertar o mesmo produto, exceto se houver concessão por parte do inventor mediante uma compensação financeira.

5.2 Destino dos agrotóxicos

Embora em algumas regiões não se produzam ou apliquem agrotóxicos, isso não significa que estes não estejam lá presentes. Por meio do ciclo hidrológico (Figura 5.1), isto é, o processo pelo qual as nuvens se formam e a água retorna à Terra, os pesticidas utilizados na agricultura podem evaporar, infiltrar-se no solo ou fluir para os rios e serem transportados por longas distâncias.

Assim, a contaminação com agrotóxicos extrapola as zonas agrícolas e de reflorestamento. Resíduos de agrotóxicos podem ser encontrados, por exemplo, nas águas da chuva, na neve do Ártico e na névoa do oceano.

Figura 5.1 – Ciclo hidrológico

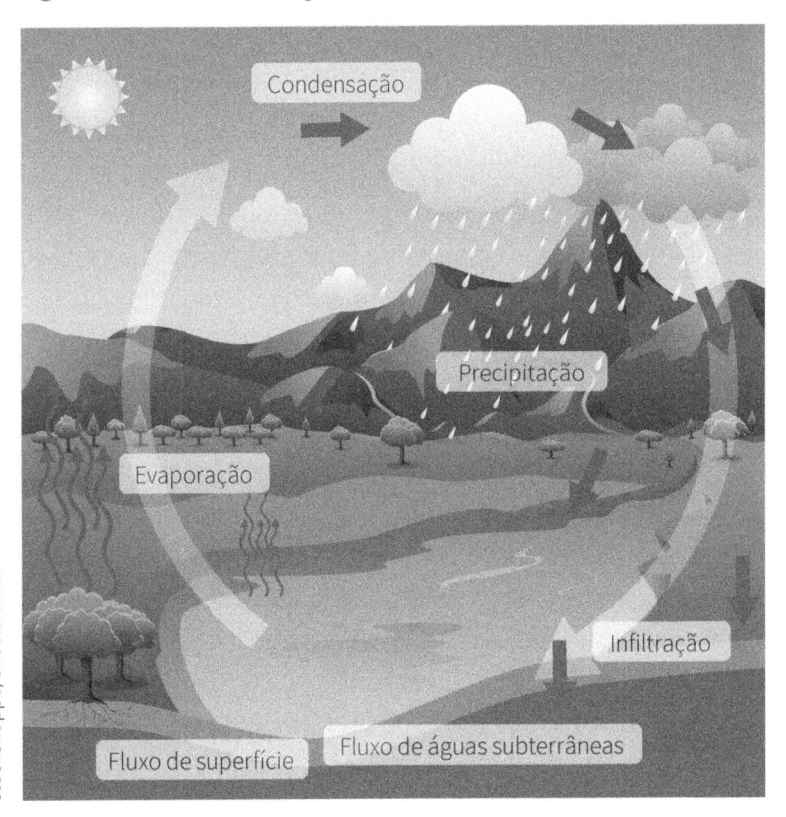

stockshoppe/Shutterstock

O destino dos agrotóxicos é determinado por processos de retenção, transformação, transporte e pela interação desses procedimentos. Um exemplo de retenção (moléculas de agrotóxicos retidas à superfície sólida) é a sorção, que consiste na interação do soluto (nesse caso, o agrotóxico) da fase líquida com a superfície das partículas do solo/sedimento da região não saturada.

A degradação biológica, a fotodegradação e a decomposição química transformam os agrotóxicos em outros compostos às vezes até mais persistentes e tóxicos.

Os processos de transporte envolvem deriva, volatilização, lixiviação e carreamento superficial. A deriva é o transporte do agrotóxico pelo vento durante sua aplicação. A volatilização ocorre quando o composto é convertido da solução do solo e/ou das superfícies deste e de plantas para a fase gasosa. A lixiviação se dá mediante o transporte do agrotóxico pelo perfil do solo, e, a depender da umidade e da porosidade deste, a contaminação pode atingir o lençol freático. O carreamento superficial sucede pelo movimento do agrotóxico pela água de enxurrada na superfície do solo, podendo atingir rios, lagos, córregos, açudes e terrenos com declividade baixa.

Além desses processos, o destino dos agrotóxicos no meio ambiente também é consequência das diferenças nas estruturas e propriedades das substâncias químicas, das condições meteorológicas, da presença ou ausência de plantas, da composição microbiológica do solo, das práticas de manejo deste e de sua localização na topografia.

5.3 Efeitos dos agrotóxicos na vida aquática

O uso excessivo de agrotóxicos resulta no aumento da concentração de nutrientes, como o nitrogênio e o fósforo, no solo. Quando esses nutrientes atingem as águas superficiais ou subterrâneas, pode acontecer o fenômeno da eutrofização, caracterizado pelo enriquecimento de nutrientes na água, o que favorece a proliferação excessiva de algas e plantas aquáticas. Em razão disso, pode haver redução da penetração de luz na água e crescimento exagerado de plantas aquáticas, as quais, ao se decomporem, reduzem o oxigênio dissolvido e, consequentemente, provocam a mortalidade de peixes e outras espécies.

Smith e Schindler (2009) listam os efeitos potenciais da eutrofização decorrentes da absorção excessiva de fósforo e nitrogênio em lagos, reservatórios, rios e costa do oceano:

- Aumento da biomassa do fitoplâncton e vegetação macrofila.
- Aumento da biomassa de espécies consumidoras.
- Mudanças na composição do fitoplâncton para espécies de algas formadoras de flores, muitas das quais podem ser tóxicas ou não comestíveis.
- Aumento em florações de zooplâncton gelatinoso (ambientes marinhos).
- Aumento na biomassa de algas bentônicas e epífitas.

- Mudanças na composição das espécies de vegetação de macrófitas.
- Diminuição na saúde de recifes de corais e perda de comunidades de recifes de corais.
- Aumento na incidência de mortes de peixes.
- Redução na diversidade de espécies.
- Redução nos rendimentos de espécies desejadas de peixes e moluscos.
- Diminuição da transparência da água.
- Problemas de sabor, odor e tratamento no abastecimento de água potável.
- Depleção da água oxigenada.
- Diminuição no valor estético percebido do corpo d'água.

A eutrofização também pode alterar a qualidade das águas de abastecimento público. Nos casos em que há ocupação urbana próxima à bacia, podem ocorrer assoreamentos e lançamentos de esgoto, o que aumenta o acúmulo de matéria orgânica, de vegetações, e diminui o volume de água da bacia. Consequentemente, podem ocorrer efeitos indesejáveis na operação da estação de tratamento e dos sistemas de reservação e distribuição, bem como nos custos com produtos químicos. Ademais, os consumidores da água tratada podem ser afetados por: presença de compostos potencialmente tóxicos e carcinogênicos; presença de compostos de sabor e odor; danos a roupas e aparelhos sanitários; e problemas de corrosão nas tubulações.

5.4 Qualidade da água

A água, formada pelos elementos hidrogênio e oxigênio (H_2O), é capaz de dissolver uma ampla variedade de substâncias, responsáveis por conferir características peculiares.

As substâncias dissolvidas, assim como as partículas presentes nesse componente, mudam continuamente de posição ao serem transportadas pelos cursos d'água, estabelecendo, assim, um caráter dinâmico para a qualidade dela. Em outras palavras, a qualidade da água é resultado dos processos efetivados no corpo hídrico (dissolução) e na bacia de drenagem do corpo hídrico (transporte). É pertinente apontar que os organismos vivos presentes no ambiente aquático também podem promover alterações físicas e químicas na água.

A seguir, trataremos das características, químicas, físicas, biológicas e radioativas que, em conjunto, permitem a avaliação da qualidade da água. Ainda, mencionaremos os teores máximos permitidos para cada agrotóxico na água potável, aquela que é destinada ao consumo humano e não oferece riscos à saúde. Cabe esclarecer de antemão que esses padrões, assim como os físico-químicos, microbiológicos e de radioatividade para a água potável, são estabelecidos pela Portaria n. 1.469, de 29 de dezembro de 2000 (Brasil, 2001).

5.4.1 Características físicas

Nesta seção, detalharemos as características físicas da água, entre as quais figuram temperatura, sabor e odor, cor, turbidez, sólidos totais dissolvidos e condutividade elétrica.

5.4.1.1 Temperatura

A temperatura da água pode ser alterada por causas naturais, como é o caso da energia solar, ou por causas derivadas das atividades humanas (antropogênicas), como os despejos industriais e o resfriamento de máquinas.

Ela interfere na velocidade das reações químicas, nas atividades metabólicas dos organismos, na solubilidade de gases e na sensação de sabor e odor. Quanto às águas destinadas ao consumo humano, temperaturas elevadas aumentam as perspectivas de rejeição de uso.

5.4.1.2 Sabor e odor

Apesar de normalmente se utilizar a expressão conjunta *sabor e odor*, o conceito de sabor já se refere à interação do gosto (salgado, doce, azedo e amargo) com o odor. O sabor da água está associado à presença de substâncias químicas (como fenóis e clorofenóis, de natureza orgânica) ou gases dissolvidos e à atuação de alguns microrganismos e algas. Cianobactérias e algas produzem os compostos odoríferos 2-metilisoborneol (MIB) e trans-1,10-dimetil-trans-9-decalol (geosmina), os quais conferem sabor de terra e mofo à água.

Como a água destinada ao consumo humano deve ser completamente inodora, problemas de sabor podem ser resolvidos com aeração ou carvão ativado.

5.4.1.3 Cor

Teoricamente, a água pura é incolor. Todavia, a presença de partículas com dimensões inferiores a 1 μm – denominadas *coloides* – finamente dispersas, de origem orgânica (ácidos húmicos e fúlvicos) ou mineral (resíduos industriais, compostos de ferro e manganês), reflete a luz e dá origem à cor. A cor da água também é sensível ao pH; logo, quanto maior o pH, maior sua intensidade.

Curiosidade

A cor escura das águas do Rio Negro (afluente do Rio Amazonas) se deve à presença de produtos de decomposição da vegetação e pigmentos de origem bacteriana (*Chromobacterium violaceum*).

A intensidade da cor é estabelecida pela comparação da amostra com um padrão de platina-cobalto. O resultado é expresso em unidades de cor Hazen (μH). Para caracterizar as águas de abastecimento, diz-se que a cor aparente é a turbidez adicional decorrente das partículas suspensas, que pode ser removida por centrifugação. De acordo com o padrão de potabilidade, a cor aparente deve apresentar intensidade inferior a cinco. Após a remoção da turbidez, o residual é chamado de *cor verdadeira*.

5.4.1.4 Turbidez

A turbidez é uma medida do grau de interferência à passagem da luz através do líquido, decorrente da presença de partículas em suspensão na água. O resultado é fornecido em unidades Jackson de turbidez (UJT – ou JTU, do inglês *Jackson Turbidity Unit*) e pode ser medido em uma variedade de equipamentos, os mais utilizados dos quais são os nefelômetros. A turbidez da água potável deve ser inferior a uma unidade, porque as partículas suspensas podem servir como escudo (proteção) aos microrganismos contra a ação do desinfetante.

A turbidez pode ser decorrente de: presença de partículas de argila ou lodo; descarga de esgoto doméstico ou industrial; presença de grande número de microrganismos; ou bolhas de ar finamente divididas. Esse último caso é comum em alguns pontos da rede de distribuição ou em instalações domiciliares, gerando queixa por parte dos consumidores.

Por ser produto das partículas em suspensão, a turbidez pode ser reduzida por sedimentação. Sendo assim, quando a velocidade de escoamento da água de lagos e represas é menor, a turbidez também pode ser mais baixa.

5.4.1.5 Sólidos totais dissolvidos

Os sólidos dissolvidos correspondem às partículas que têm diâmetro inferior a 10^{-3} μm e que, mesmo após a filtração, permanecem em solução. Os sólidos podem entrar na água por processos naturais, como a erosão, os organismos e os detritos orgânicos, ou por processos antropogênicos, como o lançamento de lixos e esgotos.

O padrão de potabilidade para os sólidos totais dissolvidos tem limite de 1.000 mg/L, já que esse número reflete a influência de lançamento de esgotos e afeta a qualidade organoléptica da água.

5.4.1.6 Condutividade elétrica

A condutividade elétrica da água representa sua capacidade de transmitir a corrente elétrica em função da quantidade de sais dissolvidos. Quanto maior a concentração iônica da solução, maior é a sua capacidade de conduzir corrente elétrica. Por essa razão é que águas contaminadas com esgoto doméstico ou industrial podem ter condutividades muito mais elevadas que águas naturais.

A condutividade elétrica da água é fornecida em unidades de resistência, sendo esta dada em mho (inverso de ohm) ou S (Siemens), por unidade de comprimento (geralmente cm ou m).

5.4.2 Características químicas

Nesta subseção, detalharemos as características químicas da água, entre as quais estão o potencial hidrogeniônico, a alcalinidade, a acidez, a dureza, o oxigênio dissolvido, as demandas química e bioquímica de oxigênio, a série nitrogenada, o fósforo, o ferro, o manganês e os micropoluentes.

5.4.2.1 Potencial hidrogeniônico (pH)

O pH é uma medida inversamente proporcional à atividade dos íons hidrogênio (H^+). Essa última é equivalente ao teor de H^+ efetivamente dissociado.

$$pH = -\log_{10}[H^+]$$

O valor de pH abrange uma faixa que vai de 0 a 14. As condições ácidas apresentam valores inferiores a 7; e as alcalinas, superiores a 7. O valor do pH pode ser medido pelo método de colorimetria ou por equipamentos pHmetros (ou peagâmetros). No primeiro caso, faz-se uso de substâncias indicadoras, as quais mudam de cor quando adicionadas à amostra, cuja coloração é comparada com um disco colorimétrico para uma determinação aproximada do pH. Entretanto, como esse método não deve ser utilizado em águas turvas, coloridas ou com traços de elementos interferentes, recorre-se aos pHmetros com eletrodos de vidro, os quais são mais sofisticados e precisos.

A medida do pH é importante, pois interfere na distribuição, de formas livre e ionizada, de diversos compostos químicos e na solubilidade das substâncias, além de definir o potencial de toxicidade de muitos elementos.

De acordo com a Portaria n. 1.469/2000, o intervalo de pH para águas de abastecimento deve estar entre 6,5 e 9,5, uma vez que pH baixos podem contribuir para corrosividade na rede de distribuição, ao passo que valores elevados ampliam a possibilidade de incrustações.

5.4.2.2 Alcalinidade

A alcalinidade da água representa a quantidade de íons básicos presentes capazes de neutralizar o H^+, sendo as principais bases os bicarbonatos (HCO_3^-), os carbonatos (CO_3^{2-}) e os hidróxidos (OH^-).

A alcalinidade pode ser medida por titulação e, conforme o pH da água, podem estar presentes diferentes tipos de alcalinidade, conforme especificado no Quadro 5.6.

Quadro 5.6 – Tipos de alcalinidade em função do pH

pH	Tipos de alcalinidade
9,4 – 11,0	Hidróxidos e carbonatos
8,3 – 9,4	Carbonatos e bicarbonatos
4,4 – 8,3	Somente bicarbonatos

A alcalinidade é uma medida de controle da água por estar relacionada com coagulação, redução de dureza e prevenção de corrosão nas tubulações da rede de distribuição.

5.4.2.3 Acidez

A acidez indica a capacidade que a água tem de resistir às mudanças de pH promovidas pelas bases e decorre, principalmente, da presença de dióxido de carbono (CO_2). Ela pode ser consequência de fatores naturais, como é o caso do CO_2 absorvido da atmosfera e do resultante de matéria orgânica, ou de causas antropogênicas, como é o caso dos despejos industriais e de esgoto e a passagem da água por minas abandonadas.

Assim como na condição da alcalinidade, a distribuição das formas de acidez também é função do pH, conforme explicitado no Quadro 5.7.

Quadro 5.7 – Formas de acidez em função do pH

pH	Tipos de acidez
< 4,5	Ácidos minerais fortes
4,5 – 8,2	Acidez carbônica
> 8,2	Ausência de CO_2 livre

O gás carbônico pode acarretar problemas de corrosão; e a acidez mineral, um sabor desagradável em águas destinadas ao abastecimento público.

5.4.2.4 Dureza

A dureza é uma característica conferida à água pela presença de cátions multivalentes como os de cálcio (Ca^{2+}) e magnésio (Mg^{2+}) e, em menor escala, os de ferro (Fe^{2+}), manganês (Mn^{2+}), estrôncio (Sr^{2+}) e alumínio (Al^{3+}). Essa propriedade pode ser conferida por fatores naturais (como dissolução de rochas calcárias, ricas em cálcio e magnésio) ou antropogênicos (lançamento de efluentes industriais).

A água pode ser classificada em função de sua dureza (expressa em mg/L equivalente a carbonato de cálcio [$CaCO_3$]), tal como exposto no Quadro 5.8.

Quadro 5.8 – Classificação da água quanto ao grau de dureza

Dureza (mg/L de $CaCO_3$)	Classificação
< 50	Mole ou branda
50 – 150	Moderadamente dura
150 – 300	Dura
> 300	Muito dura

Quanto menor for a dureza da água, maior será a toxicidade, razão pela qual, em corpos d'água com dureza reduzida, a biota é mais sensível à presença de substâncias tóxicas. Por outro lado, águas com dureza elevada reduzem a formação de espuma, o que culmina num consumo maior de sabões e xampus. Ademais, quando esse elemento está em altas temperaturas, os cátions precipitam, causando incrustações nas tubulações de água quente, caldeiras e aquecedores.

De acordo com a Portaria n. 518, de 25 de março de 2004 (Brasil, 2004b), é permitido um valor máximo de 500 mg/L $CaCO_3$ para a dureza da água destinada ao consumo humano.

5.4.2.5 Oxigênio dissolvido

O oxigênio dissolvido (OD) trata-se de um dos parâmetros mais importantes no controle de qualidade da água e caracteriza os efeitos da poluição desta por despejos orgânicos.

Conforme o grau de exigência de cada organismo aquático aeróbio (que vive na presença de oxigênio), são necessários teores mínimos de 2 mg/L a 5 mg/L de OD. A origem do OD pode ser tanto natural (dissolução do oxigênio atmosférico e produção por organismos fotossintetizantes) quanto antropogênica (introdução de aeração artificial).

O OD nas águas superficiais depende do tipo e da quantidade de matéria orgânica instável presente. As bactérias aeróbias destroem (estabilizam) a matéria orgânica e utilizam oxigênio para seus processos respiratórios. Como consequência, o OD é limitado e, a depender da magnitude disso, diversos seres aquáticos, inclusive peixes, podem morrer. A ausência de oxigênio pode gerar maus odores.

5.4.2.6 Demanda química e bioquímica de oxigênio

Como a maioria dos compostos orgânicos pode ser química ou bioquimicamente oxidada em compostos mais estáveis (como CO_2, NO_3 e H_2), podemos dizer que ela tem uma demanda (necessidade ou consumo) de oxigênio. Assim, essa medida pode ser um indicativo da presença de matéria orgânica na água. Dois parâmetros estão envolvidos nessa avaliação: a demanda bioquímica de oxigênio (DBO) e a demanda química de oxigênio (DQO).

A DBO é a quantidade de oxigênio usada pelas bactérias aeróbias para degradar a matéria orgânica. O parâmetro pode ser obtido por meio do teste padrão DBO_5, com o qual é calculada a diferença da quantidade de OD na amostra antes e depois de um período de incubação fixo de 5 dias a uma temperatura constante de 20 °C. O resultado é dado em mg O_2/L.

Já a DQO é a quantidade de oxigênio necessária para oxidar toda a matéria orgânica presente (biodegradável ou não) por meio de um agente químico oxidante, como o dicromato de potássio ($K_2Cr_2O_7$), na presença de um catalisador e meio acidificado. A DQO também é expressa em mg O_2/L.

Uma vez que a DBO concerne somente à matéria orgânica mineralizada pelos microrganismos e a DQO engloba também a estabilização (decomposição) da matéria orgânica ocorrida por processos químicos, a segunda é sempre maior que a primeira.

A relação de DQO/DBO_5 também é importante para se determinar a biodegradabilidade de um efluente e, assim, adequar o tratamento ao tipo de efluente em questão. Por exemplo, quando $DQO/DBO_5 < 2,5$, o efluente tem elevada função biodegradável e é indicado para receber um tratamento biológico.

5.4.2.7 Série nitrogenada

No meio aquático, o elemento químico nitrogênio pode ser encontrado na forma de: nitrogênio molecular (N_2); nitrogênio orgânico (compostos nitrogenados orgânicos ou biomassa de organismos); íon amônio (NH_4^+); íon nitrito (NO_2^-); ou íon nitrato (NO_3^-).

O nitrogênio é um nutriente importante para o crescimento de algas e plantas aquáticas superiores e é facilmente assimilável nas formas de NH_4^+ e NO_3^-. Contudo, altas concentrações de NO_3^- estão associadas à meta-hemoglobinemia, doença que dificulta o transporte de oxigênio na corrente sanguínea de bebês.

O nitrogênio é encontrado na natureza na forma de proteínas e outros compostos orgânicos, mas também tem origem antropogênica (como lançamento de despejos domésticos, industriais e uso de fertilizantes). O NH_4^+, por exemplo, serve como indicador do lançamento de esgotos de alta carga orgânica.

5.4.2.8 Fósforo

O fósforo é um nutriente essencial para o crescimento de plantas aquáticas. No entanto, o crescimento excessivo pode provocar o fenômeno de eutrofização (mais detalhes na Seção 5.3), prejudicando os usos da água.

No ambiente aquático, o fósforo pode ser encontrado nas formas orgânica e inorgânica. Entre as formas orgânicas, podemos citar a matéria orgânica solúvel e a biomassa de microrganismos. Nas inorgânicas, por sua vez, há os sais de fósforo e os compostos minerais (como apatita).

A presença de fósforo na água é fruto de processos naturais (dissolução de compostos do solo, decomposição da matéria orgânica, fósforo de composição celular de microrganismos) ou antropogênicos (despejos domésticos e industriais, detergentes, excrementos de animais, fertilizantes, pesticidas).

5.4.2.9 Ferro e manganês

O ferro e o manganês apresentam comportamento químico semelhante e, embora esses elementos não ofereçam inconvenientes à saúde (em concentrações comuns nas águas naturais), podem conferir à água um sabor amargo adstringente e coloração amarela e turva (decorrente da precipitação quando oxidado), bem como provocar problemas de ordem estética (manchas em roupas ou em vasos sanitários).

Sendo assim, é adotado o limite de 0,3 mg/L para o ferro e 0,3 mg/L para o manganês nas águas aceitas para consumo humano.

5.4.2.10 Micropoluentes

Os micropoluentes são elementos e compostos químicos que, mesmo em baixas concentrações, conferem toxicidade à água. São exemplos os metais pesados (arsênio, cádmio, crômio, cobre, chumbo, mercúrio, níquel, prata, zinco), normalmente encontrados em águas residuais industriais. Além de serem tóxicos, esses metais são responsáveis pelo fenômeno de biomagnificação (ampliação da concentração de determinada substância ao longo da cadeia alimentar). Somam-se aos metais outros micropoluentes inorgânicos, como os cianetos e o flúor; estes, especificamente, apresentam riscos à saúde conforme sua concentração.

Há os poluentes orgânicos, como os defensivos agrícolas, alguns detergentes e muitos compostos organossintéticos (elaborados artificialmente para uso industrial), que podem apresentar características carcinogênicas, mutagênicas e, até mesmo, teratogênicas (geração de fetos com graves deficiências físicas).

5.4.3 Características biológicas

Nesta subseção, discorreremos sobre as características biológicas da água, que incluem os microrganismos de importância sanitária, as bactérias coliformes e as comunidades hidrobiológicas.

5.4.3.1 Microrganismos de importância sanitária

Os microrganismos desempenham um papel fundamental no meio aquático ao estabilizarem a matéria orgânica a fim de fornecer energia para sua sobrevivência. Os produtos dessa decomposição são minerais orgânicos assimiláveis por outros organismos aquáticos.

Alguns microrganismos (certas bactérias, vírus e protozoários), porém, podem causar doenças e epidemias, gerando, assim, preocupações de ordem sanitária. Por isso, é necessário que a água de abastecimento passe por um processo de desinfecção.

Nas estações de tratamento de água, todavia, a análise da ocorrência de cada microrganismo patogênico na amostra não é feita rotineiramente, pois poderia envolver a preparação de diferentes meios de cultura, tornando o procedimento complexo e financeiramente inviável. Na prática, realiza-se a avaliação de microrganismos indicadores (como as bactérias coliformes), ou seja, daqueles que são facilmente detectáveis e cuja ocorrência na água indica a presença de organismos patogênicos.

5.4.3.2 Bactérias coliformes

Os coliformes são bactérias cujo *habitat* natural é o intestino humano e o animal. Sendo assim, elas indicam a contaminação da água com fezes, que pode ser oriunda de esgotos domésticos. Isso não significa que toda água com coliformes está contaminada; no entanto, quanto maior a concentração deles na água, maior a chance de haver contaminação por organismos patogênicos.

Uma das vantagens de utilizar essas bactérias como indicadores de contaminação fecal é que elas ocorrem em número muito alto nas fezes. Logo, se houver contaminação da água por esgotos domésticos, há grande chance de serem encontrados coliformes na amostra de água analisada no laboratório.

Outra vantagem é que elas são facilmente identificadas. Como os coliformes produzem gases ao fermentar a lactose do meio de cultura, a detecção de gases nos tubos de ensaio das análises laboratoriais revela sua presença. A quantidade de coliformes é expressa pelo número mais provável (NMP) de coliformes existentes em 100 mL de água.

5.4.3.3 Comunidades hidrobiológicas

O exame hidrobiológico é empregado na identificação de espécies e quantidades de organismos presentes e de matéria amorfa (como silte e matérias orgânicas). Esses exames são realizados como medida de controle para prevenir o desenvolvimento de organismos causadores de maus sabores e odores, ou daqueles que possam obstruir canalizações e filtros das estações de tratamento.

As principais comunidades hidrobiológicas são:

- **Plânctons** – Habitam em suspensão a água e não têm movimentação própria. São agrupados em fitoplâncton (algas, bactérias) ou zooplâncton (crustáceos, protozoários, rotíferos).
- **Bentos** – Habitam o fundo de rios e lagos, como as larvas de insetos e os organismos anelídeos.
- **Néctons** – Apresentam movimentação própria, como os peixes.

5.4.4 Características radioativas

A poluição das águas com substâncias radioativas pode ser causada por laboratórios de pesquisa, indústrias, instalações experimentais, zonas de guerra e, em menor quantidade, de fontes naturais (rochas e minerais).

A radioatividade é expressa em Curie, que equivale a $3,7 \times 10^{10}$ desintegrações por segundo. Costumam-se utilizar também as unidades de milicure (10^{-3} curies), microcure (10^{-6} curies) e picocure (10^{-12} curies).

De forma geral, tolera-se uma água com radioatividade inferior a 10 picocuries/L, ainda que o limite máximo permitido seja de 100 picocuries/L. Apesar disso, a concentração tolerável em água potável depende dos elementos existentes e do período após o qual a água é utilizada.

5.4.5 Limites para os agrotóxicos

De acordo com a Portaria n. 1.469/2000, o limite máximo permitido de cada agrotóxico na água potável é o exposto no Quadro 5.9.

Quadro 5.9 – Valor máximo permitido (VMP) de cada agrotóxico na água potável

Agrotóxico	VMP (µg/L)
Alaclor	20,0
Aldrin e Dieldrin	0,03
Atrazina	2
Bentazona	300
Clordano (isômeros)	0,2
2,4 D	30
DDT (isômeros)	2
Endossulfan	20
Endrin	0,6
Glifosato	500
Heptacloro e Heptacloro epóxido	0,03
Hexaclorobenzeno	1
Lindano (g-BHC)	2
Metolacloro	10
Metoxicloro	20
Molinato	6
Pendimetalina	20
Pentaclorofenol	9

(continua)

(Quadro 5.9 – conclusão)

Agrotóxico	VMP (µg/L)
Permetrina	20
Propanil	20
Simazina	2
Trifluralina	20

Fonte: Elaborado com base em Brasil, 2001.

Acerca disso, o dossiê *Alerta sobre os impactos dos agrotóxicos na saúde* (Carneiro et al., 2015) apresenta um exame realizado pelo Programa de Análise de Resíduos de Agrotóxicos em Alimentos (Para) da Agência Nacional de Vigilância Sanitária (Anvisa) com base em amostras coletadas nos 26 estados do país. O estudo revela que um terço dos alimentos consumidos cotidianamente pelos brasileiros está contaminado pelos agrotóxicos. Das amostras analisadas, 28% apresentaram ingredientes ativos não autorizados no cultivo analisado e/ou ultrapassaram os limites máximos de resíduos considerados aceitáveis. Eis aí um alerta para todos nós, consumidores.

5.5 Fertilizantes

Os fertilizantes são adubos químicos de natureza orgânica ou mineral utilizados na agricultura para propiciar um aumento na produtividade das culturas e a manutenção da fertilidade dos solos.

Os fertilizantes também têm se apresentado como uma alternativa para o destino do lodo de esgoto. As estações de tratamento de esgoto purificam as águas para que estas sejam lançadas nos corpos receptores, concentrando a poluição no lodo. Pelo fato de esse resíduo ser rico em matéria orgânica, a reciclagem agrícola pode ser uma opção eficiente e viável economicamente para eliminação do lodo.

O lodo, no entanto, também contém microrganismos patogênicos, metais pesados e micropoluentes orgânicos. Por isso, a utilização desse resíduo na agricultura é regida por normas de aplicação, as quais consideram não somente as características físicas, químicas e biológicas dele, mas também a área onde será aplicado.

5.5.1 Aproveitamento do lodo em função do nitrogênio

Os fatores que determinam a quantidade de lodo a ser aplicada são: (i) o conteúdo de nitrogênio mineral e orgânico que carrega; (ii) sua taxa de mineralização; e (iii) a demanda de nitrogênio das culturas. O nitrogênio serve de elemento limitante pelo fato de, geralmente, ser o elemento dominante na composição do resíduo, macroelemento na absorção das plantas e susceptível à lixiviação. Qualquer fonte de nitrogênio, tanto orgânica quanto mineral, se não for aplicada em doses, períodos e localidades corretas, pode suscitar acumulação excessiva de nitrato na água.

Embora os lodos de esgoto sejam ricos em nitrogênio orgânico, as plantas só conseguem absorver nitrogênio na forma inorgânica. Portanto, para precisar a dose agronômica ideal de lodo a ser aproveitada, é necessário saber a quantidade de nitrogênio orgânico contido em um lodo de esgoto que é potencialmente mineralizável.

A mineralização do nitrogênio orgânico é um processo enzimático conduzido por microrganismos heterotróficos, aeróbios e anaeróbios. Um dos produtos inorgânicos dessa reação é o amônio (NH_4^+), o qual pode ser retido pelo solo, absorvido pelas plantas ou convertido em nitrato (NO_3^-). O nitrato também pode ser absorvido pelas plantas, mas pode, ainda, ser lixiviado ou convertido em nitrogênio gasoso (N_2). O N_2 não pode ser utilizado pela maioria dos organismos, porque sua ligação tripla (N≡N) necessita de quantidades substanciais de energia para ser quebrada.

A lixiviação do nitrato, em geral, é diretamente proporcional à permeabilidade do solo. Maiores riscos de contaminação de águas subterrâneas são possíveis quando solos de textura grosseira, elevada macroporosidade e menor capacidade de retenção de água, ou seja, de drenagem rápida, recebem muito nitrogênio pela fertilização, sob elevada precipitação pluviométrica ou irrigação com água excedente.

Segundo a Portaria do Ministério da Saúde n. 2.914, de 12 de dezembro de 2011 (Brasil, 2011), o limite de nitrato na água potável é de 10 mg/L (como N). Concentrações mais altas podem causar riscos à saúde de bebês e de mulheres grávidas. Portanto, ações preventivas à descarga de nitrato e o tratamento da água devem ser realizados.

5.5.2 Tratamentos da água para remoção de nitrato

A remoção de nitrato da água não é possível pelos sistemas de tratamento convencionais, o que exige processos como destilação, osmose reversa, troca iônica, eletrodiálise/ eletrodiálise reversa, desnitrificação biológica e desnitrificação química.

5.5.2.1 Destilação

A destilação é uma separação física de misturas líquidas cujos componentes importantes apresentam diferentes pontos de ebulição ou volatilidades. Ela é possibilitada porque o vapor da mistura em ebulição é mais rico nos componentes com pontos de ebulição mais baixos. Quando esse vapor é suficientemente resfriado, o condensado passa a conter mais componentes voláteis, ao passo que, simultaneamente, a mistura original começa a conter mais dos componentes menos voláteis. Entretanto, os destiladores de estágio único purificam apenas 10% da água alimentada, razão pela qual, para uma maior eficiência, faz-se necessária a utilização de destiladores de múltiplos efeitos, os quais contêm várias colunas de evaporação e operam em condições especiais de pressão.

5.5.2.2 Osmose reversa

A osmose reversa descarta componentes orgânicos e inorgânicos com uma força maior que a da pressão osmótica. Nesse processo, a água é forçada sob pressão através de uma membrana semipermeável de modo que o líquido passe por ela e os contaminantes sejam impedidos pela membrana.

Como vantagens da osmose reversa, podemos citar a alta qualidade da água tratada, a remoção de múltiplos contaminantes, a dessalinização e a automação viável. Entre as desvantagens estão: altos custos de capital, operação e manutenção; suscetibilidade à incrustação de membranas; alta demanda de pré-tratamento e energia; requisitos de pós-tratamento; e volume de resíduos potencialmente grande (menor recuperação de água) e que requer descarte. O alto custo do descarte de locais do interior pode também resultar em um tratamento proibitivo para a osmose reversa.

5.5.2.3 Troca iônica

O método de troca iônica convencional consiste na utilização de uma resina aniônica fortemente básica. A água bruta passa pelo pré-tratamento para a remoção dos sólidos em suspensão e para impedir outros constituintes capazes de se incrustar posteriormente na resina. Então, o fluxo carregado de nitrato penetra no vaso de troca iônica e, ao entrar em contato com a resina, são removidos os ânions presentes, incluindo os nitratos.

Entre as vantagens do processo de troca iônica estão: a remoção de múltiplos contaminantes; a remoção seletiva de nitratos; a viabilidade financeira; o uso em pequenos e grandes sistemas; e a capacidade de automatização. Entre as desvantagens estão: o dispendioso descarte de salmoura residual; o potencial despejo de nitrato e a incrustação de resina; a possível necessidade de ajuste de pH e alcalinidade; a eventual geração de resíduos perigosos (ou seja, salmoura com traços de arsênio e crômio, por exemplo); e o possível custo para *downstream* associado com a adição de sal em determinada bacia de água.

5.5.2.4 Eletrodiálise

Na eletrodiálise, a remoção de nitrato é feita por meio da passagem de uma corrente elétrica através de uma série ou pilha de membranas de troca de ânions e cátions, resultando no movimento de íons da solução de alimentação para um fluxo de resíduos concentrado.

Na eletrodiálise reversa, a polaridade do sistema (e a direção do fluxo da solução) pode ser revertida várias vezes por hora, minimizando as incrustações e, consequentemente, a necessidade de adição de produtos químicos.

As vantagens dos sistemas de eletrodiálise/eletrodiálise reversa englobam: baixo uso de produtos químicos; membranas duradouras; remoção seletiva de espécies-alvo; flexibilidade na taxa de remoção (mediante o controle de tensão); boa recuperação de água; automação viável; e remoção de múltiplos contaminantes. A reversão de corrente oferece vantagens adicionais, aprimorando o desempenho do sistema, reduzindo formações de lodo nas superfícies da membrana, bem como problemas associados ao uso de produtos químicos e limpeza dos eletrodos.

As desvantagens dos sistemas eletrodiálise/eletrodiálise reversa incluem: a possível necessidade de pré-tratamento para evitar incrustação da membrana; requisitos de pós-tratamento; descarte de resíduos; alta demanda de manutenção; custos (comparáveis aos sistemas de osmose reversa); necessidade de ventilação de subprodutos gasosos; e alta complexidade do sistema. Além disso, diferentemente da osmose reversa, a eletrodiálise não remove constituintes não carregados da água.

5.5.2.5 Desnitrificação biológica

A aplicação de desnitrificação biológica ao tratamento de água potável utiliza bactérias desnitrificantes para reduzir o nitrato a gás nitrogênio inócuo na ausência de oxigênio. Em contraste com os processos de separação por osmose inversa, troca iônica e eletrodiálise/eletrodiálise reversa, o nitrato é reduzido e, portanto, removido do sistema, em vez de simplesmente ser deslocado para um fluxo de resíduos concentrado.

As bactérias desnitrificadoras requerem um doador de elétrons (substrato) para a redução de nitrato em nitrogênio gasoso. No tratamento convencional de águas residuais, a adição de substrato geralmente não é necessária, porque elas dispõem de carbono suficiente para a desnitrificação. No entanto, a adição de substrato é necessária para a desnitrificação biológica de água potável.

Apesar de um dos objetivos principais do tratamento de água potável ser diminuir o carbono dissolvido na água para minimizar o crescimento de microrganismos e a produção de subprodutos desinfetantes, a composição da água de alimentação pode precisar ser expandida com a adição de nutrientes fundamentais para o crescimento celular. As bactérias autotróficas utilizam enxofre ou hidrogênio gasoso (H_2) como doador de elétrons e carbono inorgânico (normalmente CO_2) como fonte de carbono para o crescimento celular; já as bactérias heterotróficas consomem um substrato orgânico de carbono, como metanol, etanol ou acetato.

Cabe ressaltar que nem todo o nitrogênio é convertido em gás nitrogênio. Parte desse elemento é necessária para o crescimento celular, e a dose para isso varia conforme o substrato empregado.

Muitas espécies bacterianas podem ser utilizadas para a desnitrificação biológica, como *Thiobacillus denitrificans, Micrococcus denitrificans, Pseudomonas maltophilia* e *Pseudomonas putrefaciens*.

As vantagens da utilização de desnitrificação biológica para remoção de nitrato da água potável incluem: alta recuperação de água; redução de nitrato em vez de remoção para um fluxo de resíduos concentrado; pouco desperdício de lodo; operação mais barata; operação química limitada; remoção de múltiplos contaminantes; e maior sustentabilidade.

As desvantagens envolvem: requisitos de pós-tratamento para a remoção de biomassa e orgânicos dissolvidos; grandes custos de capital; sensibilidade potencial às condições ambientais (embora testes-piloto recentes indiquem projetos mais novos e robustos); potencial de desnitrificação incompleta; requisitos de estudo-piloto; e inicialização lenta.

5.5.2.6 Desnitrificação química

A desnitrificação química pode ser realizada com a redução do nitrato por metais como alumínio e ferro (Fe^0 e Fe^{2+}); em tal processo, o cobre, o paládio e o ródio podem ser usados como catalisadores da reação.

A desnitrificação química, assim como a biológica, também tem a vantagem de o nitrato não ser simplesmente deslocado para um fluxo de resíduos concentrado que requer descarte. Em vez disso, ele é convertido em outras espécies de nitrogênio. Entre os problemas da desnitrificação química da água potável, estão a redução de nitrato em amônio em vez de gás nitrogênio, a desnitrificação incompleta e a remoção insuficiente de nitrato (o nitrito pode ser convertido em nitrato com o uso de cloro na desinfecção).

5.5.2.7 Deionização capacitiva

Existe ainda uma tecnologia emergente de dessalinização de água chamada de *deionização capacitiva*, com a qual os íons de carga oposta são absorvidos em um eletrodo de carbono poroso carregado eletricamente (geralmente com um potencial abaixo de 1,5 V). Durante o tratamento, a água flui entre os pares de eletrodos de superfície porosa, os quais, em razão da aplicação de voltagem, produzem um campo elétrico. O controle do mecanismo de separação é a força de atração eletrostática entre as espécies iônicas no soluto e os eletrodos carregados. Os eletrodos negativos atraem íons carregados positivamente, como cálcio, magnésio e sódio. Por outro lado, os eletrodos positivos atraem íons carregados negativamente, como cloreto, nitrato e sulfato, produzindo água deionizada. Uma vez saturados com sais ou impurezas, os eletrodos são regenerados, eliminando o campo elétrico. Os íons adsorvidos são dessorvidos da superfície dos eletrodos e liberados em uma corrente regenerante concentrada relativamente pequena.

Como vantagens, podemos citar: a regeneração conveniente de eletrodos; a possibilidade de recuperar parte da energia empregada durante a sorção de íons; o baixo consumo de energia; e a não formação de poluentes durante a operação.

Contudo, sendo ainda uma tecnologia emergente, grande parte das pesquisas de deionização capacitiva tem explorado as aplicações com a utilização de águas de alimentação com componentes simples sintetizados em laboratório com água deionizada. Substâncias orgânicas (incluindo matéria orgânica natural) e certos íons (por exemplo, íons de arnês, íons bicarbonato) abundantes em águas reais podem ter influência negativa no desempenho da operação em virtude da ocorrência de incrustações na superfície do eletrodo, além dos efeitos competitivos. Mais pesquisas precisam ser conduzidas para aplicações com condições reais da água, como águas superficiais, subterrâneas e águas residuais. A combinação sinérgica da deionização capacitiva com pré-processamento adicional para minimizar esses efeitos também precisa ser explorada.

Síntese

- Os agroquímicos são produtos e agentes de processos físicos, químicos ou biológicos utilizados com a finalidade de proteger a flora ou a fauna da ação danosa de seres vivos nocivos. Compreendem as substâncias e os produtos empregados como desfolhantes, dessecantes, estimuladores e inibidores de crescimento.

- Os termos *agroquímico*, *defensivo agrícola*, *agrotóxico*, *pesticida*, *praguicida* e *biocida* referem-se ao mesmo tipo de produto.
- De acordo com a finalidade, os agrotóxicos podem ser classificados em acaricidas, fungicidas, herbicidas, inseticidas, raticidas, rodenticidas, nematicidas e molusquicidas.
- Os agrotóxicos também podem ser categorizados segundo: sua toxicidade aos seres humanos (em faixas de DL_{50}); sua periculosidade ambiental; o registro de propriedade industrial.
- Embora em algumas regiões não se produzam ou apliquem agrotóxicos, isso não significa que estes não estejam lá presentes; mediante ciclo hidrológico, os pesticidas utilizados na agricultura podem evaporar, infiltrar-se no solo ou fluir para os rios e serem transportados por longas distâncias.
- O destino dos agrotóxicos é determinado por processos de retenção, transformação, transporte e pela interação desses processos.
- O uso excessivo de agrotóxicos pode culminar na eutrofização, caracterizada pelo enriquecimento de nutrientes na água, favorecendo a proliferação excessiva de algas e plantas aquáticas. Com isso, pode haver uma contenção da penetração de luz na água e um crescimento exagerado de plantas aquáticas, as quais, ao se decomporem, reduzem o oxigênio dissolvido e, consequentemente, provocam a mortalidade de peixes e outras espécies.
- A qualidade da água é avaliada por suas características físicas (temperatura, sabor e odor, cor, turbidez, sólidos totais dissolvidos, condutividade elétrica), químicas (pH, alcalinidade,

acidez, dureza, oxigênio dissolvido, demanda química e bioquímica de oxigênio, série nitrogenada, ferro, manganês, fósforo, micropoluentes), biológicas (microrganismos de importância sanitária, bactérias coliformes, comunidades hidrobiológicas) e radioativas.

- O limite máximo de cada agrotóxico na água potável é apresentado na Portaria n. 1.469/2000.
- Os fertilizantes são adubos químicos de natureza orgânica ou mineral adotados pela agricultura para propiciar aumento da produtividade das culturas e manutenção da fertilidade dos solos.
- Os fertilizantes têm-se apresentado como alternativa para o destino do lodo de esgoto.
- Os fatores que determinam a quantidade de lodo a ser aplicada são o conteúdo de nitrogênio mineral e orgânico desse lodo, sua taxa de mineralização e a demanda de nitrogênio das culturas.
- Segundo a OMS, o limite seguro da concentração de nitrato na água potável é de 50 mg/L.
- A remoção de nitrato da água não é possível pelos sistemas de tratamento convencionais. A purificação exige processos como destilação, osmose reversa, troca iônica, eletrodiálise/eletrodiálise reversa, desnitrificação biológica e desnitrificação química.

Atividades de autoavaliação

1. Sobre os agroquímicos, marque a alternativa **incorreta**:
   a) São produtos e agentes de processos físicos, químicos ou biológicos.
   b) São destinados ao uso nos setores de produção, no armazenamento e beneficiamento de produtos agrícolas, nas pastagens, na proteção de florestas e de outros ecossistemas e de ambientes urbanos, hídricos e industriais.
   c) Podem ser utilizados para alterar a composição da flora ou da fauna para preservá-las da ação danosa de seres vivos considerados nocivos.
   d) Defensivos agrícolas, pesticidas, praguicidas e biocidas não são agroquímicos.
   e) De acordo com a finalidade, os agrotóxicos podem ser classificados como acaricidas, fungicidas, herbicidas, inseticidas, raticidas, entre outros.

2. Sobre o destino dos agrotóxicos, marque a alternativa **incorreta**:
   a) Embora em algumas regiões não se produzam e apliquem agrotóxicos, isso não significa que estes não estejam lá presentes.
   b) Por meio do ciclo hidrológico, os pesticidas utilizados na agricultura podem evaporar, infiltrar-se no solo ou fluir para os rios e serem transportados por longas distâncias.
   c) O destino dos agrotóxicos é determinado por processos de retenção, transformação, transporte e pela interação desses processos.

d) Os processos de transporte envolvem deriva, volatilização, lixiviação e carreamento superficial.

e) O destino dos agrotóxicos no meio ambiente independe das condições meteorológicas, da composição microbiológica do solo, da presença ou ausência de plantas e das práticas de manejo dos solos.

3. A eutrofização é um fenômeno caracterizado pelo enriquecimento de nutrientes na água, favorecendo a proliferação excessiva de algas e plantas aquáticas. Qual das alternativas seguintes **não** representa um efeito desse fenômeno em lagos, reservatórios, rios e costa do oceano?
   a) Aumento na diversidade de espécies.
   b) Diminuição da transparência da água.
   c) Problemas de sabor, odor e tratamento no abastecimento de água potável.
   d) Aumento na incidência de mortes de peixes.
   e) Perda de comunidades de recifes de corais.

4. Sobre a qualidade da água, analise cada uma das afirmativas a seguir:
   I. A qualidade da água tem caráter dinâmico nos corpos d´água.
   II. Os padrões físico-químicos, microbiológicos e de radioatividade para a água potável são estabelecidos pela Portaria n. 1.469/2000.
   III. Não existe valor máximo permitido de agrotóxicos na água potável.

IV. Nas estações de tratamento de água, analisa-se rotineiramente a ocorrência de cada microrganismo patogênico na amostra coletada.

V. São indicadores químicos da água: o pH, a alcalinidade, a acidez, a dureza, o oxigênio dissolvido, as demandas química e bioquímica de oxigênio, a série nitrogenada, o ferro e o manganês, o fósforo, os micropoluentes e os microrganismos patogênicos.

Com base na análise do que foi exposto, estão corretos os itens:

a) I, II e IV, apenas.
b) I e II, apenas.
c) I, II, IV e V, apenas.
d) I, II e V, apenas.
e) I, II, III, IV e V.

5. Sobre os fertilizantes e a utilização deles como alternativa para a reciclagem agrícola do lodo de estações de tratamento de esgoto, analise cada uma das afirmativas seguintes.

I. Os fertilizantes são adubos químicos de natureza orgânica ou mineral.

II. Os fertilizantes são utilizados na agricultura para propiciar um aumento na produtividade das culturas e a manutenção da fertilidade dos solos.

III. Pelo fato de o lodo que se acumula no tratamento de esgoto ser rico em matéria orgânica, o reaproveitamento dele como fertilizante pode ser uma alternativa eficiente e viável economicamente para eliminação dele nas estações.

IV. O lodo das estações de esgoto contém microrganismos patogênicos, metais pesados e micropoluentes orgânicos, razão pela qual sua reutilização na agricultura é regida por normas de aplicação.

V. Os fatores que determinam a quantidade de lodo a ser aplicado são o conteúdo de nitrogênio mineral e orgânico desse lodo, sua taxa de mineralização e a demanda de nitrogênio das culturas.

Com base na análise do que foi exposto, é possível afirmar que estão corretos os itens:

a) I e II, apenas.
b) I, II e III, apenas.
c) I, II, III e IV, apenas.
d) III, IV e V, apenas.
e) I, II, III, IV e V.

Atividades de aprendizagem

Questões para reflexão

1. Considerando os benefícios dos agroquímicos para a agricultura e seus malefícios para a saúde humana, qual é sua opinião sobre o uso dos agrotóxicos?

2. Considerando as vantagens e desvantagens de cada processo de tratamento da água para remoção de nitrato, qual deles você escolheria? Justifique.

Atividade aplicada: prática

1. Pesquise e faça um *ranking* dos 10 alimentos mais contaminados pelo uso de agrotóxicos no Brasil.

Capítulo 6

Saúde alimentar e educação

Na tendência pedagógica tradicional, o professor é visto como o único responsável por conduzir o processo educativo, havendo, nesse contexto, o predomínio da exposição oral da matéria e a ênfase à repetição de exercícios para garantir a memorização dos conteúdos, os quais, por sua vez, não estão relacionados ao cotidiano e às realidades sociais do aluno. As exigências da sociedade atual, entretanto, fizeram nascer uma preocupação com a formação cidadã dos educandos, assim como com a busca pela atribuição de significado ao conhecimento escolar. Nesse sentido, muitos pesquisadores recomendam uma abordagem em que o ensino de conhecimentos escolares fundamente-se em temas geradores ligados a situações reais.

Por isso, neste capítulo, apresentaremos a temática dos alimentos como forma de contextualização dos conteúdos científicos e aliada para o desenvolvimento da consciência cidadã dos educandos. Nas duas primeiras seções, abordaremos esse tema como estratégia de problematização dos conteúdos de química e bioquímica, respectivamente. Na terceira seção, explanaremos o que é a educação alimentar e nutricional e o resultado de suas ações. E, por fim, na derradeira seção, versaremos sobre os alimentos funcionais como opção para o aprendizado dos conteúdos e conceitos de química.

Ao longo da discussão, você, leitor, poderá conhecer ou rever certos conceitos ainda não discutidos neste livro. Você também terá acesso a relatos de experiências de sucesso com o ensino contextualizado. Ainda, ofereceremos muitas dicas e ideias para que desenvolva em sala de aula como educador dos ensinos fundamental e médio e da educação de jovens e adultos.

6.1 Temática dos alimentos na abordagem dos conceitos químicos

A temática dos alimentos, que envolve, por exemplo, a composição química e a energia dos alimentos, seus processos de produção e industrialização, a utilização de aditivos químicos e as reações por que passam no organismo humano, contempla muitos conceitos da disciplina Química.

Os alimentos, na perspectiva da química, são constituídos principalmente pelos elementos de carbono, hidrogênio, oxigênio e nitrogênio, apesar de que, como demonstramos nos capítulos precedentes, também podem apresentar outros componentes em menores quantidades. Esses elementos formam os diferentes nutrientes presentes nos alimentos, os quais se diferem por estruturas, funções químicas específicas e propriedades físico-químicas, razão por que cada qual desempenha um papel no organismo humano.

Conforme abordamos com mais detalhes no Capítulo 1, os carboidratos são a fonte de energia para o corpo humano. As proteínas exercem várias funções biológicas, entre as quais as contráteis, estruturais do corpo, biocatalisadoras, hormonais, de transporte de oxigênio e ferro, de reserva e de proteção. Os lipídeos, além de armazenarem e produzirem energia, são isolantes térmicos naturais nos seres humanos. As vitaminas, por seu turno, são necessárias porque promovem o crescimento, mantêm a vida e a capacidade de reprodução.

Dada a importância dos alimentos para o funcionamento do organismo humano, esse tema de estudo aliado aos conceitos químicos pode não apenas levar estudantes do ensino médio a refletir acerca de seus hábitos alimentares sob a ótica da ciência, mas também contribuir para sua formação cidadã.

Conteúdos como funções inorgânicas, soluções, cinética química e funções orgânicas podem ser facilmente associados a essa temática. No Quadro 6.1, estão arrolados esses e outros conteúdos de Química concernentes ao referido assunto.

Quadro 6.1 – Conteúdos de Química contemplados pela temática dos alimentos conforme a série do ensino médio

Série	Conteúdos contemplados
1ª	☐ Substâncias simples e compostas. ☐ Misturas homogêneas e heterogêneas. ☐ Processos de separação e fracionamento das misturas homogêneas e heterogêneas. ☐ Fenômenos físicos e químicos. ☐ Átomos, moléculas e íons. ☐ Elementos da Tabela Periódica. ☐ Ligações químicas interatômicas e intermoleculares. ☐ Tipos de reações químicas. ☐ Funções inorgânicas (ácido, base de Arrhenius, sal e óxido).

(continua)

(Quadro 6.1 – conclusão)

Série	Conteúdos contemplados
2ª	<ul><li>Estequiometria.</li><li>Soluções, classificação quanto ao estado físico, à natureza das partículas dispersas, à proporção entre soluto e solvente. Concentração das soluções: porcentagem e concentração g/L e mol/L.</li><li>Termoquímica, reações endotérmicas e exotérmicas, calor de reação: formação, combustão e energia de ligação.</li><li>Cinética química, fatores que influenciam na velocidade das reações: energia de ativação, temperatura, concentração, pressão, superfície de contato e catalisadores.</li></ul>
3ª	<ul><li>Funções orgânicas.</li><li>Isomeria: isomeria plana (função e posição) e isomeria espacial (geométrica e óptica).</li><li>Reações orgânicas.</li><li>Carboidratos, aminoácidos, proteínas e lipídeos.</li></ul>

Fonte: Pazinato, 2012, p. 30-31.

A seguir, apresentaremos o recorte de um trabalho sobre a aprendizagem de ligações químicas contextualizada com discussões sobre a fome e a alimentação, empregando como recurso didático um jogo que aborda os tipos de ligações presentes em certos alimentos.

6.1.1 Sequência didática focada na aprendizagem dos conteúdos sobre ligações químicas e associada ao tema da alimentação

Prata e Silva (2018) propuseram uma sequência didática focada na aprendizagem das ligações químicas associadas ao tema sociocientífico alimentação para 30 educandos de uma turma do módulo II da nova educação de jovens e adultos em uma escola estadual da cidade do Rio de Janeiro. Para isso, os pesquisadores buscaram promover reflexões críticas e sociocientíficas sobre as relações entre ciência, tecnologia e sociedade.

As atividades pedagógicas foram realizadas em 12 aulas de 50 minutos cada, para englobar as cinco etapas da sequência pedagógica, que incluiu:

1. apresentação do conceito de ligações químicas, de suas propriedades e aplicações, bem como revisão dos tópicos expostos;
2. aula expositiva dialogada, com exibição de um vídeo, discussões sobre a questão da fome no Brasil e produção de um texto dissertativo-argumentativo;
3. aula expositiva dialogada sobre a gastronomia molecular, com discussão, exibição de um vídeo, e consideração de suas implicações sociais;

4. revisão do conteúdo abordado mediante um jogo sobre o assunto ligações químicas e avaliação da percepção dos educandos sobre a atividade por meio de um questionário baseado na escala de Likert (escala de cinco pontos);
5. avaliação da proposta por meio da aplicação de prova bimestral.

O jogo de tabuleiro elaborado foi denominado *A trilha das ligações químicas*. Para cada equipe, formada por quatro ou cinco alunos, segundo ordem predeterminada, foi apresentada (em *datashow*) uma pergunta com quatro opções de resposta). Se a equipe acertasse a pergunta, poderia avançar as casas com seu pino no tabuleiro. A equipe ganhadora seria a que primeiramente chegasse com o pino ao final da trilha do jogo. Nessa proposta, as perguntas de ligações químicas envolviam os diferentes tipos de interações interatômicas e intermoleculares discutidas anteriormente durante as aulas.

A atividade lúdica do jogo significou muitas vantagens: o conhecimento construído por meio do diálogo entre os alunos e entre eles e o professor mediador; a possibilidade de o professor realizar uma avaliação diagnóstica dos conteúdos abordados; um alto índice de satisfação dos alunos em realizar a atividade; o aumento da vontade de estudar química; e a contribuição para a aprendizagem sobre ligações químicas e sua relação com os alimentos.

Ademais, de acordo com os autores, os resultados da avaliação dos conteúdos abordados nos textos argumentativos demonstraram que os alunos entenderam as análises críticas coordenadas durante o debate sobre os conceitos de fome e subnutrição, das implicações disso para o processo de elaboração de política públicas no Brasil, bem como dos papéis e das obrigações do Estado, que podem ser monitorados por diferentes atores sociais.

6.2 Bioquímica dos alimentos

A bioquímica é uma área de estudos cuja base são as ciências químicas e biológicas e visa esclarecer como as moléculas desprovidas de vida conseguem interagir entre si e perpetuar a vida como a conhecemos.

Todavia, no ensino médio, o tratamento dos conceitos e conteúdos de bioquímica enfrenta diversas dificuldades. Primeiramente, porque ela é considerada uma área de estudos complexa, que correlaciona conceitos químicos e processos biológicos intrincados. Sendo assim, ela representa um desafio para o professor, uma vez que os alunos precisam dominar conteúdos com os quais ainda não estão familiarizados no início do ensino médio. Outra dificuldade é o fato de essa área exigir prática constante de abstração e imaginação para descrever os fenômenos que acontecem em nível molecular. Logo, esses fenômenos são difíceis de serem esclarecidos somente com o auxílio da lousa. E, por fim, grande parte dos livros didáticos repassa os temas de bioquímica de maneira superficial e, geralmente, o faz nos últimos capítulos, o que leva muitos professores a nem chegarem a ministrar aulas sobre tais assuntos. Ainda sobre os materiais didáticos, cabe destacar que poucas obras adotam uma abordagem problematizadora da bioquímica com o cotidiano.

Mesmo sendo uma área interdisciplinar desafiadora, o que queremos demonstrar neste capítulo é que sua ligação com a vida a torna um eixo temático rico e promissor para ser contemplado de maneira contextualizada. Como exemplo, apresentaremos uma proposta de sequência didática para o tema bioquímica dos alimentos, que pode servir de modelo ou inspiração para o educador tornar o aprendizado dos alunos mais significativo.

6.2.1 Bioquímica dos alimentos como proposta de ensino de Química no ensino médio

Wagner, Fioresi e Peres (2018) desenvolveram uma proposta de ensino com foco na bioquímica dos alimentos para alunos do 3º ano do ensino médio de uma escola da rede pública de ensino, para qual se valeram de inúmeros recursos didáticos e metodológicos.

Antes do início das atividades, a equipe propôs apenas uma observação com o intuito de compreender as peculiaridades da turma. Em seguida, as atividades são separadas e realizadas em sete etapas, que comentaremos resumidamente na sequência – caso deseje conhecer mais detalhes da proposta, poderá encontrá-los no trabalho de Wagner, Fioresi e Peres (2018).

1. A primeira etapa tem início com uma explicação e um diálogo com os alunos a respeito de como a temática será trabalhada em sala de aula, atrelada à exibição de um vídeo que contempla uma breve discussão sobre lipídeos, ácidos nucleicos, carboidratos e proteínas. Ainda, os alunos escrevem o que entenderam do vídeo e quais são suas expectativas para os próximos encontros. Em seguida, o conteúdo dos compostos bioquímicos é explicado, assim como os principais álcoois graxos, para que os educandos entendam o processo de emulsão nos alimentos, suas propriedades e suas aplicações em produtos consumidos por eles mesmos, fomentando a reflexão sobre o que ocorre em nosso organismo para a síntese desses compostos. Por fim, uma discussão contextualizada sobre óleos e gorduras é coordenada.
2. A segunda etapa começa com a retomada dos assuntos vistos na primeira e é seguida por uma conversa norteada pelas seguintes questões: "Qual é o papel dos aditivos nos alimentos?", "Eles são benéficos à saúde humana?". Então, estudam-se estes aditivos: corantes, espessantes, aromatizantes, acidulantes, edulcorantes, conservantes, antioxidantes, sequestrantes e estabilizantes. Como a proposta de Wagner, Fioresi e Peres (2018) destina-se ao município de Capanema-PR, nesse momento, sua ideia era, nesse ponto, contextualizar o assunto por meio da discussão sobre a lecitina de soja orgânica produzida no referido município. No segundo momento, explica-se bioquimicamente como os nutrientes são transportados no corpo humano, assim como se questiona quais são os

alimentos mais ricos em lipídeos e como saber até que ponto são benéficos à saúde. Ainda nessa etapa, são indicadas duas subatividades aos alunos: (i) escolher um assunto descrito numa revista científica voltada para a temática alimentação, para argumentar, colaborar e avaliar o trabalho dos demais colegas, problematizando e apresentando soluções para cada problemática evocada; (ii) participar de uma aula experimental de fabricação de sabão para pensar as possíveis aplicações e o aproveitamento do óleo ou da gordura domésticos provenientes do preparo das refeições.

3. A terceira etapa parte do debate norteado pelas perguntas: "O que você entende por esteroides, colesterol HDL e LDL e hormônios sexuais?", "Você sabe diferenciar cada um deles?". Em seguida, apresenta-se a estrutura básica de um esteroide em nível molecular e atômico, bem como o colesterol "bom" (HDL) e o colesterol "ruim" (LDL). Os alunos então fazem pesquisas individuais, em fontes seguras, sobre quais alimentos apresentam altos índices de colesterol LDL e quais deles podem ser substituídos por outros alimentos com taxas de HDL alto. Posteriormente, discutem-se assuntos relacionados aos hormônios sexuais, a relação entre a química e a biologia nesse contexto, e o papel de esteroides anabolizantes no organismo vivo. Para aprofundar esses conhecimentos, examinam-se questões de vestibulares e do Exame Nacional do Ensino Médio (Enem) a eles concernentes.

4. Na quarta etapa, busca-se a compreensão dos carboidratos e de suas fontes, da absorção deles pelo organismo, dos prejuízos das dietas com restrição de carboidratos e da

importância dos carboidratos numa alimentação saudável e balanceada. Na sequência, propõem-se a construção de um mapa conceitual sobre o índice glicêmico no organismo humano e uma investigação dos produtos com baixo, médio e alto índices glicêmicos. Em seguida, ensinam-se as propriedades dos oligossacarídeos e polissacarídeos, exemplificando-as com o processo de produção do melado. Ao final, separa-se a turma em dois grupos para que cada um elabore uma paródia musical sobre o tema proposto na aula.

5. A quinta etapa corresponde a uma aula experimental em laboratório para identificar qualitativamente a presença de carboidratos em uma amostra de alimentos e, depois, redigir um relatório da prática.
6. Na sexta etapa, estudam-se assuntos relacionados aos aminoácidos e às proteínas, bem como a influência da melanina na coloração da pele. No final, cada aluno escreve uma resenha sobre o que aprendeu até o momento.
7. Na sétima e última etapa, realiza-se uma atividade experimental ligada à caracterização da proteína do leite. Por fim, aplica-se um teste para averiguar como os alunos entenderam o assunto proposto em sala de aula.

Como pudemos observar, essa proposta de ensino fez uso de diversas linguagens (música, experimentação, revistas, vídeos etc.) para tornar o aprendizado da Química no ensino médio mais significativo. Além disso, visou construir um senso crítico, reflexivo e argumentativo nos alunos.

6.3 Educação alimentar e nutricional

A Educação Alimentar e Nutricional (EAN) é uma diretriz da Política Nacional de Segurança Alimentar e Nutricional (PNSAN) – estabelecida pelo Decreto n. 7.272, de 25 de agosto de 2010 (Brasil, 2010), cujo objetivo é promover hábitos alimentares saudáveis. Um avanço das ações da EAN no Brasil, no âmbito das políticas públicas, foi o lançamento, em 2012, do Marco de Referência de EAN, que apresenta nove princípios norteadores de ações que promovam escolhas alimentares adequadas e saudáveis em diversos setores e cenários (Brasil, 2012b).

Em 1955, foi criado o Programa Nacional de Educação Escolar (Pnae), que foi reformulado ao longo dos anos e visa, entre outros objetivos, contribuir para a adoção de hábitos alimentares saudáveis pelos educandos, por meio de ações de educação alimentar e nutricional. De acordo com a Lei n. 11.947, de 16 de junho de 2009, a educação alimentar e nutricional deve perpassar o processo de ensino e aprendizagem (Brasil, 2009a).

Os recursos educacionais para que os educandos se alimentem melhor precisam ser problematizadores, ou seja, lidar com os problemas reais que os afligem, com aquilo de que eles gostam ou não gostam; com o que eles sabem que é bom e com aquilo a que estão habituados. É importante, nesse sentido, proporcionar-lhes diálogos condizentes com as realidades local e social, para que participem ativa e conscientemente e tornem-se cidadãos críticos, conquistando bem-estar individual e coletivo.

Como metodologias ativas aplicáveis nesse processo, podemos citar a aula dialogada; a realização de exposição de painéis, oficinas, simpósios e seminários; a confecção de portfólios; a dinâmica de grupo *brainstorming* (tempestade de ideias); os mapas conceituais, os estudos de caso; a solução de problemas; e o ensino com pesquisa. Essas metodologias, evidentemente, devem ser escolhidas conforme a modalidade ou o nível de ensino. Cabe ressaltar, porém, que as atividades lúdicas, ou seja, aquelas executadas para o prazer ou a diversão, têm-se mostrado efetivas na ampliação do conhecimento dos educandos sobre alimentos e nutrição.

A seguir, descreveremos duas ações de educação alimentar, uma no ensino médio e outra no ensino fundamental, que podem servir de referência a docentes.

6.3.1 Relato de uma experiência com educandos do ensino fundamental

Prado et al. (2016) relataram ações de educação alimentar e nutricional realizadas, de março a junho de 2010, com 49 educandos de 8 a 14 anos e matriculados no 5º ano do ensino fundamental. A intervenção comunitária consistiu em 11 encontros de EAN realizados em uma escola pública estadual na área urbana do município de Cuiabá, no Mato Grosso, com duração de 60 minutos cada.

O tema principal da intervenção foi alimentação saudável. A equipe de trabalho deu ênfase à redução do consumo de alimentos considerados pouco saudáveis (entre os quais: doces, refrigerantes e frituras) e ao incentivo para o consumo de frutas, hortaliças e merenda escolar no lugar dos lanches pouco saudáveis oferecidos pelas cantinas, pelos pontos de venda próximos à escola e levados de casa pelos estudantes.

Antes do início dos encontros na escola, foi realizado um diagnóstico, por meio de questionários, das variáveis sociodemográficas (sexo, idade e renda mensal *per capita*) da população estudada, do estado nutricional (pelo Índice de Massa Corporal – IMC) dos escolares e do consumo de alimentos na merenda escolar, cantina escolar, venda perto da escola e alimentos levados de casa.

A metodologia da EAN envolveu aulas expositivas e dialogadas, com atividades lúdicas (jogos e brincadeiras) correspondentes ao tema de cada encontro. Como material de apoio pedagógico, foram utilizados pôsteres, vídeos, jogos e atividades de recorte e colagem, todos selecionados ou desenvolvidos pela pesquisadora principal. Apesar disso, os autores acreditam que a confecção dos jogos pelos próprios educandos pode favorecer a maior interação destes com o tema proposto. Eles também indicam a realização de outros métodos de ensino, como oficinas culinárias, cultivo de horta escolar e paródias.

No início de cada encontro, de forma interativa com os estudantes, os pesquisadores buscaram resgatar conceitos anteriormente abordados e aqueles que foram surgindo ao longo dos encontros.

No Quadro 6.2, estão listados os temas e os conteúdos programáticos estudados e as atividades realizadas em cada encontro das ações de EAN de Prado et al. (2016).

Quadro 6.2 – Temas, conteúdos e atividades trabalhados nos encontros de EAN numa escola pública estadual de Cuiabá (MT)

Temas	Conteúdo programático	Atividades
Pirâmide alimentar	☐ Importância da pirâmide alimentar; ☐ Identificação e importância dos grupos alimentares (carboidratos, óleos e gorduras, açúcares, hortaliças, frutas, leguminosas, leite e derivados e carnes e ovos); ☐ Quantidade de calorias e porções recomendadas para cada grupo.	☐ Recorte e colagem da pirâmide alimentar
Cereais, tubérculos, pães e raízes	☐ Importância de cereais, tubérculos, pães e raízes; ☐ Carboidratos e sua importância; ☐ Fontes alimentares; ☐ Quantidade de calorias e porções recomendadas segundo o *Guia Alimentar para a População Brasileira*.	☐ Jogo da caça aos carboidratos.

(continua)

(Quadro 6.2 - continuação)

Temas	Conteúdo programático	Atividades
Hortaliças	◻ Importância do grupo alimentar hortaliças. ◻ Vitaminas e minerais e sua importância. ◻ Fontes alimentares. ◻ Quantidade de calorias e porções recomendadas segundo o *Guia Alimentar para a População Brasileira*.	◻ Jogo da memória das hortaliças.
Frutas	◻ Importância das frutas. ◻ Vitaminas e minerais e sua importância. ◻ Fontes alimentares. ◻ Quantidade de calorias e porções recomendadas segundo o *Guia Alimentar para a População Brasileira*.	◻ Jogo de dominó das frutas.
Leite e produtos lácteos	◻ Importância do leite e produtos lácteos. ◻ Cálcio e sua importância. ◻ Fontes alimentares. ◻ Quantidade de calorias e porções recomendadas segundo o *Guia Alimentar para a População Brasileira*.	◻ Jogo de boliche dos leites e produtos lácteos.

(Quadro 6.2 – continuação)

Temas	Conteúdo programático	Atividades
Carnes e ovos	☐ Importância de carnes e ovos. ☐ Proteínas e sua importância. ☐ Fontes alimentares. ☐ Quantidade de calorias e porções recomendadas segundo o *Guia Alimentar para a População Brasileira*.	☐ Jogo prato de carnes.
Leguminosas	☐ Importância das leguminosas. ☐ Ferro e sua importância. ☐ Fontes alimentares. ☐ Quantidade de calorias e porções recomendadas segundo o *Guia Alimentar para a População Brasileira*. ☐ Demonstração de 4 leguminosas (soja, ervilha, feijão e lentilha).	☐ Atividade de colagem de porções de leguminosas secas.
Óleos e gorduras	☐ Importância de óleos e gorduras. ☐ Gorduras e sua importância. ☐ Fontes alimentares. ☐ Quantidade de calorias e porções recomendadas segundo o *Guia Alimentar para a População Brasileira*.	☐ Teatro surpresa durante a exposição dialogada sobre o consumo de salgadinhos de pacote. ☐ Atividade de recorte e colagem dos alimentos ricos em óleos e gorduras.

(Quadro 6.2 – conclusão)

Temas	Conteúdo programático	Atividades
Açúcares e doces	☐ Importância de açúcares e doces. ☐ Fontes alimentares. ☐ Quantidade de calorias e porções recomendadas segundo o *Guia Alimentar para a População Brasileira*.	☐ Jogo da criança saudável.
Alimentação saudável	☐ Leis da alimentação. ☐ Como montar uma refeição saudável através da escolha de alimentos saudáveis. ☐ Importância de cada refeição. ☐ Sugestões de cardápio ideal para cada tipo de refeição. ☐ Importância do café da manhã.	☐ Jogo da alimentação saudável.
Vídeos sobre alimentação saudável	Vídeo de aproximadamente 25 minutos sobre os temas: ☐ Café da manhã. ☐ Leite e seus derivados. ☐ Como se faz o pão. ☐ Fruta. ☐ Conservando a água. ☐ De onde vem o sal? ☐ De onde vem o ovo? ☐ Conhecendo os alimentos. ☐ Obesidade infantil.	☐ Vídeos sobre alimentação saudável.

Fonte: Prado et al., 2016, p. 373-375.

Por meio de uma avaliação formativa, com utilização de questionários sobre o consumo de alimentos antes e após a intervenção, considerou-se que a atividade proposta cumpriu o objetivo. Observaram-se grande participação e interesse dos educandos pelos temas e pelas estratégias empregadas nas ações de EAN, e os estudantes obtiveram conhecimento sobre alimentação saudável, tendo sido sensibilizados a adotar hábitos mais benéficos para a saúde deles. Como resultado, houve aumento no consumo semanal de alimentos levados de casa para a escola, aumento da preferência por frutas e salada de frutas oferecidas pela merenda escolar e redução na compra de balas, pirulitos e chicletes da cantina escolar.

Apesar de todos esses resultados positivos, os autores ainda propuseram que ações efetivas e duradouras devam ser realizadas de maneira contínua e permanente, desde a primeira infância.

Por fim, outra sugestão dada pelos autores é que as EANs integrem o currículo escolar e sejam planejadas por uma equipe multiprofissional, incluindo um nutricionista. Ademais, os pesquisadores recomendam que professores, merendeiras, dirigentes escolares, donos de cantinas e outros profissionais da escola sejam capacitados para que até mesmo conversas informais e atitudes simples possam ser utilizadas como estratégias de EAN.

6.3.2 Relato de uma experiência com educandos do ensino médio

Albuquerque et al. (2012) realizaram um trabalho que teve por objetivo a reeducação alimentar dos educandos de um colégio na cidade de Arapiraca, em Alagoas, nas seguintes turmas do ensino médio: do 1º ao 3º ano em 2009; e 2º e 3º ano em 2010. Essa reeducação alimentar foi buscada por meio da redução do consumo de alimentos aditivados.

A avaliação dos resultados da pesquisa foi realizada por meio de questionários antes e depois da educação alimentar, conforme demonstrado no Quadro 6.3.

Quadro 6.3 – Questionários aplicados antes e depois
da intervenção de educação alimentar

Questionário 1 – Aplicado às turmas do 1º ao 3º ano do E. Médio do Colégio São Lucas, 2009.
1. O que você mais gosta de comer na hora do lanche tanto na escola como em casa?
2. Você costuma observar o valor nutricional de sua alimentação, bem como sua composição (ingredientes)? Se a resposta for afirmativa, justifique-a.
3. Você considera algum alimento, frequente em sua alimentação, prejudicial à sua saúde? Se a resposta for afirmativa, justifique-a.
4. Você arriscaria trocar a alimentação habitual para o bem de sua saúde?
5. Qual o alimento que talvez para você seja muito difícil deixar de consumir?
6. Você costuma alimentar-se quantas vezes durante o dia?
7. Qual a refelção que você considera mais importante?
( ) Café da manhã
( ) Almoço
( ) Jantar
( ) Todas
( ) Nenhuma, como na hora que quero
8. Em sua família há alguém com histórico de alergia a algum tipo de alimento?
9. O que você entende por alimentação natural?
10. Em casa, sua família:
( ) Não dá atenção para a alimentação
( ) Somente observa a alimentação de todos por conta da saúde e bem-estar
( ) Somente às vezes observa a alimentação de todos

(continua)

(Quadro 6.3 – conclusão)

Questionário 2 – Aplicado às turmas do 2° e 3° ano do E. Médio do Colégio São Lucas, 2010.
1. O que vocês acharam das aulas de aditivos químicos e, se houve importância, qual foi?
2. Melhorou algo na alimentação? Houve modificações?
3. Para vocês, como foi o café da manhã e sua importância?
4. Vocês conseguiram retirar a maior parte, diminuir, os aditivos químicos da alimentação?
5. Quais as dificuldades nessa modificação?
6. Há algum apoio familiar com relação a isso?

Fonte: Albuquerque et al., 2012. p. 54.

As atividades realizadas em sala de aula incluíram discussão do tema na forma de artigos e seminários, recolhimento e análise de rótulos, realização de lanche coletivo e apresentação dos educandos para a comunidade sobre a iniciativa de mudança de hábitos deles.

O assunto aditivos também foi introduzido para os educandos do 1° ano do ensino médio depois de o conteúdo ligações químicas ser ministrado. As estruturas químicas dos antioxidantes butil-hidroxitolueno (BHT) e butil-hidroxianisol (BHA), do metabólito carcinogênico nitrosamina (formado pela reação do conservante nitrito de sódio com a substância do trato digestivo), do corante amarelo tartrazina e do corante rosa-cereja eritrosina foram apresentadas, a fim de que os educandos analisassem os tipos de ligações estabelecidas nesses aditivos. Em seguida, os discentes foram ensinados sobre a função, a classificação e os exemplos de alimentos nos quais os aditivos são encontrados.

Para os educandos do 2º ano do ensino médio, no conteúdo de termoquímica, abordou-se o valor calórico mediante os rótulos dos alimentos pesquisados. Novamente, o assunto aditivos foi exposto.

No 3º ano, esse tema foi ministrado com maior profundidade, uma vez que os educandos dessa série já detinham um conhecimento mais avançado de química orgânica.

As respostas do Questionário 2 demonstraram que as aulas conscientizaram os estudantes e despertaram o desejo de aprender a respeito da alimentação e, além disso, 50% deles conseguiram aumentar o consumo de frutas e diminuir o de chocolates, macarrões instantâneos e refrigerantes.

6.4 Alimentos funcionais

A alimentação equilibrada em valor energético, teor de macronutrientes (proteínas, lipídeos e carboidratos) e de micronutrientes (vitaminas e minerais), adaptada às exigências de cada faixa etária, é essencial para promover a saúde humana. Hábitos alimentares inadequados, aliados a um estilo de vida sedentário (caracterizado pela falta de atividade física ou esportiva), constituem fatores agravantes para a saúde, e favorecem o desenvolvimento de obesidade.

A obesidade é uma doença crônica não transmissível caracterizada pela excessiva concentração de gordura corporal, que pode ser um fator de risco para outras complicações, como a diabetes *mellitus*, a hipertensão e as doenças cardiovasculares.

Dessa forma, evidencia-se a importância da alimentação não apenas para fornecer nutrientes necessários ao organismo, mas também para combater esses e outros tipos de doenças.

Os alimentos ou as bebidas cuja composição tem alguma substância ou componente bioativo capaz de reduzir o risco de doenças são conhecidos como *alimentos funcionais*. São exemplos de compostos ativos os carotenoides, os flavonoides, os ácidos graxos insaturados e as fibras alimentares.

Na legislação brasileira, não há uma definição para alimentos funcionais; entretanto, a Resolução do Ministério da Saúde n. 19, de 30 de abril de 1999 (Brasil, 1999b), aprova o regulamento técnico de procedimentos para registro de alimento com alegação de propriedades funcionais e/ou de saúde em sua rotulagem.

Nas próximas subseções, abordaremos a história dos alimentos funcionais, a definição de alimentos prebióticos, probióticos e simbióticos, as principais substâncias bioativas com seus respectivos benefícios para a saúde e os conceitos químicos relacionados a essa temática para o ensino de química.

6.4.1 Histórico dos alimentos funcionais

Na Antiguidade, gregos, egípcios e romanos já tinham algum conhecimento sobre o consumo de alimentos para a melhoria da saúde. E, apesar de ainda não se utilizar a denominação *funcionais*, chineses já utilizavam alimentos na prevenção e na cura de doenças.

Na contemporaneidade, na década de 1950, o pesquisador Ancel Keys desenvolveu a "hipótese lipídica" (Cañas; Braibante, 2019), que correlaciona uma dieta com alto teor de gordura (particularmente os ácidos graxos saturados) aos níveis séricos elevados de colesterol total e colesterol "ruim" e, por conseguinte, ao risco de doença cardiovascular.

Na sequência, entre as décadas de 1960 e 1970, emergiu a chamada *Revolução Verde*, caracterizada por um conjunto de estratégias e inovações tecnológicas, que teve como finalidade aumentar a produtividade com o desenvolvimento de pesquisas sobre sementes, fertilização de solos, utilização de agrotóxicos e mecanização agrícola. A consequente aplicação intensiva de produtos químicos despertou uma preocupação na população, nos governos e nas instituições de saúde.

Então, no início da década de 1980, no Japão, foi introduzido o conceito de alimentos funcionais. Em decorrência da melhoria da situação econômica do país após o fim da Segunda Guerra Mundial, a expectativa de vida da população aumentou consideravelmente. Como desdobramento dessa conjuntura, o significativo incremento das despesas com saúde fez o governo, a academia e a indústria de alimentos perceberem a necessidade de se buscar novos tipos de alimentos com efeitos positivos na saúde do consumidor, levando ao desenvolvimento dos alimentos Foshu (*foods for specified health use*, ou alimentos para uso específico de saúde).

A categoria japonesa Foshu foi estabelecida após ensaios clínicos e epidemiológicos, que demonstraram seus efeitos positivos, os quais devem ser constantemente avaliados, na prevenção de algumas doenças. Os alimentos dessa categoria também podem exibir em suas embalagens um logotipo característico, que é altamente reconhecido e valorizado pelos consumidores.

Nos Estados Unidos, por sua vez, a partir de 1993, permitiu-se a alegação de propriedades "que reduzem o risco de doenças". Todavia, uma declaração de benefício à saúde somente é autorizada na rotulagem de produtos regulamentados pela Food and Drug Administration (FDA), desde que exista evidência científica disponível ao público que demonstre a validade da relação descrita nessa declaração. As discussões também podem ser baseadas em "declarações oficiais" dos órgãos científicos federais, como os Institutos Nacionais de Saúde (em inglês, National Institutes of Health) e os Centros de Controle e Prevenção de Doenças (em inglês, Centres for Disease Control and Prevention), bem como a Academia Nacional de Ciências (em inglês, National Academy of Sciences).

No Brasil, em meados da década de 1990, com o intuito de seguir as novas tendências do mercado, os fabricantes de produtos alimentícios começaram a se interessar pelas propriedades funcionais dos alimentos. Contudo, foi somente em 1999, com a Portaria n. 398, de 30 de abril de 1999 (Brasil, 1999a), que foi aprovado o regulamento técnico com as diretrizes básicas para análise e comprovação de propriedades funcionais constantes em rotulagem de alimentos.

6.4.2 Compostos bioativos dos alimentos funcionais

Pelo fato de existir uma imensa variedade de compostos com propriedades funcionais, nesta subseção, selecionamos alguns deles para que possam ser explorados em sala de aula. O objetivo é relacionar esses compostos bioativos com os conteúdos de química orgânica e o cotidiano dos estudantes.

No Quadro 6.4, estão arrolados os compostos bioativos estudados neste capítulo, com seus respectivos benefícios à saúde e suas fontes alimentares.

Quadro 6.4 – Substâncias bioativas, seus benefícios à saúde e fontes alimentares

Substâncias bioativas	Benefício	Fonte
Carotenoides	Reduzir níveis de colesterol e risco de certos tipos de câncer, protegem contra a degeneração muscular e podem agir como antioxidantes	Tomate, derivados de goiaba vermelha, pimentão vermelho, melancia, folhas verdes, milho, mamão
Flavonoides	Possuir atividade antioxidante, vasodilatadora e anti-inflamatória	Soja, frutas cítricas, tomate, pimentão, alcachofra, cereja

(continua)

(Quadro 6.4 – conclusão)

Substâncias bioativas	Benefício	Fonte
Ácidos graxos ômega 3 e 6	Redução do LDL, anti-inflamatório, indispensável para desenvolvimento do cérebro e retina de recém-nascido	Peixes como sardinha, salmão, atum, anchova. Azeites vegetais: azeite de oliva. Sementes de linhaça e nozes.
Fibras	Reduzir risco de câncer de cólon, melhora a função intestinal	Cereais integrais: aveia, centeio, cevada, farelo de trigo. Leguminosas: soja, ervilha, feijão. Hortaliças: frutas com casca e talos
[...]		

Fonte: Cañas; Braibante, 2019, p. 218.

A seguir, descreveremos cada uma das substâncias bioativas mencionadas nesse quadro.

6.4.2.1 Carotenoides

Os carotenóides são compostos altamente pigmentados presentes nas frutas e em verduras com cores que variam de amarelo a vermelho. São compostos insaturados, lipossolúveis, cuja estrutura básica consiste em oito unidades de isopreno (Figura 6.1).

Figura 6.1 – Estrutura do isopreno

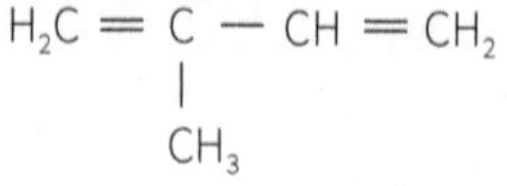

$$H_2C = C - CH = CH_2$$
$$|$$
$$CH_3$$

A partir da estrutura básica do licopeno (pigmento do tomate) (Figura 6.2), diferentes carotenoides podem ser obtidos por meio de reações de hidrogenação, ciclização, oxidação ou pela combinação destas.

Figura 6.2 – Estrutura do licopeno

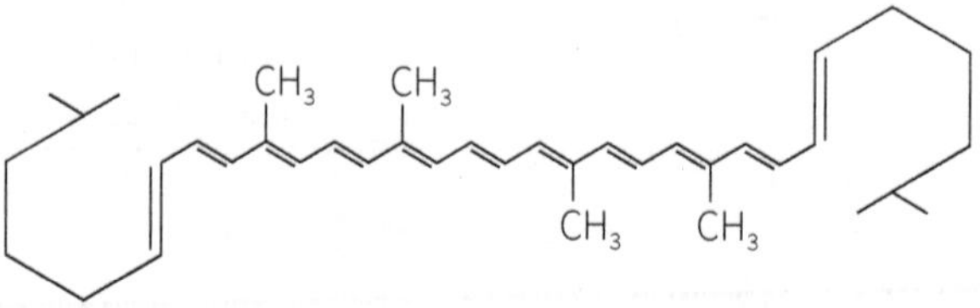

Embora já tenham sido identificados mais de 300 carotenoides, eles podem ser divididos em dois grupos: carotenos e xantofilas. Os carotenos são compostos de carbono e hidrogênio; e as xantofilas são obtidas pela oxidação dos carotenos, que podem conter os grupos hidroxila, carbonila, metoxila, carboxila, cetona e epóxi.

Figura 6.3 – Estrutura da β-ionona

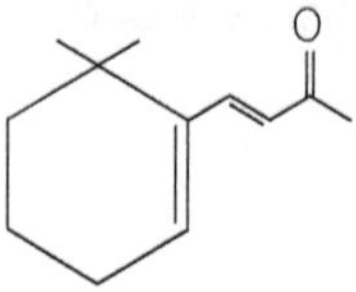

Alguns carotenoides, como o α, β e γ-caroteno, são conhecidos, conforme citamos, como *provitamina A* por serem precursores da vitamina A. Para apresentarem tal atividade, os carotenoides precisam ser derivados da β-ionona (Figura 6.3).

6.4.2.2 Flavonoides

Os flavonoides são uma classe de pigmentos encontrados somente em vegetais. São compostos heterocíclicos com oxigênio na molécula e podem ser subdivididos em antocianinas e outros flavonoides.

Dos efeitos dos flavonoides sobre os sistemas biológicos, podemos citar as capacidades antioxidante, anti-inflamatória, antimicrobiana, anti-hipertensiva, hipolipidêmica e antiviral.

As antocianinas têm cor que varia de vermelho intenso ao violeta e azul e sua estrutura básica consiste no núcleo *flavilium* (2-fenilbenzopirilium), representado na Figura 6.4. Elas estão presentes em uma variedade de frutas e legumes, incluindo framboesas, mirtilos, uvas Concord, amoras, morangos, pêssegos, berinjelas, couves-roxas e cebolas vermelhas.

Figura 6.4 – Íon *flavilium*, estrutura básica de um flavonoide

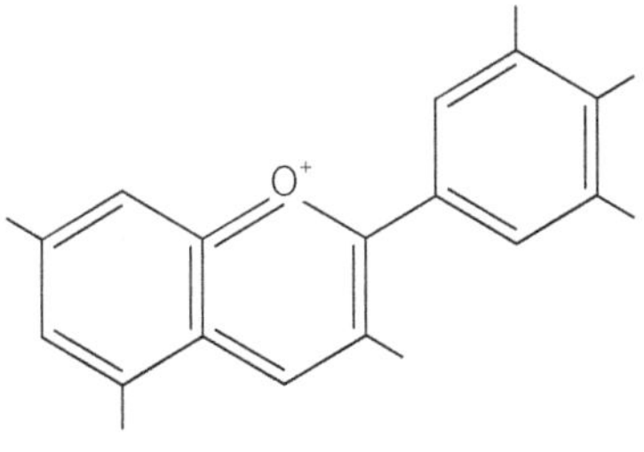

Entre os demais flavonoides estão as flavonas, os flavonóis e as isoflavonas (Figura 6.5). As flavonas são encontradas em frutas cítricas, cereais, ervas e vegetais.

Figura 6.5 – Estruturas químicas dos esqueletos básicos das flavonas, dos flavonóis e das isoflavonas

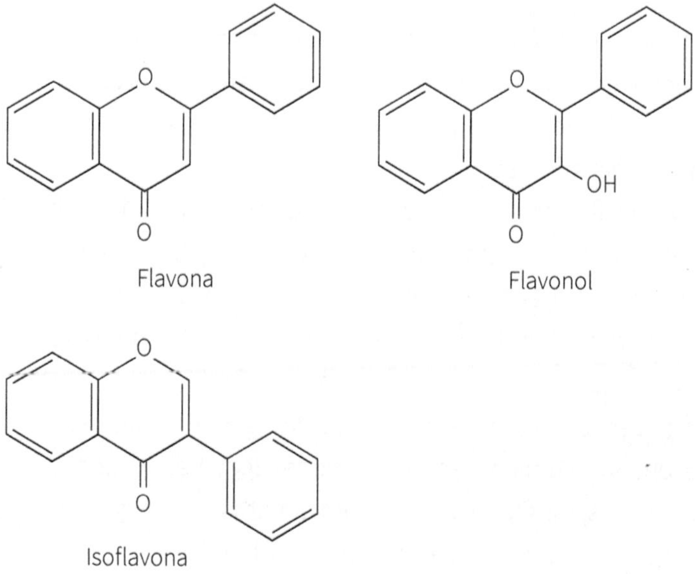

Flavona

Flavonol

Isoflavona

Os flavonóis estão presentes em vegetais e frutas. E, por fim, a concentração de isoflavonas é maior em leguminosas e, em especial, abundante na soja.

6.4.2.3 Ácidos graxos ω3 e ω6

Conforme abordamos no Capítulo 1, os ácidos graxos insaturados são cadeias carbônicas com um grupo terminal carbonila e ligações duplas carbono-carbono em sua estrutura química. No mesmo capítulo, explicamos que a denominação *ômega 3* (ω3) e *ômega 6* (ω6) significa que esses ácidos graxos possuem a primeira dupla-ligação entre o 3º e o 4º carbonos, e entre o 6º e o 7º carbonos, respectivamente.

Os ácidos ω3 e ω6 são essenciais porque não são sintetizados pelo organismo humano e devem ser incluídos na dieta por executarem funções biológicas vitais. Dependendo da localização da dupla-ligação, eles regulam muitas funções biológicas, que variam desde a pressão e a coagulação sanguíneas até o correto desenvolvimento e funcionamento do cérebro e do sistema nervoso.

O ácido ω3 pode ser encontrado, por exemplo, no arroz, no feijão, na ervilha, na soja, na linhaça, na canola e em peixes, principalmente os de águas mais profundas. A ingestão de ω3 é associada à diminuição dos índices de câncer, doenças inflamatórias, hipertensão arterial e doenças cardíacas.

O ácido ω6 pode ser encontrado em óleos vegetais (como os de cártamo, de girassol, de milho, de linhaça, de soja e de semente de algodão), no abacate, na aveia e no milho, por exemplo.

Contudo, ainda que ambos os ácidos graxos sejam essenciais, uma ingestão elevada de ω6 e uma elevada relação de ω6/ω3 estão associadas a ganho de peso. Além disso, uma relação elevada de ω6/ω3 pode fazer parte dos estágios iniciais de carcinogênese. A descoberta de uma relação adequada para ingestão tem motivado muitas pesquisas.

6.4.2.4 Fibras

As fibras alimentares são partes comestíveis de plantas ou carboidratos análogos, que não são digeríveis pelas secreções humanas, sendo total ou parcialmente fermentados pela microbiota do intestino delgado. São exemplos o amido e a celulose. Ambos os carboidratos foram detalhadamente apresentados no Capítulo 1.

As fibras estão presentes em leguminosas (feijão, ervilha, soja, grão-de-bico), em cereais (arroz, aveia, cevada), verduras (alface, brócolis, couve, couve-flor, repolho), em raízes (batata-doce, beterraba, cenoura, mandioca, rabanete) e hortaliças (acelga, chuchu, vagem, pepino).

Os benefícios das fibras alimentares para a saúde humana incluem: (i) aumento do volume fecal, estimulando o peristaltismo intestinal e aumentando a frequência de evacuações, evitando, assim, a constipação intestinal; (ii) aumento da saciedade, contribuindo na dieta para perda de peso; (iii) diminuição da velocidade de digestão dos carboidratos, controlando o índice glicêmico e beneficiando pessoas com problemas de diabetes. Além disso, pessoas que consomem alto teor de fibras parecem apresentar menor risco para o desenvolvimento de doença arterial coronária, acidente vascular cerebral (AVC), hipertensão e câncer de cólon.

6.4.3 Prebióticos, probióticos e simbióticos

O conceito funcional de alimentos avançou progressivamente em direção ao desenvolvimento de suplementação alimentar que pudesse afetar a composição e a atividade microbiana intestinal. Isso porque o cólon humano pode conter espécies patogênicas, benignas e promotoras de saúde. Essa microbiota funciona de tal maneira que o cólon é o órgão metabolicamente mais ativo do corpo – tendo um papel nutricional muito significativo. Uma vez que os aditivos alimentares são uma forma viável para a composição da microbiota intestinal ser modulada, atualmente os aditivos prebióticos e probióticos também compõem os alimentos funcionais.

Os **prebióticos** são alguns componentes presentes nas fibras que não são digeríveis pelas enzimas digestivas do trato gastrointestinal alto. Dessa forma, ao alcançarem o intestino grosso, eles são degradados pela microflora bacteriana, principalmente pelas bifidobactérias e os lactobacilos, gerando uma biomassa bacteriana saudável e um ótimo pH. Portanto, para que um ingrediente alimentício seja considerado prebiótico, ele necessita cumprir os seguintes critérios:

- não deve ser hidrolisado ou absorvido na parte alta do trato digestivo;
- deve ser fermentado seletivamente por um número limitado de bactérias potencialmente benéficas do cólon;

- deve ser capaz de alterar a microflora do cólon, tornando-a saudável; por exemplo, reduzindo o número de microrganismos putrefativos e aumentando as espécies sacarolíticas.

São exemplos de prebióticos os oligossacarídeos não digeríveis em geral e os fruto-oligossacarídeos. Um exemplo de oligossacarídeo funcional é a inulina, encontrada em uma grande variedade de plantas, mas principalmente nas raízes da chicória, no alho-poró, no alho, na banana, na cevada, no trigo, no mel, na cebola, nos aspargos e na alcachofra. Ela também pode ser produzida a partir da sacarose.

A inulina apresenta um sabor neutro suave, é moderadamente solúvel em água e proporciona corpo e palatabilidade. Tem diversas aplicações na indústria alimentícia, podendo ser utilizada como substituta do açúcar ou da gordura, como agente de texturização e/ou estabilizador de espuma e emulsões. Por esses motivos, a inulina é incorporada em laticínios, fermentados, geleias, sobremesas aeradas, *mousses*, sorvetes e produtos de panificação.

Os fruto-oligossacarídeos são encontrados na alcachofra, no alho, nos aspargos, na banana, na beterraba, na cebola, no centeio, na cevada, na chicória, no tomate, no trigo, no yacon, no mel e na cerveja. Eles estimulam o crescimento das bifidobactérias presentes no cólon, as quais suprimem a atividade putrefativa de outras bactérias (como da *Escherichia coli* e do *Streptococcus faecalis*) e atuam no aumento do bolo fecal no intestino delgado.

Já os **probióticos** são suplementos alimentares microbianos que, ao serem ingeridos em quantidades suficientes, afetam beneficamente o hospedeiro, alterando a composição da microbiota do cólon, melhorando o equilíbrio microbiano intestinal e produzindo efeitos benéficos na saúde. Como exemplos de bactérias probióticas empregadas como suplementos alimentares, podemos citar as dos gêneros *Lactobacillus*, *Bifidobacterium* e, em menor escala, *Enterococcus faecium*.

Entre os benefícios da ingestão de probióticos à saúde do hospedeiro figuram o controle da microbiota intestinal, a estabilização da microbiota intestinal posterior à utilização de antibióticos, a diminuição da quantidade de patógenos pela produção dos ácidos acético e lático, o auxílio na digestão da lactose em indivíduos intolerantes à lactose, a estimulação do sistema imunológico, facilitando a defesa do organismo, o alívio da constipação, a produção de vitaminas e o aumento da absorção de minerais.

Por fim, os **simbióticos** são uma mistura de probióticos e prebióticos destinados a aumentar a sobrevivência de bactérias que promovem a saúde, com a finalidade de modificar a flora intestinal e seu metabolismo. Vale ressaltar que o termo deve ser reservado exclusivamente a produtos com verificação científica da simbiose, ou seja, nos quais os prebióticos favorecem seletivamente os probióticos adicionados nesse simbiótico em particular.

6.4.4 Conceitos químicos relacionados aos alimentos funcionais

Uma abordagem metodológica nos processos de ensino-aprendizagem na área da educação química é o estabelecimento de articulações dinâmicas entre teoria e prática, mediante contextualização dos conhecimentos químicos. Isso pode ser realizado por abordagem e discussão de temas sociais e situações reais relacionados aos conteúdos e conceitos de química. Seguindo essa metodologia e enfatizando uma construção coletiva de significados para os conceitos, é possível evitar que os conteúdos sejam apenas expostos pelo educador como "verdades" prontas e isoladas.

Em conformidade com a proposta, a discussão do conteúdo de alimentos funcionais pode estimular a curiosidade dos estudantes por temas de química, nutrição, bioquímica e biologia, que podem ser todos trabalhados de maneira interdisciplinar.

O Quadro 6.5 apresenta os conteúdos de química relacionados com os compostos bioativos dos alimentos funcionais discutidos neste capítulo.

Quadro 6.5 – Conteúdos de química relacionados com a temática dos alimentos funcionais

Tópicos	Conteúdos de química
Carotenoides	Hidrocarbonetos Funções orgânicas Isomeria Reações orgânicas Estequiometria Luz e cor
Flavonoides	Funções orgânicas oxigenadas Isomeria Reações orgânicas Estequiometria Solubilidade Nutrição e bioquímica
Ácidos graxos insaturados: ômega 3 e 6	Funções orgânicas: oxigenadas e nitrogenadas Isomeria Reações orgânicas Lipídeos Solubilidade Nutrição e bioquímica
Fibras alimentares	Funções orgânicas: oxigenadas e nitrogenadas Isomeria Reações orgânicas Carboidratos Nutrição e bioquímica Solubilidade

Fonte: Cañas; Braibante, 2019, p. 221.

Como exemplos de atividades que podem ser desenvolvidas com os estudantes podemos citar:

- solicitar aos estudantes que pesquisem algum alimento da preferência deles que seja fonte de algum composto bioativo para discutirem em sala de aula sua estrutura química e seus benefícios para a saúde;
- realizar lanches coletivos que sejam exclusivamente feitos com alimentos funcionais para fomentar o consumo daqueles que forneçam benefícios à saúde;
- incentivar os educandos a conduzirem uma investigação sobre a variedade e a quantidade de compostos ativos presentes na própria alimentação;
- orientar os educandos a fazerem uma investigação sobre o consumo de alimentos funcionais por parte da população, comparando diferentes faixas etárias e classes sociais;
- realizar práticas laboratoriais com reações químicas para identificação de funções orgânicas presentes nas estruturas dos alimentos funcionais.

A seguir, vamos apresentar um roteiro de prática experimental.

6.4.4.1 Prática experimental: presença de insaturações nos ácidos graxos ω3 e ω6

Essa prática tem como objetivo identificar a presença de duplas-ligações em ácidos graxos. As amostras utilizadas são de óleo mineral (parafina líquida, vaselina líquida ou óleo de parafina), óleo de canola e azeite de oliva. Sobre cada amostra devem ser adicionadas duas gotas de solução de iodo. Nas amostras que apresentam duplas-ligações (óleo de canola e azeite de oliva), os estudantes poderão observar um desaparecimento gradual da cor do iodo. Como o óleo de canola tem mais duplas-ligações que o azeite de oliva, a descoloração ocorre mais rapidamente. Já ao adicionar as gotas de solução de iodo no óleo mineral, os estudantes verão que não haverá mudança de cor no iodo, uma vez que na amostra não há presença de duplas-ligações.

A adição do iodo a uma dupla-ligação da cadeia insaturada de ácidos graxos pode ser observada na Figura 6.6.

Figura 6.6 – Reações de adição de iodo aos ácidos graxos linoleico e linolênico

Ácido linoleico

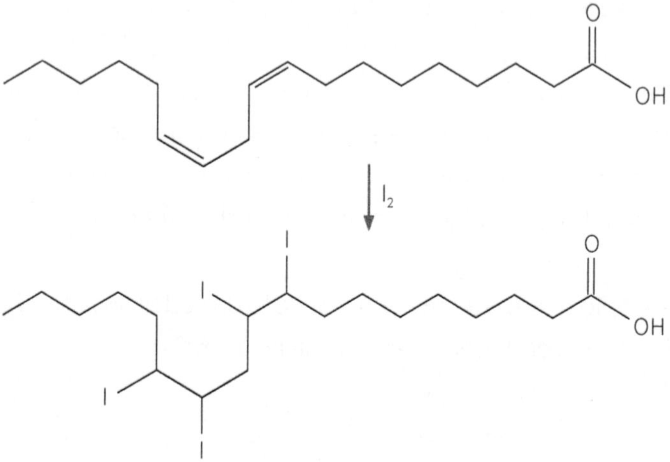

Ácido linolênico

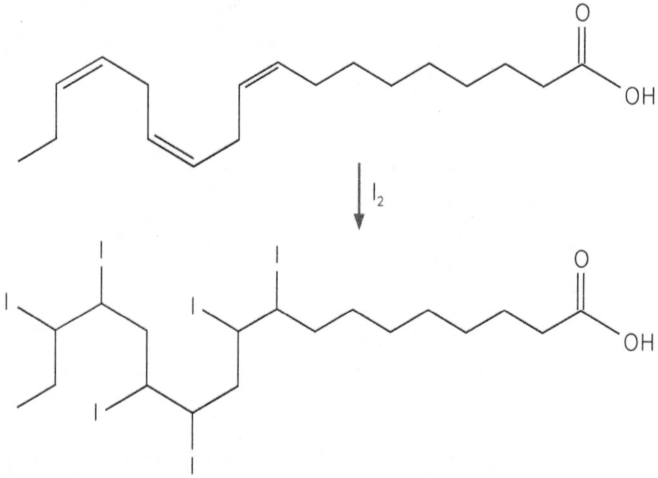

Essa reação de adição de iodo (Figura 6.6) pode ser apresentada pelo professor durante a prática e pode ser aplicada como uma atividade de pesquisa para os estudantes.

Síntese

- Uma vez que é um ambiente promotor do processo de ensino-aprendizagem, a escola pode ser propícia para a formação de hábitos alimentares saudáveis nos educandos.
- De acordo com a Lei n. 11.947/2009, a educação alimentar e nutricional deve estar no processo de ensino e aprendizagem.
- Os recursos educacionais precisam ser problematizadores para conquistar hábitos alimentares melhores por parte dos educandos. É importante proporcionar diálogos contextualizados com as realidades local e social, para que os educandos participem de forma ativa e consciente e tornem-se cidadãos críticos, conquistando o bem-estar individual e coletivo.
- Metodologias ativas (como aula dialogada; realização de exposição de painéis, oficinas, simpósios, seminários; dinâmica de grupo *brainstorming* etc.) aliadas à EAN são efetivas na adesão do educando.
- As atividades lúdicas, ou seja, aquelas executadas com prazer ou diversão, têm-se mostrado efetivas na ampliação do conhecimento dos educandos sobre alimentos e nutrição.

- As ações da EAN já demonstraram resultados efetivos com os alunos, como aumento no consumo semanal de alimentos levados de casa para a escola, aumento da preferência por frutas e salada de frutas oferecidas pela merenda escolar e redução na compra de balas, pirulitos e chicletes da cantina escolar.
- A temática alimentos pode ser facilmente associada com conteúdos de química, como funções inorgânicas, soluções, cinética química, funções orgânicas e bioquímica.
- Quanto ao ensino de Química, a utilização de diferentes linguagens (música, experimentação, revistas, vídeos etc.) também pode tornar o aprendizado mais significativo e, além disso, construir um senso crítico, reflexivo e argumentativo nos alunos.
- Os alimentos funcionais são outra proposta temática que pode estimular a curiosidade dos estudantes por assuntos de química, nutrição, bioquímica e biologia, todos os quais podem ser trabalhados de maneira interdisciplinar.
- Os alimentos funcionais são aqueles cuja composição apresenta alguma substância ou componente bioativo capaz de reduzir o risco de doenças. São exemplos de compostos ativos os carotenoides, os flavonoides, os ácidos graxos insaturados e as fibras alimentares.

Atividades de autoavaliação

1. Qual é a única alternativa que **não** condiz com a proposta de ensino sugerida neste capítulo?
   a) Formação cidadã dos educandos.
   b) Atribuição de significado ao conhecimento escolar.
   c) Conhecimentos escolares desenvolvidos com base em temas geradores.
   d) Ensino tradicional, pouco conectado com a realidade do aluno.
   e) Contextualização dos conteúdos científicos.

2. Entre as atividades pedagógicas apresentadas a seguir, qual é a única que **não** se enquadra nas sugestões deste capítulo para tornar o processo de ensino-aprendizagem mais significativo?
   a) Aula expositiva dialogada.
   b) Atividade lúdica.
   c) Predominância da exposição oral da matéria.
   d) Uso de linguagens variadas, como a música, a experimentação e os vídeos.
   e) Realização de exposição de painéis, oficinas, simpósios e seminários.

3. Sobre a Educação Alimentar e Nutricional (EAN), marque a única alternativa **incorreta**:
   a) É uma diretriz da Política Nacional de Segurança Alimentar e Nutricional (PNSAN).
   b) É uma diretriz para promover hábitos alimentares saudáveis.

c) As ações de EAN já se mostraram capazes de sensibilizar os educandos na adoção de hábitos alimentares saudáveis.
d) Temas e estratégias de EAN bem-desenvolvidas podem gerar grande participação e interesse nos educandos.
e) Professores, merendeiras, dirigentes escolares, donos de cantinas e outros profissionais da escola não podem participar de estratégias de EAN.

4. Sobre a temática alimentos, marque a única alternativa **incorreta**:
   a) Essa temática, aliada aos conceitos químicos, pode tornar os estudantes capazes de refletir a respeito dos próprios hábitos alimentares sob a ótica da ciência.
   b) Ela não é capaz de contribuir para a formação cidadã dos educandos, uma vez que demanda pressupostos teóricos não condizentes com o nível de ensino da educação básica.
   c) Ela envolve, por exemplo, a composição química e a energia dos alimentos, seus processos de produção e industrialização, a utilização de aditivos químicos e as reações por que passam os alimentos no organismo humano.
   d) Ela pode ser facilmente associada aos conteúdos da disciplina Química, como funções inorgânicas, soluções, cinética química e funções orgânicas.
   e) Essa temática pode ser utilizada para desenvolver nos alunos um senso crítico sobre os conceitos de fome e subnutrição.

5. Sobre a temática de alimentos funcionais, marque a única alternativa **incorreta**:
   a) Alimentos funcionais são aqueles cuja composição apresenta alguma substância ou componente bioativo capaz de reduzir o risco de doenças.
   b) Alimentos funcionais podem ser utilizados como temática para trabalhos interdisciplinares de química, nutrição, bioquímica e biologia.
   c) Os aditivos prebióticos e probióticos não se enquadram na categoria dos alimentos funcionais.
   d) Os compostos bioativos carotenoides, flavonoides, ácidos graxos ω3 e ω6 e fibras podem ser contemplados na temática dos alimentos funcionais no processo de ensino-aprendizagem na área de educação química.
   e) Funções orgânicas, isomeria e reações orgânicas são exemplos de conteúdos de química relacionados à temática alimentos funcionais.

Atividades de aprendizagem

Questões para reflexão

1. As propostas pedagógicas com as quais você teve contato seguiam uma tendência mais tradicional, segundo a qual o que é aprendido decorre da imposição ou memorização, ou mais libertadora, isto é, realizada mediante diálogo com interlocutores ativos?

2. Por que a saúde alimentar pode ser uma temática aplicada para contextualizar os conteúdos das disciplinas de Química, Biologia e Nutrição?

Atividade aplicada: prática

1. Com base em todas as propostas que lhe foram apresentadas neste capítulo, desenvolva um tipo de metodologia para facilitar o processo de aprendizagem do ensino de ciências.

Considerações finais

Por meio desta obra, oferecemos um panorama geral didático de como a dieta humana está totalmente relacionada com nossa saúde. Demonstramos que os alimentos são formados por carboidratos, lipídios, proteínas, vitaminas e/ou minerais, os quais desempenham funções biológicas específicas para a manutenção da vida. Fornecimento de energia; isolamento térmico; constituição da pele, dos ossos, dos cabelos e das unhas; participação no controle global do metabolismo e proteção contra doenças são só algumas das funções aqui apresentadas.

Sabendo dessa importância dos nutrientes, também abordamos aqueles essenciais para o crescimento das plantas (como o nitrogênio, o fósforo e o potássio), todos os quais, consequentemente, figuram em nossa dieta.

Todavia, se, por um lado, podem proporcionar variados benefícios à nossa saúde, por outro, os alimentos que consumimos podem ser fontes de contaminação e causar efeitos adversos ao organismo. Para possibilitarmos o entendimento disso, tratamos, por exemplo: (i) da contaminação por metais pesados, por substâncias tóxicas, por compostos das embalagens de alimentos, por microrganismos patogênicos; (ii) da definição e dos tipos de antinutrientes, um assunto, inclusive, muito polêmico e representado pelos agrotóxicos. No capítulo dedicado à ciência toxicologia, explicitamos os efeitos maléficos que as substâncias químicas provocam no organismo sob condições específicas de exposição.

Concluímos o texto demonstrando como todo esse estudo pode servir de ferramenta para o ensino de diferentes áreas, como a Biologia, a Bioquímica, a Nutrição e a Química. Destacamos, nesse contexto, um tópico muito importante – os alimentos funcionais, ou seja, aqueles em cuja composição há alguma substância ou componente bioativo capaz de apresentar benefício para a saúde na redução do risco de doenças.

Lista de siglas

Anvisa – Agência Nacional de Vigilância Sanitária

ATP – adenosina trifosfato

BMD – *benchmark dose* (método de dose-padrão)

BMDL10 – *benchmark dose lower confidence limit* (limite mínimo de confiança do método de dose-padrão)

BPCs – bifenilas policloradas

DBO – demanda bioquímica de oxigênio

DDPCs – dibenzo-p-dioxinas policloradas

DE – dose efetiva (ou eficaz)

DL – dose letal

DNA – *Deoxyribonucleic acid* (ácido desoxirribonucleico)

DQO – demanda química de oxigênio

EAN – Educação Alimentar e Nutricional

EDT – estudo de dieta total

EFSA – European Food Safety Authority (Autoridade Europeia para a Segurança Alimentar)

Enem – Exame Nacional do Ensino Médio

EPA – Environmental Protection Agency (Agência de Proteção Ambiental)

FAD – Flavina adenina dinucleotídeo

FAO – Food and Agriculture Organization of the United Nations (Organização das Nações Unidas para a Alimentação e a Agricultura)

FDA – Food and Drug Administration

FMN – flavina mononucleótido

Foshu – *foods for specified health use* (alimentos para uso específico de saúde)

HDL – *high density lipoproteins* (lipoproteínas de alta densidade)

Ibama – Instituto Brasileiro do Meio Ambiente e dos Recursos Naturais Renováveis

IDA – ingestão diária aceitável

IDR – ingestão diária recomendada

IMC – índice de massa corporal

IT – índice terapêutico

JECFA – Joint FAO/WHO Expert Committee on Food Additives (Comitê Internacional de Especialistas Científicos)

LDL – *low density lipoproteins* (lipoproteínas de baixa densidade)

LM – limite máximo

LME – limite de migração específica

LMR – limite máximo de resíduos

LNH – linfoma não Hodgkin

LOAEL – *lowest observed adverse effect levels* (doses de menor efeito adverso observado)

Mercosul – Mercado Comum do Sul

MF – *modifying factor* (fator de modificação)

MIB – 2-metilisoborneol

MOE – margem de exposição

MS – margem de segurança

NAD – nicotinamida adenina dinucleotídeo

NADP – nicotinamida adenina dinucleotídeo fosfato

NAS – National Academy of Sciences

NMP – número mais provável

NOAEL – *no observed adverse effect levels* (doses que não causam um efeito adverso em animais de teste)

OD – oxigênio dissolvido

OIE – Organização Mundial da Saúde Animal (World Organisation for Animal Health)

OMS – Organização Mundial da Saúde

Para – Programa de Análise de Resíduos de Agrotóxicos em Alimentos

pH – potencial hidrogeniônico

PLP – piridoxal-5-fosfato

Pnae – Programa Nacional de Educação Escolar

PNSAN – Política Nacional de Segurança Alimentar e Nutricional

ppm – partes por milhão

PS – poliestireno

PVC – policloreto de vinila

RE – retinol equivalente

RfD – *reference dose* (dose de referência)

SAR – *struture-activity relationship* (estrutura molecular e atividade)

SNC – sistema nervoso central

SNP – sistema nervoso periférico

TCDD – tetraclorodibenzo-p-dioxina

TTC – *threshold of toxicological concern* (limiar de preocupação toxicológica)

UF – *uncertainty factor* (fator de incerteza)

UJT – unidades Jackson de turbidez = JTU – *Jackson Turbidity Unit*

VLDL – *very-low density lipoproteins* (lipoproteínas de densidade muito baixa)

VMP – valor máximo permitido

µH – unidades de cor Hazen

Referências

Obras citadas

BELITZ, H-D.; GROSCH, W.; SCHIEBERLE, P. **Food Chemistry**. 4. ed. Berlin: Springer, 2009.

BRAIBANTE, M. E. F.; ZAPPE, J. A. A Química dos agrotóxicos. **Química Nova na Escola**, São Paulo, v. 34, n. 1, p. 10-15, fev. 2012. Disponível em: <http://qnesc.sbq.org.br/online/qnesc34_1/03-QS-02-11.pdf>. Acesso em: 15 mar. 2021.

BRASIL. Decreto n. 4.074, de 4 de janeiro de 2002. **Diário Oficial da União**, Poder Executivo, Brasília, DF, 8 jan. 2002a. Disponível em: <http://www.planalto.gov.br/ccivil_03/decreto/2002/d4074.htm>. Acesso em: 15 mar. 2021.

BRASIL. Decreto n. 5.053, de 22 de abril de 2004. **Diário Oficial da União**, Poder Executivo, Brasília, DF, 23 abr. 2004a. Disponível em: <http://www.planalto.gov.br/ccivil_03/_Ato2004-2006/2004/Decreto/D5053.htm>. Acesso em: 15 mar. 2021.

BRASIL. Decreto n. 7.272, de 25 de agosto de 2010. **Diário Oficial da União**, Poder Executivo, Brasília, DF, 26 ago. 2010. Disponível em: <http://www.planalto.gov.br/ccivil_03/_Ato2007-2010/2010/Decreto/D7272.htm>. Acesso em: 15 mar. 2021.

BRASIL. Lei n. 7.802, de 11 de julho de 1989. **Diário Oficial da União**, Poder Executivo, Brasília, DF, 12 jul. 1989. Disponível em: <https://legislacao.presidencia.gov.br/ atos/?tipo=LEI&numero=7802&ano=1989&ato=501MTR61EeFpWT452>. Acesso em: 15 mar. 2021.

BRASIL. Lei n. 11.947, de 16 de junho de 2009. **Diário Oficial da União**, Poder Executivo, Brasília, DF, 17 jun. 2009a. Disponível em: <http://www.planalto.gov.br/ccivil_03/_Ato2007-2010/2009/Lei/L11947.htm>. Acesso em: 15 mar. 2021.

BRASIL. Ministério da Saúde. Portaria n. 2.914, de 12 de dezembro de 2011. **Diário Oficial da União**, Brasília, DF, 2011. Disponível em: <https://bvsms.saude.gov.br/bvs/saudelegis/gm/2011/prt2914_12_12_2011.html>. Acesso em: 15 fev. 2021.

BRASIL. Ministério da Saúde. Agência Nacional de Vigilância Sanitária. Portaria n. 398, de 30 de abril de 1999. **Diário Oficial da União**, Brasília, DF, 1999a. Disponível em: <https://bvsms.saude.gov.br/bvs/saudelegis/anvisa/1999/prt0398_30_04_1999.html>. Acesso em: 15 mar. 2021.

BRASIL. Ministério da Saúde. Agência Nacional de Vigilância Sanitária. Resolução n. 19, de 30 de abril de 1999. **Diário Oficial da União**, Poder Executivo, Brasília, DF, 3 maio 1999b. Disponível em: <https://www.saude.rj.gov.br/comum/code/MostrarArquivo.php?C=MjI1MQ%2C%2C#:~:text=as%20Diretrizes%20B%C3%A1sicas%20para%20An%C3%A1lise,DE%20SA%C3%9ADE%20EM%20SUA%20ROTULAGEM.>. Acesso em: 15 mar. 2021.

BRASIL. Ministério da Saúde. Agência Nacional de Vigilância Sanitária. Resolução RDC n. 35, de 17 de junho de 2009. **Diário Oficial da União**, Brasília, DF, 18 jun. 2009b. Disponível em: <https://www.avisite.com.br/legislacao/anexos/nt_rdc35_20090618.pdf>. Acesso em: 15 mar. 2021.

BRASIL. Ministério da Saúde. Agência Nacional de Vigilância Sanitária. Resolução RDC n. 56, de 16 de novembro de 2012. **Diário Oficial da União**, Brasília, DF, 21 nov. 2012a. Disponível em: <http://bvsms.saude.gov.br/bvs/saudelegis/anvisa/2012/rdc0056_16_11_2012.html>. Acesso em: 15 mar. 2021.

BRASIL. Ministério da Saúde. Agência Nacional de Vigilância Sanitária. Resolução RDC n. 269, de 22 de setembro de 2005. **Diário Oficial da União**, Brasília, DF, 23 set. 2005. Disponível em: <http://antigo.anvisa.gov.br/documents/10181/2718376/RDC_269_2005_COMP.pdf/25aaf9f3-32bc-4e80-aa6c-0520332533a6>. Acesso em: 15 mar. 2021.

BRASIL. Ministério da Saúde. Agência Nacional de Vigilância Sanitária. Resolução RDC n. 344, de 13 de dezembro de 2002. **Diário Oficial da União**, Brasília, DF, 18 dez. 2002b. Disponível em: <http://bvsms.saude.gov.br/bvs/saudelegis/anvisa/2002/rdc0344_13_12_2002.html>. Acesso em: 15 mar. 2021.

BRASIL. Ministério da Saúde. Fundação Nacional da Saúde. **Portaria n. 1.469/2000, de 29 de dezembro de 2000**: aprova o controle e vigilância da qualidade da água para consumo humano e seu padrão de potabilidade. Brasília, out. 2001. Disponível em: <http://bvsms.saude.gov.br/bvs/publicacoes/portaria_1469.pdf>. Acesso em: 15 mar. 2021.

BRASIL. Ministério da Saúde. Secretaria de Vigilância em Saúde. Portaria n. 518, de 25 de março de 2004. **Diário Oficial da União**, Brasília, DF, 26 mar. 2004b. Disponível em: <http://189.28.128.100/dab/docs/legislacao/portaria518_25_03_04.pdf>. Acesso em: 15 mar. 2021.

BRASIL. Ministério da Saúde. Secretaria de Vigilância Sanitária. Portaria n. 540, de 27 de outubro de 1997. **Diário Oficial da União**, Brasília, DF, 28 out. 1997. Disponível em: <http://bvsms.saude.gov.br/bvs/saudelegis/svs1/1997/prt0540_27_10_1997.html>. Acesso em: 15 mar. 2021.

BRASIL. Ministério do Desenvolvimento Social e Combate à Fome. Secretaria Nacional de Segurança Alimentar e Nutricional. **Marco de Referência de Educação Alimentar e Nutricional para as Políticas Públicas**. Brasília, 2012b. Disponível em: <https://www.cfn.org.br/wp-content/uploads/2017/03/marco_EAN.pdf>. Acesso em: 15 mar. 2021.

CAÑAS, G. J. S.; BRAIBANTE, M. E. F. A química dos alimentos funcionais. **Química Nova na Escola**, São Paulo, v. 41, n. 3, p. 216-223, ago. 2019. Disponível em: <http://qnesc.sbq.org.br/online/qnesc41_3/03-QS-87-18.pdf>. Acesso em: 15 mar. 2021.

CARNEIRO, F. F. et al. (Org.). **Dossiê Abrasco**: um alerta sobre os impactos dos agrotóxicos na saúde. Rio de Janeiro: EPSJV, 2015. Disponível em: <https://www.abrasco.org.br/dossieagrotoxicos/wp-content/uploads/2013/10/DossieAbrasco_2015_web.pdf>. Acesso em: 15 mar. 2021.

DERGAL, S. B. **Química de los alimentos**. 2. ed. México: Pearson, 1990.

DIAS, N. S. et al. Estudo dos efeitos mutagênicos e citotóxicos do confrei (*Symphytum officinale*) no ciclo celular de *Allium cepa*. **Revista Eletrônica de Farmácia**, v. x, n. 3, p. 20-29, 2013. Disponível em: <https://www.revistas.ufg.br/REF/article/download/19872/15402/>. Acesso em: 15 mar. 2021.

ÉBOLI, E. Anvisa adverte: ovo pode, mas só bem cozido. **Extra**, 17 jun. 2009. Disponível em: <https://extra.globo.com/noticias/saude-e-ciencia/anvisa-adverte-ovo-pode-mas-so-bem-cozido-301397.html>. Acesso em: 15 mar. 2021.

FASANO, E. et al. Migration of Phthalates, Alkylphenols, Bisphenol A and Di(2-ethylhexyl)adipate from Food Packaging. **Food Control**, v. 27, n. 1, p. 132-138, Sept. 2012.

FONSECA, C. A. et al. Nontoxic, Mutagenic, and Clastogenic Activities of Mate-Chimarrão (*Ilex paraguariensis*). **Journal of Environmental Pathology, Toxicology and Oncology**, v. 19, n. 4, p. 333-346, 2000.

OLIVEIRA, F. Q.; GONÇALVES, L. A. Conhecimento sobre plantas medicinais e fitoterápicos e potencial de toxicidade por usuários de Belo Horizonte, Minas Gerais. **REF – Revista Eletrônica de Farmácia**, v. 3, n. 2, p. 36-41, 2006. Disponível em: <https://revistas.ufg.br/REF/article/view/2074/2016>. Acesso em: 15 mar. 2021.

PARANÁ (Estado). Secretaria de Estado do Paraná. Superintendência de Vigilância em Saúde. **Protocolo de avaliação das intoxicações crônicas por agrotóxicos**. Curitiba, fev. 2013. Disponível em: <http://www.abrasco.org.br/UserFiles/Image/PDF%20protocolo%20avaliacao%20intoxicacao%20agrotoxico.pdf>. Acesso em: 15 mar. 2021.

PAZINATO, M. S. **Alimentos**: uma temática geradora do conhecimento químico. 176 f. Dissertação (Mestrado em Educação em Ciências: Química da Vida e Saúde). Universidade Federal de Santa Maria, Santa Maria, 2012. Disponível em: <https://repositorio.ufsm.br/bitstream/handle/1/6660/DIS_PPGEC_2012_PAZINATO_MAURICIO.pdf?sequence=1&isAllowed=y>. Acesso em: 15 mar. 2021.

PRATA, J.; SILVA, J. da. A química, a alimentação e o ensino de ligações químicas com enfoque CTS. In: SIMPÓSIO BRASILEIRO DE EDUCAÇÃO QUÍMICA, 16., 2018, Rio de Janeiro. Disponível em: <http://www.abq.org.br/simpequi/2018/trabalhos/90/368-25766.html>. Acesso em: 15 mar. 2021.

PRADO, B. G. et al. Ações de educação alimentar e nutricional para escolares: um relato de experiência. **Demetra**, v. 11, n. 2, p. 369-382, 2016. Disponível em: <https://www.e-publicacoes.uerj.br/index.php/demetra/article/view/16168/17722>. Acesso em: 15 mar. 2021.

RIBEIRO, E. P.; SERAVALLI, E. A. G. **Química de alimentos**. 2. ed. rev. São Paulo: Blucher, 2007.

RUPPENTHAL, J. E. **Toxicologia**. Santa Maria: UFSM; Rede e-Tec Brasil, 2013. Disponível em: <https://efivest.com.br/wp-content/uploads/2019/02/toxicologia.pdf>. Acesso em: 15 mar. 2021.

SMITH, V. H.; SCHINDLER, D. W. Eutrophication Science: Where Do We Go from Here? **Trends in Ecology and Evolution**, v. 24, n. 4, p. 201-207, Feb. 2009.

USA – United States of America. National Research Council. Commission on Life Sciences. **Risk Assessment in the Federal Government**: Managing the Process. Washington: National Academies Press, 1983. Disponível em: <https://www.ncbi.nlm.nih.gov/books/NBK216620/pdf/Bookshelf_NBK216620.pdf>. Acesso em: 15 mar. 2021.

WAGNER, M. C.; FIORESI, C. A.; PERES, G. L. Bioquímica dos alimentos: uma proposta de ensino para as aulas de química. In: SIMPÓSIO NACIONAL DE ENSINO DE CIÊNCIA E TECNOLOGIA, 6., 2018, Ponta Grossa, 2018. Disponível em: <http://www.sinect.com.br/2018/down.php?id=4061&q=1#:~:text=A%20 n%C3%ADvel%20de%20 conhecimento%20dos,s%C3%A3o%20 ben%C3%A9ficos%20a%20 nossa%20sa%C3%BAde.&text=Desta%20 forma%20o%20aluno%20 deve,bioqu%C3%ADmicos%20existentes%20 em%20nosso%20 organismo.>. Acesso em: 15 mar. 2021.

WHO – World Health Organization. **Codex Alimentarius**: General Standard for Food Additives. Geneva, 2019a. Disponível em: <http://www.fao.org/gsfaonline/docs/CXS_192e.pdf>. Acesso em: 15 mar. 2021.

WHO – World Health Organization. **Critically Important Antimicrobials for Human Medicine**. 6. ed. rev. Geneva, 2019b. Disponível em: <https://apps.who.int/iris/bitstream/handle/10665/312266/9789241515528-eng.pdf>. Acesso em: 15 mar. 2021.

WHO – World Health Organization. **Safety Evaluation of Certain Food Additives and Contaminants**. Geneva, 2011. Disponível em: <http://www.fao.org/3/a-at881e.pdf>. Acesso em: 15 mar. 2021.

Leitura complementar

ALBAHRANI, A. A.; GREAVES, R. F. Fat-Soluble Vitamins: Clinical Indications and Current Challenges for Chromatographic Measurement. **The Clinical Biochemist Reviews**, v. 37, n. 1, p. 27-47, Feb. 2016. Disponível em: <https://www.ncbi.nlm.nih.gov/pmc/articles/PMC4810759/pdf/cbr-37-27.pdf>. Acesso em: 15 mar. 2021.

ALBUQUERQUE, M. V. et al. Educação alimentar: uma proposta de redução do consumo de aditivos alimentares. **Química Nova na Escola**, São Paulo, v. 34, n. 2, p. 51-57, maio 2012. Disponível em: <http://www.educadores.diaadia.pr.gov.br/arquivos/File/dezembro2012/quimica_artigos/educacaoalimentar.pdf>. Acesso em: 15 mar. 2021.

ALMEIDA, L. C. et al. Vitaminas do complexo B. In: CARDOSO, M. A.; SCAGLIUSI, F. B. **Nutrição e dietética**. 2. ed. Rio de Janeiro: Guanabara Koogan, 2019. p. 103-148.

ALTIMARI, L. et al. Efeito ergogênico da cafeína na performance em exercícios de média e longa duração. **Revista Portuguesa de Ciências do Desporto**, Porto, v. 5, n. 1, p. 87-101, jan. 2005. Disponível em: <http://www.scielo.mec.pt/pdf/rpcd/v5n1/v5n1a10.pdf>. Acesso em: 15 mar. 2021.

AMARAL, R.; OLIVEIRA, B. Perigos físicos: importância da sua identificação para o sistema de segurança alimentar. **Nutrícias**, Porto, n. 19, p. 10-12, dez. 2013. Disponível em: <http://www.scielo.mec.pt/pdf/nut/n19/n19a03.pdf>. Acesso em: 15 mar. 2021.

ANDRADE, E. D. de; PINHEIRO, M. L. P. Cinética e dinâmica dos fármacos. In: ANDRADE, E. D. de. (Org.). **Terapêutica medicamentosa em odontologia**. 3. ed. São Paulo: Artes Médicas, 2014. p. 16-29.

ANEESH, V. et al. Distillation Technology and Need of Simultaneous Design and Control: a Review. **Chemical Engineering and Processing**, v. 104, p. 219-242, Mar. 2016.

ANJO, D. F. C. Alimentos funcionais em angiologia e cirurgia vascular. **Jornal Vascular Brasileiro**, v. 3, n. 2, p. 145-154, 2004. Disponível em: <https://www.jvascbras.org/article/5e1f5f740e88256a3dd8495a/pdf/jvb-3-2-145.pdf>. Acesso em: 15 mar. 2021.

ANVISA – Agência Nacional de Vigilância Sanitária. Gerência-Geral de Alimentos. Gerência de Padrões e Regulação de Alimentos. **Perguntas e respostas**: enriquecimento de farinhas de trigo e de milho com ferro e ácido fólico. 3. ed. Brasília, 2021. Disponível em: <https://www.gov.br/anvisa/pt-br/centraisdeconteudo/publicacoes/alimentos/perguntas-e-respostas/enriquecimento-de-farinhas-de-trigo-e-de-milho.pdf>. Acesso em: 15 mar. 2021.

ANVISA – Agência Nacional de Vigilância Sanitária. Gerência-Geral de Alimentos. Gerência-Geral de Laboratórios de Saúde Pública. **Relatório de pesquisa em vigilância sanitária de alimentos**: monitoramento da prevalência e do perfil de suscetibilidade aos antimicrobianos em enterococos e salmonelas isolados de carcaças de frango congeladas comercializadas no Brasil. 1. ed. rev. Brasília, 2012. Disponível em: <http://antigo.anvisa.gov.br/documents/33916/395481/Relat%C3%B3rio+Prebaf+-+Programa+Nacional+de+Monitoramento+da+Preval%C3%AAncia+e+da+Resist%C3%AAncia+Bacteriana+em+Frango/f6bb5296-e633-4f7b-b81f-48a99430da6a>. Acesso em: 15 mar. 2021.

AQUINO, S. F. de; SILVA, S. de Q.; CHERNICHARO, C. A. L. Considerações práticas sobre o teste de demanda química de oxigênio (DQO) aplicado à análise de efluentes anaeróbios. **Engenharia Sanitária e Ambiental**, v. 11, n. 4, p. 295-304, out./dez. 2006. Disponível em: <https://www.scielo.br/pdf/esa/v11n4/a01v11n4.pdf>. Acesso em: 15 mar. 2021.

ARIAS, M. V. B.; CARRILHO, C. M. D. de M. Resistência antimicrobiana nos animais e no ser humano. Há motivo para preocupação? **Semina: Ciências Agrárias**, Londrina, v. 33, n. 2, p. 775-790, abr. 2012. Disponível em: <https://www.redalyc.org/articulo.oa?id=445744112039>. Acesso em: 15 mar. 2021.

ARVANITOYANNIS, I. S.; BOSNEA, L. Migration of Substances from Food Packaging Materials to Foods. **Critical Reviews in Food Science and Nutrition**, v. 44, n. 2, p. 63-76, 2004.

BAKSHI, S.; BANIK, C. The Impact of Heavy Metal Contamination on Soil Health. In: REICOSKY, D. (Ed.). **Managing Soil Health for Sustainable Agriculture**. Cambridge: Burleigh Dodds, 2018. v. 2: Monitoring and Management. p. 1-33.

BALTAR, S. L. S. M. de A. **Características epidemiológicas e clínicas das intoxicações provocadas por espécies vegetais em seres humanos no estado de Pernambuco – Brasil**. 197 f. Tese (Doutorado em Inovação Terapêutica) – Universidade Federal de Pernambuco, Recife, 2013. Disponível em: <https://repositorio.ufpe.br/bitstream/123456789/13216/1/Tese%20SOLMA%20BALTAR.pdf>. Acesso em: 15 mar. 2021.

BARRETO, L. V. et al. Eutrofização em rios brasileiros. **Enciclopédia Biosfera**, Goiânia, v. 9, n. 16, p. 2165-2179, 2013. Disponível em: <http://www.conhecer.org.br/enciclop/2013a/biologicas/EUTROFIZACAO.pdf>. Acesso em: 15 mar. 2021.

BARROS NETO, T. L. de. A controvérsia dos agentes ergogênicos: estamos subestimando os efeitos naturais da atividade física? **Arquivos Brasileiros de Endocrinologia e Metabologia**, São Paulo, v. 45, n. 2, p. 121-122, abr. 2001. Disponível em: <https://www.scielo.br/pdf/abem/v45n2/a02v45n2.pdf>. Acesso em: 15 mar. 2021.

BARROS, S. B. M.; DAVINO, S. C. Avaliação da toxicidade. In: OGA, S.; CAMARGO, M. M. de A.; BATISTUZZO, J. A. de O. **Fundamentos de toxicologia**. 3. ed. São Paulo: Atheneu, 2008. p. 59-70.

BATISTA, I. et al. Produção de esqualeno e ácidos gordos polinsaturados por microrganismos do grupo dos *Thraustochytrids*. **Boletim de Biotecnologia**, série 2, n. 5, p. 44-46, jun. 2014. Disponível em: <https://www.spbt.pt/downloads/bulletins/Boletim_2-5.pdf>. Acesso em: 15 mar. 2021.

BEATRIZ, A.; ARAUJO, Y. J. K.; LIMA, D. P. de. Glicerol: um breve histórico e aplicação em sínteses estereosseletivas. **Química Nova**, São Paulo, v. 34, n. 2, p. 306-319, 2011. Disponível em: <https://www.scielo.br/pdf/qn/v34n2/25.pdf>. Acesso em: 15 mar. 2021.

BEITUNE, P. E. et al. Hipovitaminose A: cofator clínico deletério para o homem. **Medicina**, Ribeirão Preto, v. 36, p. 5-15, jan./mar. 2003. Disponível em: <https://www.researchgate.net/publication/237460035_HIPOVITAMINOSE_A_COFATOR_CLINICO_DELETERIO_PARA_O_HOMEM>. Acesso em: 15 mar. 2021.

BENEVIDES, C. M. de J. et al. Fatores antinutricionais em alimentos: revisão. **Segurança Alimentar e Nutricional**, Campinas, v. 18, n. 2, p. 67-79, 2011. Disponível em: <https://periodicos.sbu.unicamp.br/ojs/index.php/san/article/view/8634679/2598>. Acesso em: 15 mar. 2021.

BENHOSSI, S.; ANDRETTO, A. P.; TEODORO, C. C. Saúde pública: o impacto dos agrotóxicos na alimentação e ações concretas da Anvisa para o controle. **Revista Uningá**, Maringá, v. 43, p. 91-94, jan./mar. 2015. Disponível em: <http://revista.uninga.br/index.php/uninga/article/view/1203/825>. Acesso em: 15 mar. 2021.

BERLIN, M.; ZALUPS, R. K.; FOWLER, B. A. Mercury. In: NORDBERG, G. F.; FOWLER, B. A.; NORDBERG, M. **Handbook on the Toxicology of Metals**. 4. ed. Cambridge: Academic Press, 2015. p. 1013-1075.

BERNARDO, P. E. M. et al. Bisfenol A: o uso em embalagens para alimentos, exposição e toxicidade – uma revisão. **Revista Instituto Adolfo Lutz**, São Paulo, v. 74, n. 1, p. 1-11, 2015. Disponível em: <https://docs.bvsalud.org/biblioref/ses-sp/2015/ses-32088/ses-32088-5946.pdf>. Acesso em: 15 mar. 2021.

BERNAUD, F. S. R.; RODRIGUES, T. C. Fibra alimentar: ingestão adequada e efeitos sobre a saúde do metabolismo. **Arquivos Brasileiros de Endocrinologia & Metabologia**, São Paulo, v. 57, n. 6, p. 397-405, 2013. Disponível em: <https://www.scielo.br/pdf/abem/v57n6/01.pdf>. Acesso em: 15 mar. 2021.

BETTELHEIM, F. A. et al. **Introdução à bioquímica**. São Paulo: Cengage, 2017.

BIER, D. et al. Nutrition for the Primary Care Provide. In: KOLETZKO, B. (Ed.). **World Review of Nutrition and Dietetics**. Basiléia: Karger, 2015. v. 111. p. 210.

BJORKLUND, G. et al. The Toxicology of Mercury: Current Research and Emerging Trends. **Environmental Research**, v. 159, p. 545-554, Nov. 2017.

BOEIRA, R. C. Uso de lodo de esgoto como fertilizante orgânico: disponibilização de nitrogênio em solo tropical. **Comunicado técnico**: Embrapa, Jaguariúna, n. 12, Abril, 2004. Disponível em: <https://ainfo.cnptia.embrapa.br/digital/bitstream/CNPMA/5843/1/comunicado_12.pdf>. Acesso em: 15 mar. 2021.

BONI, A. et al. Vitaminas antioxidantes e prevenção da arteriosclerose na infância. **Revista Paulista de Pediatria**, São Paulo, v. 28, n. 4, p. 373-380, 2010. Disponível em: <https://www.scielo.br/pdf/rpp/v28n4/a14v28n4.pdf>. Acesso em: 15 mar. 2021.

BRIÃO, V. B.; TAVARES, C. R. G. Ultrafiltração como processo de tratamento para o reúso de efluentes de laticínios. **Engenharia Sanitária e Ambiental**, Rio de Janeiro, v. 12, n. 2. p. 134-138, abr./jun. 2007. Disponível em: <https://www.scielo.br/pdf/esa/v12n2/a04v12n2.pdf>. Acesso em: 15 mar. 2021.

BRASIL. Decreto-Lei n. 986, de 21 de outubro de 1969. **Diário Oficial da União**, Poder Executivo, Brasília, DF, 21 out. 1969. Disponível em: <http://www.planalto.gov.br/ccivil_03/Decreto-Lei/Del0986.htm>. Acesso em: 15 mar. 2021.

BRASIL. Ministério da Saúde. Agência Nacional de Vigilância Sanitária. Resolução RDC n. 332, de 23 de dezembro de 2019. **Diário Oficial da União**, Brasília, DF, 26 dez. 2019. Disponível em: <https://nutritotal.com.br/pro/wp-content/uploads/sites/3/2020/03/Material-3-nova-rdc.pdf>. Acesso em: 15 mar. 2021.

BRASIL. Ministério da Saúde. Instituto Nacional de Câncer José Alencar Gomes da Silva. **Diretrizes para a vigilância do câncer relacionado ao trabalho**. 2. ed. rev. e atual. Rio de Janeiro, 2013. Disponível em: <https://www.inca.gov.br/sites/ufu.sti.inca.local/files//media/document//diretrizes-vigilancia-cancer-relacionado-2ed.compressed.pdf>. Acesso em: 15 mar. 2021.

BRASIL. Ministério da Saúde. Secretaria de Atenção à Saúde. **Guia alimentar para a população brasileira**: promovendo a alimentação saudável. Brasília, 2008. (Série A. Normas e Manuais Técnicos. Disponível em: <http://bvsms.saude.gov.br/bvs/publicacoes/guia_alimentar_populacao_brasileira_2008.pdf>. Acesso em: 15 mar. 2021.

BRASIL. Ministério da Saúde. Secretaria de Atenção à Saúde. Portaria n. 1.115, de 19 de outubro de 2015. **Diário Oficial da União**, Brasília, DF, 20 out. 2015. Disponível em: <http://www.lex.com.br/legis_27033428_PORTARIA_N_1115_DE_19_DE_OUTUBRO_DE_2015.aspx>. Acesso em: 15 mar. 2021.

BRASIL. Ministério da Saúde. Secretaria de Vigilância em Saúde. **Vigilância e controle da qualidade da água para consumo humano**. Brasília, 2006a. (Série B. Textos Básicos de Saúde). Disponível em: <http://bvsms.saude.gov.br/bvs/publicacoes/vigilancia_controle_qualidade_agua.pdf>. Acesso em: 15 mar. 2021.

BRASIL. Ministério do Desenvolvimento Social. Secretaria Nacional de Segurança Alimentar e Nutricional. **Princípios e práticas para educação alimentar e nutricional**. Brasília, 2018. Disponível em: <https://www.mds.gov.br/webarquivos/arquivo/seguranca_alimentar/caisan/Publicacao/Educacao_Alimentar_Nutricional/21_Principios_Praticas_para_EAN.pdf >. Acesso em: 15 mar. 2021.

BRASIL. Ministério da Educação. Secretaria de Educação Básica. **Orientações curriculares para o ensino médio**: ciências da natureza, matemática e suas tecnologias. Brasília: Ministério da Educação, 2006b. v. 2. Disponível em: <http://portal.mec.gov.br/seb/arquivos/pdf/book_volume_02_internet.pdf>. Acesso em: 15 mar. 2021.

BRITO, E. Aspartame. **Food Ingredients Brasil**. Barueri, v. 20, n 43, p. 21-30, 2018. Disponível em: <https://revista-fi.com.br/upload_arquivos/201803/2018030446861001521745498.pdf>. Acesso em: 15 mar. 2021.

BÚRIGO, T. et al. Efeito bifidogênico do frutooligossacarídeo na microbiota intestinal de pacientes com neoplasia hematológica. **Revista de Nutrição**, Campinas, v. 20, n. 5, p. 491-497, set./out. 2007. Disponível em: <https://www.scielo.br/pdf/rn/v20n5/a05v20n5.pdf>. Acesso em: 15 mar. 2021.

CAMPOS, R. D. de; SEO, E. S. M. Principais aspectos da ecotoxicologia do cloreto de vinila. **InterfacEHS: Revista de Gestão Integrada em Saúde do Trabalho e Meio Ambiente**, v. 4, n. 2, p. 1-16, maio/ago. 2009. Disponível em: <http://www3.sp.senac.br/hotsites/blogs/InterfacEHS/wp-content/uploads/2013/08/6_ARTIGO_vol4n2.pdf>. Acesso em: 15 mar. 2021.

CARDOSO, T. et al. Botulismo alimentar: estudo retrospectivo de cinco casos. **Acta Médica Portuguesa**, v. 17, p. 54-58, 2004. Disponível em: <https://www.researchgate.net/profile/Teresa_Cardoso3/publication/8094066_Food-borne_botulism_-_Review_of_five_cases/links/0c960522470a880341000000/Food-borne-botulism-Review-of-five-cases.pdf>. Acesso em: 15 mar. 2021.

CARVALHO, G. de; MARQUES, N. C. F. R. Destoxificação e biotransformação hepática. In: PASCOAL, V.; NAVES, A.; FONSECA, A. B. B. L. da. **Nutrição clínica funcional**: dos princípios à prática clínica. São Paulo: Editora VP, 2007.

CASTRO, L. C. G. de. O sistema endocrinológico vitamina D. **Arquivos Brasileiros de Endocrinologia & Metabologia**, São Paulo, v. 55, n. 8, p. 566-575, nov. 2011. Disponível em: <https://www.scielo.br/pdf/abem/v55n8/10.pdf>. Acesso em: 15 mar. 2021.

CATALANI, L. A. et al. Fibras alimentares. **Revista Brasileira de Nutrição Clínica**, v. 18, n. 4, p. 178-182, 2003.

CECCHI, H. M. **Fundamentos teóricos e práticos em análise de alimentos**. 2. ed. Campinas: Unicamp, 2003.

CENGAGE LEARNING EDIÇÕES. **Saúde e nutrição** São Paulo, 2016. Disponível em: <https://issuu.com/cengagebrasil/docs/9788522123742_livreto>. Acesso em: 16 dez. 2020.

CERESER, N. D. et al. Botulismo de origem alimentar. **Ciência Rural**, Santa Maria, v. 38, n. 1, p. 280-287, jan./fev. 2008. Disponível em: <https://www.scielo.br/pdf/cr/v38n1/a49v38n1.pdf>. Acesso em: 15 mar. 2021.

CERON, L. P. A dualidade das algas: eutrofização em águas e a depuração de efluentes. **Tratamento de Águas e Efluentes**, p. 14-19, 2017. Disponível em: <https://www.researchgate.net/profile/Luciano_Peske_Ceron/publication/281973364_A_dualidade_das_algas_eutrofizacao_em_aguas_e_a_depuracao_de_efluentes/links/560049db08aec948c4fa78ab/A-dualidade-das-algas-eutrofizacao-em-aguas-e-a-depuracao-de-efluentes.pdf>. Acesso em: 15 mar. 2021.

CERVATO-MANCUSO, A. M.; VINCHA, K. R. R.; SANTIAGO, D. A. Educação alimentar e nutricional como prática de intervenção: reflexão e possibilidades de fortalecimento. **Physis: Revista de Saúde Coletiva**, Rio de Janeiro, v. 26, n. 1, p. 225-249, jan./mar. 2016. Disponível em: <https://doi.org/10.1590/S0103-73312016000100013>. Acesso em 15 mar. 2021.

COPPOLA, M. de M.; TURNES, C. G. Probióticos e resposta imune. **Ciência Rural**, Santa Maria, v. 34, n. 4, p. 1297-1303, jul./ago. 2004. Disponível em: <https://www.scielo.br/pdf/cr/v34n4/a56v34n4.pdf>. Acesso em: 15 mar. 2021.

CORTÉS, M. R.; CHIRALT, A. B.; PUENTE, L. D. Alimentos funcionales: una historia con mucho presente y futuro. **Vitae**, Medellín, v. 12, n. 1, p. 5-14, 2005. Disponível em: <http://www.scielo.org.co/pdf/vitae/v12n1/v12n1a01.pdf>. Acesso em: 15 mar. 2021.

COUTINHO, M. A. S.; MUZITANO, M. F.; COSTA, S. S. Flavonoides: potenciais agentes terapêuticos para o processo inflamatório. **Revista Virtual de Química**, v. 1, n. 3, p. 241-256, 2009. Disponível em: <http://rvq-sub.sbq.org.br/index.php/rvq/article/view/51/98>. Acesso em: 15 mar. 2021.

COVINGTON, M. B. Omega-3 Fatty Acids. **American Family Physician**, v. 70, n. 1, p. 133-140, July 2004. Disponível em: <https://www.aafp.org/afp/2004/0701/p133.html>. Acesso em: 15 mar. 2021.

CRAVEIRO, A. A.; QUEIROZ, D. C. de. Óleos essenciais e química fina. **Química Nova**, v. 16, n. 3, p. 224-228, 1993. Disponível em: <http://static.sites.sbq.org.br/quimicanova.sbq.org.br/pdf/Vol16No3_224_v16_n3_%289%29.pdf>. Acesso em: 15 mar. 2021.

CRESSEY, P.; REEVE, J. Metabolism of Cyanogenic Glycosides: a Review. **Food and Chemical Toxicology**, v. 125, p. 225-232, Jan. 2019.

DELDUQUE, M. C.; MARQUES, S. B.; SILVA, L. R. da. A reavaliação do registro de agrotóxicos e o direito à saúde. **Revista de Direito Sanitário**, São Paulo, v. 11, n. 1, p. 169-175, mar./jun. 2010. Disponível em: <https://www.revistas.usp.br/rdisan/article/view/13202/15013>. Acesso em: 15 mar. 2021.

DENNIS, M. J.; WILSON, L. A. Nitrates and Nitrites. In: DENNIS, M. J.; WILSON, L. A. **Encyclopedia of Food Sciences and Nutrition**. 2. ed. Cambridge: Academic Press, 2003. p. 4136-4141.

DERGAL, S. B. **Química de los alimentos**. 4. ed. México: Pearson, 2006.

DESCHAMPS, E. M.; MIÑA, A.; DIÉGUEZ. M. A. Isoformas de la transferrina: utilidad clínica de su determinación. **Revista de Diagnóstico Biológico**, v. 52, n. 1, p. 35-39, enero/marzo 2003. Disponível em: <http://scielo.isciii.es/scielo.php?script=sci_arttext&pid=S0034-79732003000100005>. Acesso em: 15 mar. 2021.

DÔRES, S. M. C. das; PAIVA, S. A. R. de; CAMPANA, A. O. Vitamina K: metabolismo e nutrição. **Revista de Nutrição**, Campinas, v. 14, n. 3, p. 207-218, set./dez. 2001. Disponível em: <https://www.scielo.br/pdf/rn/v14n3/7787.pdf>. Acesso em: 15 mar. 2021.

DORTA, D. J. et al. (Org.). **Toxicologia forense**. São Paulo: Blucher, 2018.

DUFFUS, J. H. Heavy Metals – a Meaningless Term? **Pure and Applied Chemistry**, v. 74, n. 5, p. 793-807, 2002. Disponível em: <https://www.degruyter.com/document/doi/10.1351/pac200274050793/html>. Acesso em: 15 mar. 2021.

DURÁN, R.; VALENZUELA, A. La experiencia japonesa con los alimentos Foshu: ¿Los verdaderos alimentos funcionales? **Revista Chilena de Nutrición**, Santiago, v. 37, n. 2, p. 224-233, jun. 2010. Disponível em: <https://scielo.conicyt.cl/pdf/rchnut/v37n2/art12.pdf>. Acesso em: 15 mar. 2021.

DUTRA, C. B.; RATH, S.; REYES, F. G. R. Nitrosaminas voláteis em alimentos. **Revista Alimentos e Nutrição**, Araraquara, v. 18, n. 1, p.111-120, jan./mar. 2007. Disponível em: <http://serv-bib.fcfar.unesp.br/seer/index.php/alimentos/article/viewFile/142/150#:~:text=RESUMO%3A%20Nitrosaminas%20s%C3%A3o%20compostos%20potencialmente,secund%C3%A1ri%2D%20as%20e%20agentes%20nitrosantes.>. Acesso em: 15 mar. 2021.

DYBING, E. et al. Risk Assessment of Dietary Exposures to Compounds That Are Genotoxic and Carcinogenic – an Overview. **Toxicology Letters**, v. 180, n. 2, p. 110-117, Aug. 2008.

DYNIA, J. F.; BOEIRA, R. C. Implicações do uso de lodo de esgoto como fertilizante em culturas anuais: nitrato no solo. **Comunicado Técnico Embrapa Meio Ambiente**, Jaguariúna, n. 4, nov. 2000. Disponível em: <https://ainfo.cnptia.embrapa.br/digital/bitstream/CNPMA/5830/1/ct_implic_lodo.pdf>. Acesso em: 15 mar. 2021.

ENGWA, G. A. et al. Mechanism and Health Effects of Heavy Metal Toxicity in Humans. In: KARCIOGLU, O.; ARSLAN, B. (Ed.). **Poisoning in the Modern World**: New Tricks for an Old Dog. London: Intechopen, 2019. p. 1-23.

ESTEVES, E. A.; MONTEIRO, J. B. R. Efeitos benéficos das isoflavonas de soja em doenças crônicas. **Revista de Nutrição**, Campinas, v. 14, n. 1, p. 43-52, jan./abr. 2001. Disponível em: <https://www.scielo.br/pdf/rn/v14n1/7571.pdf>. Acesso em: 15 mar. 2021.

FELKER, P.; BUNCH, R.; LEUNG, A. M. Concentrations of Thiocyanate and Goitrin in Human Plasma, Their Precursor Concentrations in Brassica Vegetables, and Associated Potential Risk for Hypothyroidism. **Nutrition Reviews**, v. 74, n. 4, p. 248-258, Mar. 2016.

FENNEMA, O. R.; PARKIN, K. L.; DAMODARAN, S. **Introdução à química de alimentos de Fennema**. 5. ed. Porto Alegre: Artmed, 2019.

FENNEMA, O. R.; TANNEMBAUM, S. T. Introducción a la química de los Alimentos. In: DAMODARAN, S.; PARKIN, K. L. **Química de los Alimentos**. Tradução de Adriano Brandelli. 3. ed. Acribia, 2008. p. 1-18.

FERNANDES, F.; PIERRO, A. C.; YAMAMOTO, R. Y. Produção de fertilizantes orgânicos por compostagem do lodo gerado por estações de tratamento de esgotos. **Pesquisa Agropecuária Brasileira**, Brasília, v. 28, n. 5, p. 567-574, maio 1993. Disponível em: <https://seer.sct.embrapa.br/index.php/pab/article/view/3910/1201>. Acesso em: 15 mar. 2021.

FERNÍCOLA, N. G. G. de; AZEVEDO, F. A. de. Metemoglobinemia e nitrato nas águas. **Revista de Saúde Pública**, São Paulo, v. 15, p. 242-248, 1981. Disponível em: <https://www.scielo.br/pdf/rsp/v15n2/09.pdf>. Acesso em: 15 mar. 2021.

FONSECA, B. T. da. Compostos inorgânicos. **InfoEscola**. Disponível em: <https://www.infoescola.com/quimica/compostos-inorganicos/>. Acesso em: 15 mar. 2021.

FRANCISCO JUNIOR, W. E. Bioquímica no ensino médio?!: (de)limitações a partir da análise de alguns livros didáticos de química. **Ciência e Ensino**, v. 1, n. 2, p.1-10, jun. 2007. Disponível em: <https://www.researchgate.net/publication/228340334_Bioquimica_no_Ensino_MedioDe_Limitacoes_a_partir_da_analise_de_alguns_livros_didaticos_de_Quimica>. Acesso em: 15 mar. 2021.

FRANCISCO JUNIOR, W. E.; FRANCISCO, W. Proteínas: hidrólise, precipitação e um tema para o ensino de química. **Química Nova na Escola**, n. 24, p. 12-16, nov. 2006. Disponível em: <http://qnesc.sbq.org.br/online/qnesc24/ccd1.pdf>. Acesso em: 15 mar. 2021.

FRANCO, B. D. G. de M.; LANGRAF, M. **Microbiologia dos alimentos**. São Paulo: Atheneu, 2005.

FRIEDRICH, K. **Avaliação dos efeitos tóxicos sobre o sistema reprodutivo, hormonal e câncer para seres humanos após o uso do herbicida 2,4 – D**. Rio de Janeiro: Fundação Oswaldo Cruz, 2014. Parecer técnico. Disponível em: <http://antigo.contraosagrotoxicos.org/index.php/materiais/relatorios/parecer-sobre-o-herbicida-2-4-d-incqs-fiocruz/download>. Acesso em: 15 mar. 2021.

FUTTERLEIB, A.; CHERUBINI, K. Importância da vitamina B12 na avaliação clínica do paciente idoso. **Scientia Medica**, Porto Alegre, v. 15, n. 1, p. 74-78, jan./mar. 2005. Disponível em: <http://revistaseletronicas.pucrs.br/ojs/index.php/scientiamedica/article/download/1547/1150>. Acesso em: 15 mar. 2021.

FWR – Foundation for Water Research. Disponível em: <www.fwr.org>. Acesso em: 15 mar. 2021.

GALLOWAY, K. R.; BRETZ, S. L.; NOVAK, M. Paper Chromatography and UV-Vis Spectroscopy to Characterize Anthocyanins and Investigate Antioxidant Properties in the Organic Teaching Laboratory. **Journal of Chemical Education**, v. 92, n. 1, p. 183-188, 2015.

GAVA, A. J. **Princípios de tecnologia de alimentos**. 7. ed. São Paulo: Nobel, 1984.

GAVA, A. J.; SILVA, C. A. B. da.; FRIAS, J. R. G. **Tecnologia de alimentos**: princípios e aplicações. São Paulo: Nobel, 2008.

GEORGE, M. et al. Incidence and Geographical Distribution of Sudden Infant Death Syndrome in Relation to Content of Nitrate in Drinking Water and Groundwater Levels. **European Journal of Clinical Investigation**, v. 31, n. 12, p. 1083-1094, 2001.

GIBSON; G. R.; ROBERFROID, M. B. Dietary Modulation of the Human Colonic Microbiota: Introducing the Concept of Prebiotics. **The Journal of Nutrition**, v. 125, n. 6, p. 1401-1412, June 1995.

GIUNTINI, E. B.; LAJOLO, F. M.; MENEZES, E. W. de. Potencial de fibra alimentar em países ibero-americanos: alimentos, produtos e resíduos. **Archivos Latinoamericanos de Nutrición**, Caracas, v. 53, n. 1, p. 1-7, marzo 2003. Disponível em: <http://ve.scielo.org/scielo.php?script=sci_arttext&pid=S0004-06222003000100002>. Acesso em: 15 mar. 2021.

GLOTFELTY, D. E.; SEIBER, J. N.; LILJEDAHL, A. Pesticides in Fog. **Nature**, v. 325, p. 602-605, 1987.

GOERING, R. V. et al. **Mims' Medical Microbiology and Immunology**. 5. ed. London: Elsevier, 2012.

GÓES, S. P. de; RIBEIRO, M. L. L. α-galactosidase: aspectos gerais e sua aplicação em produtos à base de soja. **Semina: Ciências Agrárias**, Londrina, v. 23, n. 1, p. 111-119, jan./jun. 2002. Disponível em: <http://www.uel.br/revistas/uel/index.php/semagrarias/article/view/2084/1787>. Acesso em: 15 mar. 2021.

GONÇALVES, E. S. et al. A importância da determinação analítica de intermediários reativos e de seus produtos de reações com biomacromoléculas: uma minirrevisão. **Química Nova**, São Paulo, v. 37, n. 2, p. 317-322, 2014. Disponível em: <https://www.scielo.br/pdf/qn/v37n2/v37n2a20.pdf>. Acesso em: 15 mar. 2021.

GONÇALVES, N. M. F. de M.; CARNEIRO, B. C. O ômega-3 na prevenção do infarto agudo do miocárdio. **Revista Uniandrade**, v. 18, n. 2, p. 86-94, 2017. Disponível em: <https://revista.uniandrade.br/index.php/revistauniandrade/article/view/724/899>. Acesso em: 15 mar.2021.

GONZALES, E.; MELLO, H. H. DE C.; CAFÉ, M. B. Uso de antibióticos promotores de crescimento na alimentação e produção animal. **Revista UFG**, v. 13, n. 13, p. 48-53, dez. 2012. Disponível em: <https://www.revistas.ufg.br/revistaufg/article/view/48453/23781>. Acesso em: 15 mar. 2021.

GREGOR, D. J.; GUMMER, W. D. Evidence of Atmospheric Transport and Deposition of Organochlorine Pesticides and Polychlorinated Biphenyls in Canadian Arctic Snow. **Environmental Science & Technology**, v. 23, n. 5, p. 561-565, 1989.

GUARDABASSI, L.; JENSEN, L. B.; KRUSE, H. **Guia de antimicrobianos em veterinária**. Tradução de Agueda Castagna de Vargas. Porto Alegre: Artmed, 2010.

GUERRA, L. T. **Transferrina e pré-albumina séricas como marcadoras da resposta do suporte nutricional em pacientes com câncer de esôfago**. 100 f. Dissertação (Mestrado em Gastroenterologia) – Universidade Federal do Rio Grande do Sul, Porto Alegre, 2008. Disponível em: <https://lume.ufrgs.br/bitstream/handle/10183/17372/000715689.pdf?sequence=1&isAllowed=y>. Acesso em: 15 mar. 2021.

GWALTNEY-BRANT, S. M. Heavy Metals. In: HASCHEK, W. M.; ROUSSEAUX, C. G.; WALLIG, M. A. (Ed.). **Haschek and Rousseaux's Handbook of Toxicologic Pathology**. 3. ed. Cambridge: Academic Press, 2013. p. 1315-1347.

HERRERA, E.; BARBAS, C. Vitamine E: Action, Metabolism and Perspective. **Journal of Physiology and Biochemistry**, v. 57, n. 2, p. 43-56, Mar. 2001.

HIGASHIJIMA, N. S. et al. Fatores antinutricionais na alimentação humana. **Segurança Alimentar e Nutricional**, Campinas, v. 27, p. 1-16, 2020. Disponível em: <https://periodicos.sbu.unicamp.br/ojs/index.php/san/article/view/8653587/21820>. Acesso em: 15 mar. 2021.

HONORATO, T. C. et al. Aditivos alimentares: aplicações e toxicologia. **Revista Verde de Agroecologia e Desenvolvimento Sustentável**, Mossoró, v. 8, n. 5, p. 1-11, dez. 2013. Disponível em: <https://gvaa.com.br/revista/index.php/RVADS/article/viewFile/1950/2105>. Acesso em: 15 mar. 2021.

HUSSAIN, M. A. Food Contamination: Major Challenges of the Future. **Foods**, v. 5, n. 21, Jun. 2016.

IARC – International Agency for Research on Cancer. **Evaluation of Five Organophosphate Insecticides and Herbicides**. 20 Mar. 2015. IARC Monographs Volume 112. Disponível em: <iarc.fr/wp-content/uploads/2018/07/MonographVolume112-1.pdf>. Acesso em: 15 mar. 2021.

IARC – International Agency of Research on Cancer. **Ingested Nitrate and Nitrite, and Cyanobacterial Peptide Toxins**. Lyon, 2010. v. 94. Disponível em: <https://publications.iarc.fr/112>. Acesso em: 15 mar. 2021.

IBAMA – Instituto Brasileiro do Meio Ambiente e dos Recursos Naturais Renováveis. **Relatórios de comercialização de agrotóxicos**: boletim 2019. Disponível em: <https://www.ibama.gov.br/agrotoxicos/relatorios-de-comercializacao-de-agrotoxicos>. Acesso em: 15 mar. 2021.

IEGGLI, F. C. V. S. et al. Determinação de cobamamida em produtos farmacêuticos por espectrofotometria no visível. **Revista Brasileira de Farmácia**, v. 93, n.2, p. 191-195, 2012. Disponível em: <https://docplayer.com.br/8027600-Determinacao-de-cobamamida-em-produtos-farmaceuticos-por-espectrofotometria-no-visivel.html>. Acesso em: 15 mar. 2021.

INSTITUTO DA POTASSA & FOSFATO. **Manual internacional de fertilidade do solo**. Tradução de Alfredo Scheid Lopes. 2. ed. rev. e ampl. Piracicaba: Potafos, 1998. Disponível em: <https://www.ufjf.br/baccan/files/2019/04/Manual-Internacional-de-Fertilidade-do-Solo.pdf>. Acesso em: 15 mar. 2021.

JANSEN, V. B. et al. Nitrate in Potable Water Supplies: Alternative Management Strategies. **Critical Reviews in Environmental Science and Technology**, v. 44, n. 20, p. 2203-2286, 2014.

JARDIM, A. N. O.; CALDAS, E. D. Exposição humana a substâncias químicas potencialmente tóxicas na dieta e os riscos para saúde. **Química Nova**, São Paulo, v. 32, n. 7, p. 1898-1909, 2009. Disponível em: <https://www.scielo.br/pdf/qn/v32n7/36.pdf>. Acesso em: 15 mar. 2021.

JIN, C-Y. et al. Glycoalkaloids and Phenolic Compounds in Three Commercial Potato Cultivars Grown in Hebei, China. **Food Science and Human Wellness**, v. 7, n. 2, p. 156-162, June 2018. Disponível em: <https://doi.org/10.1016/j.fshw.2018.02.001>. Acesso em: 15 mar. 2021.

JORGE, N. **Embalagens para alimentos**. São Paulo: Cultura Acadêmica, 2013.

KABIR, I. et al. A Brief Journey of Tocotrienols as Anticancer Agents. **Journal of in Silico & in Vitro Pharmacology**, v. 3, n. 2, p.1-4, 2019. Disponível em: <https://pharmacology.imedpub.com/a-brief-journey-of-tocotrienols-as-anticancer-agents.pdf>. Acesso em: 15 mar. 2021.

KIM, J-J.; KIM, Y-S.; KUMAR, V. Heavy Metal Toxicity: an Update of Chelating Therapeutic Strategies. **Journal of Trace Elements in Medicine and Biology**, v. 54, p. 226–231, July 2019.

KIM, Y-J.; CHOI, J-H. Selective Removal of Nitrate Ion Using a Novel Composite Carbon Electrode in Capacitive Deionization. **Water Research**, v. 46, n. 18, p. 6033-6039, Nov. 2012.

KISS, A. A. **Advanced Distillation Technologies**: Design, Control and Applications. Chichester: Wiley, 2013.

KLICH, M. A. *Aspergillus flavus*: the Major Producer of Aflatoxin. **Molecular Plant Pathology**, v. 8, n. 6, p. 713–722, Nov. 2007.

KUCHARZ, E. J.; SHAMPO, M. A.; KYLE, R. A. Casimir Funk: Polish-Born American Biochemist. **Mayo Clinic Proceedings**, v. 69, n. 7, p. 656, July 1994.

LARI, S. Z. et al. Comparison of Pesticide Residues in Surface Water and Ground Water of Agriculture Intensive Areas. **Journal of Environmental Health Science & Engineering**, v. 12, n. 11, p. 2-7, 2014. Disponível em: <https://www.ncbi.nlm.nih.gov/pmc/articles/PMC3895686/>. Acesso em: 15 mar. 2021.

LADO, J. J. et al. Removal of Nitrate by Asymmetric Capacitive Deionization. **Separation and Purification Technology**, v. 183, p. 145-152, Aug. 2017. Disponível em: <https://www.researchgate.net/publication/316031367_Removal_of_nitrate_by_asymmetric_capacitive_deionization>. Acesso em: 15 mar. 2021.

LEHMANN, I.; SACK, U.; LEHMANN, J. Metals Ions Affecting the Immune System. **Metal Ions in Life Sciences**, v. 8, p. 157-185, 2011.

LEVALLOIS, P.; PHANEUF, D. Contamination of Drinking Water by Nitrates: Analysis of Health Risks. **Canadian Journal of Public Health**, v. 85, n. 3, p. 192-196, May/June 1994.

LILLO, A. de. et al. Mechanism(s) of Action of Heavy Metals to Investigate the Regulation of Plastidic Glucose-6-Phosphate Dehydrogenase. **Scientific Reports**, v. 8, p. 1-10, Sept. 2018. Disponível em: <https://www.nature.com/articles/s41598-018-31348-y.pdf>. Acesso em: 15 mar. 2021.

LIMA, K. S. C. et al. Efeito de baixas doses de irradiação nos carotenóides majoritários em cenouras prontas para o consumo. **Ciência e Tecnologia de Alimentos**, Campinas, v. 24, n. 2, p. 183-193, abr./jun. 2004. Disponível em: <https://www.scielo.br/pdf/cta/v24n2/v24n2a05.pdf>. Acesso em: 15 mar. 2021.

LIMA, L. M.; SOUZA, E. L. de; FIGUEIREDO, R. de O. Análise do risco de contaminação das águas subterrâneas por agrotóxicos na microbacia hidrográfica do Igarapé Cumaru, município de Igarapé-Açu (PA). In: CONGRESSO BRASILEIRO DE ÁGUAS SUBTERRÂNEAS, 13, São Paulo, 2004. **Anais... Revista Águas Subterrâneas**, São Paulo, p. 1-12, 2004.

LIMA, V. F.; MERÇON, F. Metais pesados no ensino da química. **Química Nova na Escola**, v. 33, n. 4, p. 199-205, nov. 2011. Disponível em: <https://www.ufjf.br/baccan/files/2012/11/199-CCD-7510.pdf>. Acesso em: 15 mar. 2021.

MACEDO, L. L.; VIMERCATI, W. C.; ARAUJO, C. da S. Fruto-oligossacarídeos: aspectos nutricionais, tecnológicos e sensoriais. **Brazilian Journal of Food Technology**, Campinas, v. 23, p. 1-9, 2020. Disponível em: <https://www.scielo.br/pdf/bjft/v23/1981-6723-bjft-23-e2019080.pdf>. Acesso em: 15 mar. 2021.

MACHADO, H. et al. Flavonoides e seu potencial terapêutico. **Boletim do Centro de Biologia da Reprodução**, Juiz de Fora, v. 27, n. 1/2, p. 33-39, jan./dez. 2008. Disponível em: <https://periodicos.ufjf.br/index.php/boletimcbr/article/view/17024/8541>. Acesso em: 15 mar. 2021.

MACHADO, R. M. D.; TOLEDO, M. C. F. Determinação de glicoalcaloides em batatas *in natura* (*Solanum tuberosum* L.) comercializadas na cidade de Campinas, Estado de São Paulo. **Ciência e Tecnologia de Alimentos**, Campinas, v. 24, n.1, p. 47-52, jan./mar. 2004. Disponível em: <https://www.scielo.br/pdf/cta/v24n1/20040.pdf>. Acesso em: 15 mar. 2021.

MAFRA, D.; COZZOLINO, S. M. F. Importância do zinco na nutrição humana. **Revista de Nutrição**, Campinas, v. 17, n. 1, p. 79-87, jan./mar. 2004. Disponível em: <https://www.scielo.br/pdf/rn/v17n1/a09v17n1.pdf>. Acesso em: 15 mar. 2021.

MARTIN, C. A. et al. Ácidos graxos poli-insaturados ômega-3 e ômega-6: importância e ocorrência em alimentos. **Revista de Nutrição**, Campinas, v. 19, n. 6, p. 761-770, nov./dez. 2006. Disponível em: <https://www.scielo.br/pdf/rn/v19n6/10.pdf>. Acesso em: 15 mar. 2021.

MARTINS, A. M. da S. **Identificação e verificação da resistência aos sanitizantes dos microrganismos presentes na água destinada ao abastecimento público e em um sistema de purificação**. 166 f. Dissertação (Mestrado em Farmácia) – Universidade de São Paulo, São Paulo, 2002. Disponível em: <https://www.teses.usp.br/teses/disponiveis/9/9135/tde-09012015-165654/publico/Alzira_MS_Martins_Mestrado.pdf>. Acesso em: 15 mar. 2021.

MARTINS, J. T.; CARVALHO-SILVA, M.; STRECK, E. L. Efeitos da deficiência de vitamina B12 no cérebro. **Revista Inova Saúde**, Criciúma, v. 6, n. 1, p. 192-206, jul. 2017. Disponível em: <http://periodicos.unesc.net/Inovasaude/article/view/3058/3329>. Acesso em: 15 mar. 2021.

MARTINS, J. M.; GRUEZO, N. D. Ácido graxo w-6 na etiologia do câncer de cólon e reto. **Revista Brasileira de Cancerologia**, v. 55, n. 1, p. 69-74, 2009. Disponível em: <https://rbc.inca.gov.br/site/arquivos/n_55/v01/pdf/12_revisao_de_literatura_acido_graxo.pdf>. Acesso em: 15 mar. 2021.

MASSEY, L. K.; ROMAN-SMITH, H.; SUTTON, R. A. Effect of Dietary Oxalate and Calcium on Urinary Oxalate and Risk of Formation of Calcium Oxalate Kidney Stones. **Journal of the American Dietetic Association**, v. 93, n. 8, p. 901-906, Aug. 1993.

MAZUMDER, D. N. G. Health Effects Chronic Arsenic Toxicity. In: FLORA, S. J. S. (Ed.). **Handbook of Arsenic Toxicology**. New York: Elsevier, 2015. p. 137-177.

MEDEIROS, S. B. de. **Química ambiental**. 3. ed. Edição do autor. Recife: [s.n.], 2005.

MELLO, V. D. de; LAAKSONEN, D. E. Fibras na dieta: tendências atuais e benefícios à saúde na síndrome metabólica e no diabetes melito tipo 2. **Arquivos Brasileiros de Endocrinologia & Metabologia**, v. 53, n. 5, p. 509-518, 2009. Disponível em: <https://www.scielo.br/pdf/abem/v53n5/04.pdf>. Acesso em: 15 mar. 2021.

MELO, N. R. de. **Migração de plastificantes e avaliação de propriedades mecânicas de filmes de poli(cloreto de vinila) para alimentos**. 138 f. Tese (Doutorado em Ciência e Tecnologia de Alimentos) – Universidade Federal de Viçosa, Viçosa, 2007. Disponível em: <https://www.locus.ufv.br/bitstream/123456789/512/1/texto%20completo.pdf>. Acesso em: 15 mar. 2021.

MELO, R. B. **Ação anti-inflamatória e antioxidante do mix de óleos ômega 9, 6 e 3 de baixa relação ômega-6/ômega-3 e elevada relação ômega-9/ômega-6 após exodontia em ratos**. Dissertação (Mestrado em Ciências Médico-Cirúrgicas) – Universidade Federal do Ceará, Fortaleza, 2014. Disponível em: <http://www.repositorio.ufc.br/bitstream/riufc/19284/1/2014_dis_rbmelo.pdf>. Acesso em: 15 mar. 2021.

MENSINK, R. P.; KATAN, M. B. Effect of Dietary Trans Fatty Acids on High-Density and Low-Density Lipoprotein Cholesterol Levels in Healthy Subjects. **The New England Journal of Medicine**, v. 323, n. 7, p. 439-445, 1990. Disponível em: <https://www.nejm.org/doi/full/10.1056/nejm199008163230703#:~:text=Conclusions.,323%3A439%E2%80%9345.)>. Acesso em: 15 mar. 2021.

MERÇON, F. O que é uma gordura trans? **Química Nova na Escola**, v. 32, n. 2, p. 78-83, maio 2010. Disponível em: <https://sistemas.eel.usp.br/docentes/arquivos/427823/LOT2007/gorduratrans.pdf>. Acesso em: 15 mar. 2021.

MESNAGE, R. et al. Potential Toxic Effects of Glyphosate and Its Commercial Formulations Below Regulatory Limits. **Food and Chemical Toxicology**, v. 84, p. 133-153, Oct. 2015.

MIDIO, A. F.; MARTINS. D. I. **Toxicologia de alimentos**. São Paulo: Varela, 2000.

MILLER, A. J. **Plant Mineral Nutrition**. Chichester: John Wiley & Sons, 2014.

MIRA, G. S.; GRAF, H.; CÂNDIDO, L. M. B. Visão retrospectiva em fibras alimentares com ênfase em beta-glucanas no tratamento do diabetes. **Brazilian Journal of Pharmaceutical Sciences**, São Paulo, v. 45, n. 1, p. 11-20, jan./mar. 2009. Disponível em: <https://www.scielo.br/pdf/bjps/v45n1/03.pdf>. Acesso em: 15 mar. 2021.

MONEREO, S.; LÓPEZ, A. **Un tiroides sano**. Madri: La Esfera de Los Libros, 2019.

MORAES F. P.; COLLA L. M. Alimentos funcionais e nutracêuticos: definições, legislação e benefícios à saúde. **REF – Revista Eletrônica de Farmácia**, v. 3, n. 2, p. 109-112, 2006. Disponível em: <https://revistas.ufg.br/REF/article/view/2082/2024>. Acesso em: 15 mar. 2021.

MOREIRA, N. X.; CURI, R.; MANCINI FILHO, J. Ácidos graxos: uma revisão. **Nutrire: Revista Sociedade Brasileira de Alimentação e Nutrição**, São Paulo, v. 24, p.105-123, dez. 2002. Disponível em: <http://sban.cloudpainel.com.br/files/revistas_publicacoes/47.pdf>. Acesso em: 15 mar. 2021.

MORETTI, S. M. L.; BERTONCINI, E. I.; ABREU-JUNIOR, C. H. Aplicação do método de mineralização de nitrogênio com lixiviação para solo tratado com lodo de esgoto e composto orgânico. **Revista Brasileira de Ciência do Solo**, Viçosa, v. 37, n. 3, p. 622-631, 2013. Disponível em: <https://www.scielo.br/pdf/rbcs/v37n3/08.pdf>. Acesso em: 15 mar. 2021.

MURADIAN, L. B. de A. **Carotenoides da batata-doce (*Ipomoea batatas* Lam.) e sua relação com a cor das raízes**. 110 f. Tese (Doutorado em Ciência dos Alimentos) –Universidade de São Paulo, São Paulo, 1991. Disponível em: <https://www.teses.usp.br/teses/disponiveis/9/9131/tde-19032008-104456/publico/LigiaBAMuradian_Tese.pdf>. Acesso em: 15 mar. 2021.

NASCIMENTO, T. S. do. et al. Metemoglobinemia: do diagnóstico ao tratamento. **Revista Brasileira de Anestesiologia**, v. 58, n. 6, p. 651-664, nov./dez. 2008. Disponível em: <https://www.scielo.br/pdf/rba/v58n6/11.pdf>. Acesso em: 15 mar. 2021.

NASSER, L. C. B.; ROCHA, L. R. L.; PINTO, G. R. (Coord.). **Caderno de pós-graduação em análise ambiental e desenvolvimento sustentável**: legislação ambiental. Brasília: Ed. da UniCEUB; ICPD, 2016. Disponível em: <https://repositorio.uniceub.br/jspui/handle/235/9062>. Acesso em: 15 mar. 2021.

NATIONAL ACADEMY OF SCIENCES. **Toxicants Occurring Naturally in Foods**. 2. ed. Washington, 1973.

NELSON, D. L.; COX, M. M. **Princípios de bioquímica de Lehninger**. Tradução de Ana Beatriz Gorini da Veiga et al. 6. ed. Porto Alegre: Artmed, 2014.

NERY, P. A. C. et al. Glutamato monossódico. In: SIMPÓSIO PARAIBANO DE SAÚDE: TECNOLOGIA, SAÚDE E MEIO AMBIENTE À SERVIÇO DA VIDA, 2012, João Pessoa. **Anais...** João Pessoa: Impressos Adilson, 2012. p. 53-58. Disponível em: <https://cinasama.com.br/wp-content/uploads/2020/07/SIMP%C3%93SIO-PARAIBANO-DE-SA%C3%9ADE-2012.pdf>. Acesso em: 15 mar. 2021.

NETTO, R. C. M. Dossiê corantes. **Food Ingredients Brasil**, n. 9, p. 40-59, 2009. Disponível em: <https://revista-fi.com.br/upload_arquivos/201606/2016060213572001465326315.pdf>. Acesso em: 15 mar. 2021.

NG, T. et al. Recombinant Erythropoietin in Clinical Practice. **Postgraduate Medical Journal**, v. 79, n. 933, p. 367-376, July 2003.

NIELSEN, E.; OSTERGAARD, G.; LARSEN, J. C. **Toxicological Risk Assessment of Chemicals**: a Practical Guide. Boca Raton: CRC Press, 2008.

NITZKE, J. A. Alimentos funcionais: uma análise histórica e conceitual. In: DÖRR, A. C.; ROSSATO, M. V.; ZULIAN, A. (Org.). **Agronegócio**: panorama e perspectivas e influência do mercado de alimentos certificados. Curitiba: Appris, 2012. p. 11-23.

NORMAN Haworth: Facts. **The Nobel Prize**. Disponível em: <https://www.nobelprize.org/prizes/chemistry/1937/haworth/facts/>. Acesso em: 15 mar. 2021.

O'CONNELL, T. X.; PEDIGO, R. A.; BLAIR, T. E. **Crush Step 1**: the Ultimate USMLE Step 1 Review. New York: Elsevier, 2013.

OGA, S.; MARCOURAKIS, T.; FARSKY, S. H. P. Toxicodinâmica. In: OGA, S.; CAMARGO, M. M. de A.; BATISTUZZO, J. A. **Fundamentos de toxicologia**. 3. ed. São Paulo: Atheneu, 2008. p. 27-36.

OGA, S.; SIQUEIRA, M. E. P. B. de. Introdução à toxicologia. In: OGA, S.; CAMARGO, M. M. de A.; BATISTUZZO, J. A. **Fundamentos de toxicologia**. 4. ed. São Paulo: Atheneu, 2014. p. 1-8.

OLAGNERO, G. et al. Alimentos funcionales: fibra, prebióticos, probióticos y simbióticos. **Diaeta**, Buenos Aires, v. 25, n. 121, p. 20-33, oct./dic. 2007. Disponível em: <http://andeguat.org.gt/wp-content/uploads/2015/03/Alimentos-funcionales-fibra-prebi%C3%B3ticos-probi%C3%B3ticos-y-simbi%C3%B3ticos1.pdf>. Acesso em: 15 mar. 2021.

OLIVEIRA, A. C. de. et al. A eliminação da água não absorvida durante a maceração do feijão-comum aumentou o ganho de peso em ratos. **Revista de Nutrição**, Campinas, v. 14, n. 2, p. 153-155, maio/ago. 2001. Disponível em: <https://www.scielo.br/pdf/rn/v14n2/7564.pdf>. Acesso em: 15 mar. 2021.

OLIVEIRA, A. C.; REGGIOLLI, M. R.; RIBEIRO, K. R. A importância do ácido fólico na redução dos defeitos do tubo neural durante a gestação. **Revista Interciência & Sociedade**, v. 3, n. 2, p. 9-16, 2014. Disponível em: <http://revista.francomontoro.com.br/intercienciaesociedade/article/download/56/49/>. Acesso em: 15 mar. 2021.

OLIVEIRA, A. M. de. et al. Metodologias ativas de ensino e aprendizagem na educação alimentar e nutricional para crianças: uma visão nacional. **Revista Brasileira de Obesidade, Nutrição e Emagrecimento**, São Paulo, v. 12, n. 73, p. 607-614, set./out. 2018. Disponível em: <http://www.rbone.com.br/index.php/rbone/article/view/750>. Acesso em: 15 mar. 2021.

OLIVEIRA, M. N. de et al. Aspectos tecnológicos de alimentos funcionais contendo probióticos. **Revista Brasileira de Ciências Farmacêuticas**, São Paulo, v. 38, n. 1, p. 1-21, jan./mar. 2002. Disponível em: <https://www.scielo.br/pdf/rbcf/v38n1/v38n1a02.pdf>. Acesso em: 15 mar. 2021.

PASCALICCHIO, A. A. E. **Contaminação por metais pesados**: saúde pública e medicina ortomolecular. São Paulo: Annablume, 2002.

PASTUSHOK, O. et al. Nitrate Removal and Recovery by Capacitive Deionization (CDI). **Chemical Engineering Journal**, v. 375, Nov. 2019.

PATTERSON, E. et al. Health Implications of High Dietary Omega-6 Polyunsaturated Fatty Acids. **Journal of Nutrition and Metabolism**, v. 2012, p. 1-16, 2012.

PAULINO, F. F. **Avaliação dos componentes voláteis e atividade antioxidante de *Eruca sativa* Mill., *Brassica rapa* L. e *Raphanus sativus* L. após processamento**. 219 f. Dissertação (Mestrado em Ciências Farmacêuticas) – Universidade Federal do Rio de Janeiro, Rio de Janeiro, 2008. Disponível em: <http://livros01.livrosgratis.com.br/cp086035.pdf>. Acesso em: 15 mar. 2021.

PAZINATO, M. S.; BRAIBANTE, M. E. F. Oficina temática composição química dos alimentos: uma possibilidade para o ensino de química. **Química Nova na Escola**, São Paulo, v. 36, n. 4, p. 289-296, 2014. Disponível em: <http://qnesc.sbq.org.br/online/qnesc36_4/08-RSA-133-12.pdf>. Acesso em: 15 mar. 2021.

PEGOLO, G. E.; SILVA, M. V. da. Consumo de energia e nutrientes e a adesão ao Programa Nacional de Alimentação Escolar (Pnae) por escolares de um município paulista. **Segurança Alimentar e Nutricional**, Campinas, v. 17, n. 2, p. 50-62, 2010. Disponível em: <https://doi.org/10.20396/san.v17i2.8634792>. Acesso em: 15 mar. 2021.

PENG, Z. et al. Inheritance of Steroidal Glycoalkaloids in Potato Tuber Flesh. **Journal of Integrative Agriculture**, v. 18, n.10, p. 2255-2263, Oct. 2019. Disponível em: <https://reader.elsevier.com/reader/sd/pii/S2095311919627188?token=5854F3972E4E3E0317E5C72ABF9F57C4F77E846FD286816B9F187C6D2E2D48B032316555CDCA607615D04E374F01A41F>. Acesso em: 15 mar. 2021.

PEREIRA, A. L. de F. As tendências pedagógicas e a prática educativa nas ciências da saúde. **Cadernos de Saúde Pública**, Rio de Janeiro, v. 19, n. 5, p. 1527-1534, set./out. 2003. Disponível em: <https://reader.elsevier.com/reader/sd/pii/S2095311919627188?token=5854F3972E4E3E0317E5C72ABF9F57C4F77E 846FD286816B9F187C6D2E2D48B032316555CDCA607615D04E374F01A41F>. Acesso em: 15 mar. 2021.

PINHEIRO, D. M.; PORTO, K. R. de A.; MENEZES, M. E. da S. **A química dos alimentos:** carboidratos, lipídeos, proteínas e minerais. Maceió: edUFAL, 2005. Disponível em: <http://www.ufal.edu.br/usinaciencia/multimidia/livros-digitais-cadernos-tematicos/A_Quimica_dos_Alimentos.pdf>. Acesso em: 15 mar. 2021.

PINTO, A. de F. M. A. Doenças de origem microbiana transmitidas pelos alimentos. **Millenium**, v. 4, p. 91-100, 1996. Disponível em: <https://www.researchgate.net/publication/277180602_Doencas_de_origem_microbiana_transmitidas_pelos_alimentos/link/56d0187e08ae059e375b3c41/download>. Acesso em: 15 mar. 2021.

PINTO, H. B. **Proposta de tratamento de águas residuárias de indústria de defensivos agrícolas visando ao reuso**: tecnologia MBBR e processos físico-químicos. 163 f. Dissertação (Mestrado em Engenharia Química) – Universidade Federal do Rio de Janeiro, Rio de Janeiro, 2018. Disponível em: <https://pantheon.ufrj.br/bitstream/11422/12847/1/HalineBachmannPinto-min.pdf>. Acesso em: 15 mar. 2021.

PINTO, L. P. S. et al. O uso de probióticos para o tratamento do quadro de intolerância à lactose. **Revista Ciência & Inovação**, v. 2, n.1, p. 56-65, dez. 2015. Disponível em: <http://faculdadedeamericana.com.br/revista/index.php/Ciencia_Inovacao/article/view/229>. Acesso em: 15 mar. 2021.

PONTES, A. B. N. de; ADAN, L. F. F. Interferência do iodo e alimentos bociogênicos no aparecimento e evolução das tireopatias. **Revista Brasileira de Ciências da Saúde**, v. 10, n. 1, p. 81-86, 2006. Disponível em: <https://repositorio.ufba.br/ri/bitstream/ri/1717/1/2803.pdf>. Acesso em: 15 mar. 2021.

QUEIROZ, C.; MOITA, F. **Fundamentos sócio-filosóficos da educação**. Curso de Licenciatura em Geografia – EaD. Fasc. 10 – Novos paradigmas, a educação e o educado. Campina Grande; Natal: Ed. da UEPB; Ed. da UFRN, 2007. Disponível em: <http://www.ead.uepb.edu.br/ava/arquivos/cursos/geografia/fundamentos_socio_filosoficos_da_educacao/Fasciculo_10.pdf>. Acesso em: 15 mar. 2021.

QUINTANA, N. R. G.; CARMO, M. S. do; MELO, W. J. de. Lodo de esgoto como fertilizante: produtividade agrícola e rentabilidade econômica. **Nucleus**, v.8, n.1, p. 183-192, abr. 2011. Disponível em: <https://www.researchgate.net/publication/276046647_LODO_DE_ESGOTO_COMO_FERTILIZANTE_PRODUTIVIDADE_AGRICOLA_E_RENTABILIDADE_ECONOMICA>. Acesso em: 15 mar. 2021.

RAMOS, F. P.; SANTOS, L. A. da S.; REIS, A. B. C. Educação alimentar e nutricional em escolares: uma revisão de literatura. **Cadernos de Saúde Pública**, Rio de Janeiro, v. 29, n. 11, p. 2147-2161, nov. 2013. Disponível em: <https://www.scielo.br/pdf/csp/v29n11/03.pdf>. Acesso em: 15 mar. 2021.

REBELO, R. M.; CALDAS, E. D. Avaliação de risco ambiental de ambientes aquáticos afetados pelo uso de agrotóxicos. **Química Nova**, São Paulo, v. 37, n. 7, p. 1199-1208, 2014. Disponível em: <https://www.scielo.br/pdf/qn/v37n7/v37n7a16.pdf>. Acesso em: 15 mar. 2021.

RESENDE, Á. V. de. **Agricultura e qualidade da água**: contaminação da água por nitrato. Documentos, Planaltina, n. 57, 2002. Embrapa Cerrados. Disponível em: <https://ainfo.cnptia.embrapa.br/digital/bitstream/CPAC-2009/24718/1/doc_57.pdf>. Acesso em: 15 mar. 2021.

RIBAS, M. R. et al. Ingestão de macro e micronutrientes de praticantes de musculação em ambos os sexos. **Revista Brasileira de Nutrição Esportiva**, São Paulo. v. 9, n. 49, p. 91-99, jan./fev. 2015. Disponível em: <http://www.rbne.com.br/index.php/rbne/article/view/509/453>. Acesso em: 15 mar. 2021.

RIBEIRO, R. M. et al. Efeito da inclusão de diferentes fontes lipídicas e óleo mineral na dieta sobre a digestibilidade dos nutrientes e os níveis plasmáticos de gordura em equinos. **Revista Brasileira de Zootecnia**, Viçosa, v. 38, n. 10, p. 1989-1994, 2009. Disponível em: <https://www.scielo.br/pdf/rbz/v38n10/19.pdf>. Acesso em: 15 mar. 2021.

RICHTER, C. A.; AZEVEDO NETO, J. M. de. **Tratamento de água**: tecnologia atualizada. São Paulo: Blucher, 1991.

RODRIGUES, A. W. dos S.; CAMARGO, B.; MACIEL, E. P. Pesquisa de *Staphylococcus aureus* resistente à meticilina (MRSA) em elevadores de um hospital da rede privada de Brasília – DF. **Revista Brasileira de Pesquisa em Ciências da Saúde**, v. 6, n. 11, p. 13-18, 2019. Disponível em: <http://revistas.icesp.br/index.php/RBPeCS/article/view/814/647>. Acesso em: 15 mar. 2021.

RODRIGUEZ-AMAYA, D. B.; TAVARES, C. A. Importance of Cis-Isomer Separation in Determining Provitamin A in Tomato and Tomato Products. **Food Chemistry**, v. 45, n. 4, p. 297-302, 1992.

ROSA, C. de O. B.; COSTA, N. M. B. (Org.). **Alimentos funcionais**: componentes bioativos e efeitos fisiológicos. Rio de Janeiro: Rúbio, 2016.

ROSA, S. C. **Estimação do período de carência de medicamento veterinário em produtos comestíveis (tecidos) de origem animal por modelos de regressão**. 288 f. Dissertação (Mestrado em Medicina) – Universidade de São Paulo, Ribeirão Preto, 2016. Disponível em: <https://www.teses.usp.br/teses/disponiveis/17/17139/tde-06012017-093545/publico/SiCorr.pdf>. Acesso em: 15 mar. 2021.

ROSENFELD, L. Vitamine-vitamin: the Early Years of Discovery. **Clinical Chemistry**, v. 43, n. 4, p. 680-685, Apr. 1997. Disponível em: <https://watermark.silverchair.com/clinchem0680.pdf?token=AQECAHi208BE49Ooan9kkhW_Ercy7Dm3ZL_9Cf3qfKAc485ysgAAArAwggKsBgkqhkiG9w0BBwagggKdMIICmQIBADCCApIGCSqGSIb3DQEHATAeBglghkgBZQMEAS4wEQQMTrVPYwzSVpuH_0VZAgEQgIICYyWmGFEXRrHEVWMdbacg4efNp2WgTwB-iOkmI2pfQjCev5FbZSs_Yc0G0cLcJ5AEWdGX3rUemwlQw9QjGZX8Fdu-b1S2lOzsN1N9ENb2texvSFtktzXAhlP0kF2qG3bEl93PcH7Tt1AxrGeWvQtmbC1u9Smhh3KVGkM81ZkviVOJ6yRBSZdAzmx2z1X474TGk0PVfnKGwT_hRj7DHyh4HGa9tW7198kXpyrjBXYu9kZuWHJsPMlmETYBdEqPCV6DCeM5N5rVh3WxFiLHeadHqp9AsXxBMKqNwXYD6C7FgYEbYSOyM6LHic02Iamz9MHc6_ZEF_ssFhy2Ml_J29mWKpikeucWdPL2yDLk3CVMalzutmMMZVljnslYEAf-Lx4bXYJ8Wn5s5orE6p5hIlNpYu52gr3RMzSd5TCQ0qfoIo7DNFgYmrBTXO-ni-0wgGcJUL2KWpuzL4gVxMS0WSMdD4n_rWd6x39LNVl0B3yCulfMnMyeAOE3kD9svhiWLbAIyaXyxziMD5brQgDXSuU1ONBK9iX4UNqx0Wkb6ys0haRBTz7YxIdpuNs8I91uHbmMKoIFGCY30CxKm_g_ANI8BKcFc1RZYpa58xMPDmCT8o50rLUlpUSHXHsi7lZSdysvizPH1ZWc-EDt-PjP2-p-kmMMBz0_A7Ft3_IGHxDRFM30j_ch8121zhxvwMCihP43ttwOqSlAwX7NDecHI4r_eAwLK9piYq8GTjbbjMF8RMhZ-tMkZUSzJF_QIXiMm5XTHO7psVKX8r6n-Qg-jAfjnBM9fd3YTOmM4a5SElqxut5sEqWf>. Acesso em: 15 mar. 2021.

RUBIO, G. A. M. **Ocorrência de *Bacillus cereus* em arroz cru vitaminado e cinética de multiplicação do patógeno no arroz cozido**. 48 f. Dissertação (Mestrado em Ciências e Tecnologia de Alimentos) – Universidade Estadual de Viçosa, Viçosa, 2015. Disponível em: <https://www.locus.ufv.br/bitstream/123456789/6835/1/texto%20completo.pdf>. Acesso em: 15 mar. 2021.

RUIZ-NÚÑEZ, B.; DIJCK-BROUWER, D. A. J.; MUSKIET, F. A. J. The Relation of Saturated Fatty Acids with Low-Grade Inflammation and Cardiovascular Disease. **The Journal of Nutritional Biochemistry**, v. 36, p. 1-20, Oct. 2016.

RUNKLE, J. et al. A Systematic Review of Mancozeb as a Reproductive and Development Hazard. **Environment International**, v. 99, p. 29-42, Feb. 2017.

SAAD, S. M. I. Probióticos e prebióticos: o estado da arte. **Revista Brasileira de Ciências Farmacêuticas**, São Paulo, v. 42, n. 1, p. 1-16, jan./mar. 2006. Disponível em: <https://www.scielo.br/pdf/rbcf/v42n1/29855.pdf>. Acesso em: 15 mar. 2021.

SÁNCHEZ, O. F. et al. Profiling Epigenetic Changes in Human Cell Line Induced by Atrazine Exposure. **Environmental Pollution**, v. 258, Mar. 2020.

SANTANA, K. E. R. de. **Degradação de mancozebe por ozonização e adsorção em vermiculita**. 47 f. Dissertação (Mestrado em Agronomia) – Universidade de Brasília, Brasília, 2016. Disponível em: <https://repositorio.unb.br/bitstream/10482/20291/1/2016_KarlosEdwardRodriguesSantana.pdf>. Acesso em: 15 mar. 2021.

SANTOS, C. E. M. dos. Nitratos e nitritos. **NARA – Núcleo de Pesquisas em Avaliação de Riscos Ambientais**, v. 1, n. 1, p. 1-2, jun. 2014. Disponível em: <http://www.fsp.usp.br/nara/wp-content/uploads/2014/06/newsinrisk_1.pdf>. Acesso em: 15 mar. 2021.

SANTOS, G. M. A. D. A. dos. **Espacialização do risco de lixiviação de agrotóxicos em áreas de cafeicultura no estado do Espírito Santo**. 162 f. Tese (Doutorado em Agronomia) – Universidade Federal de Viçosa, Viçosa, 2017. Disponível em: <https://www.locus.ufv.br/bitstream/123456789/13333/1/texto%20completo.pdf>. Acesso em: 15 mar. 2021.

SANTOS, M. A. T. dos. Efeito do cozimento sobre alguns fatores antinutricionais em folhas de brócolis, couve-flor e couve. **Ciência e Agrotecnologia**, Lavras, v. 30, n. 2, p. 294-301, 2006. Disponível em: <https://www.scielo.br/pdf/cagro/v30n2/v30n2a15.pdf>. Acesso em: 15 mar. 2021.

SANTOS, V. S. dos; SILVA JÚNIOR, C. N. da. Bioquímica e alimentos: análise do que foi apresentado nas reuniões anuais da Sociedade Brasileira de Química – RASBQ's. **Revista Virtual de Química**, v. 9, n. 4, p. 1449-1461, 2017. Disponível em: <http://static.sites.sbq.org.br/rvq.sbq.org.br/pdf/v9n4a04.pdf>. Acesso em: 15 mar. 2021.

SÁ, P. et al. Uso abusivo de aditivos alimentares e transtornos de comportamento: há uma relação? **International Journal of Nutrology**, v. 9, n. 2, p. 209-215, maio/ago. 2016. Disponível em: <https://www.researchgate.net/publication/339335264_Uso_abusivo_de_aditivos_alimentares_e_transtornos_de_comportamento_ha_uma_relacao>. Acesso em: 15 mar. 2021.

SCHOMBURG, C. J.; GLOTFELTY, D. E.; SEIBER, J. N. Pesticide Occurrence and Distribution in Fog Collected Near Monterey, California. **Environmental Science & Technology**, v. 25, p. 155-160, 1991. Disponível em: <https://pubs.acs.org/doi/10.1021/es00013a018>. Acesso em: 15 mar. 2021.

SEMMA, M. Trans Fatty Acids: Properties, Benefits and Risks. **Journal of Health Science**, v. 48, n. 1, p. 7-13, 2002.

SERRA, L. S. et al. Revolução Verde: reflexões acerca da questão dos agrotóxicos. **Revista do CEDS**, v. 1, n. 4, p. 2-25, jan./jul. 2016. Disponível em: <http://professor.pucgoias.edu.br/sitedocente/admin/arquivosUpload/6461/material/revolu%C3%A7%C3%A3o_verde_e_agrot%C3%B3xicos_-_marcela_ruy_f%C3%A9lix.pdf>. Acesso em: 15 mar. 2021.

SETCHELL, K. D. R. Phytoestrogens: the Biochemistry, Physiology, and Implications for Human Health of Soy Isoflavones. **American Journal of Clinical Nutrition**, v. 68, n. 6, p. 1333-1346, Dec. 1998. Disponível em: <https://pdfs.semanticscholar.org/5b91/38de4e64c6a1aabcae592cef52a1e7303382.pdf?_ga=2.4416176.2087511593.1615834710-351971240.1614912302>. Acesso em: 15 mar. 2021.

SHARMA, B.; SINGH, S.; SIDDIQI, N. J. Retracted: Biomedical Implications of Heavy Metals Induced Imbalances in Redox Systems. **BioMed Research International**, v. 2014, p. 1-26, Aug. 2014. Disponível em: <https://www.hindawi.com/journals/bmri/2014/640754/>. Acesso em: 15 mar. 2021.

SHIBAMOTO, T.; BJELDANES, L. F. **Introdução à toxicologia de alimentos**. Tradução de C. Coanna. 2. ed. Rio de Janeiro: Elsevier, 2014.

SILVA, F. O. et al. Doenças causadas pelo sedentarismo: obesidade, diabetes e hipertensão arterial. **EXPO FVJ**, Aracati, v. 2018, n. 1, 2018.

SILVA, G. F. da. et al. Influência de diferentes fontes de adubos no desenvolvimento e no teor de betacaroteno em espinafre. In: CONGRESSO BRASILEIRO DE AGROECOLOGIA, 10., 2015. **Cadernos de Agroecologia**, v. 10, n. 3, 2015. Disponível em: <http://revistas.aba-agroecologia.org.br/index.php/cad/article/view/17480/14200>. Acesso em: 15 mar. 2021.

SILVA, J. A. **Tópicos da tecnologia de alimentos**. São Paulo: Livraria Varela. 2000.

SILVA JUNIOR, E. A. da. **Manual de controle higiênico-sanitário em alimentos**. São Paulo: Livraria Varela, 1995.

SILVA, L. F. et al. Elementos da abordagem temática no Ensino Médio: sinalizações para formação de professoras e de professores. **Ciência & Educação**, Bauru, v. 25, n. 1, p. 145-161, 2019. Disponível em: <https://www.scielo.br/pdf/ciedu/v25n1/1516-7313-ciedu-25-01-0145.pdf>. Acesso em: 15 mar. 2021.

SILVA, M. R.; SILVA, M. A. P. da. Fatores antinutricionais: inibidores de proteases e lectinas. **Revista de Nutrição**, Campinas, v. 13, n. 1, p. 3-9, jan./abr. 2000. Disponível em: <https://www.scielo.br/pdf/rn/v13n1/7917.pdf>. Acesso em: 15 mar. 2021.

SILVA, S. R. S. da. **Produção de pigmentos carotenoides por *Rhodotorula* spp. em fermentação submersa utilizando glicerina residual**. 40 f. Dissertação (Mestrado em Biotecnologia Industrial) – Universidade Federal de Pernambuco, Recife, 2015. Disponível em: <https://repositorio.ufpe.br/bitstream/123456789/17940/1/Disserta%c3%a7%c3%a3o_Sabrina_Conclu%c3%adda%2022.04.15_Corrigido_VERS%c3%83O%20FINAL%20sem%20assinaturas_com%20ficha%20catalografica_com%20men%c3%a7%c3%a3o%20de%20APROV~1.pdf>. Acesso em: 15 mar. 2021.

SILVA, S. N.; SILVA, C. R. R. **Bioquímica**. Recife: EDUFRPE, 2010.

SILVEIRA, J. R.; LONGHIN, S. R. Identificação da presença de substâncias químicas geradoras de dioxinas em resíduos laboratoriais. **Enciclopédia Biosfera**, Goiânia, v. 10, n. 18, p. 3722-3735, 2014. Disponível em: <https://www.conhecer.org.br/enciclop/2014a/ENGENHARIAS/identificacao.pdf>. Acesso em: 15 mar. 2021.

SIMOPOULOS, A. P. An Increase in the Omega-6/Omega-3 Fatty Acid Ratio Increases the Risk for Obesity. **Nutrients**, v. 8, n. 3, p. 1-17, Mar. 2016. Disponível em: <https://www.researchgate.net/publication/296686348_An_Increase_in_the_Omega-6Omega-3_Fatty_Acid_Ratio_Increases_the_Risk_for_Obesity>. Acesso em: 15 mar. 2021.

SINGH, J.; KALAMDHAD, A. S. Effects of Heavy Metals on Soil, Plants, Human Health and Aquatic Life. **International Journal of Research in Chemistry and Environment**, v. 1, n. 2, p. 15-21, Oct. 2011. Disponível em: <https://www.researchgate.net/publication/265849316_Effects_of_Heavy_Metals_on_Soil_Plants_Human_Health_and_Aquatic_Life/link/541eac500cf203f155c15901/download>. Acesso em: 15 mar. 2021.

SMITH, V. H. Eutrophication of Freshwater and Coastal Marine Ecosystems: a Global Problem. **Environmental Science and Pollution Research**, v. 10, n. 2, p. 126-139, 2003.

SOUZA, C. O. de. et al. Carotenoides totais e vitamina A de cucurbitáceas do Banco Ativo de Germoplasma da Embrapa Semiárido. **Ciência Rural**, Santa Maria, v. 42, n. 5, p. 926-933, maio 2012. Disponível em: <https://www.scielo.br/pdf/cr/v42n5/a13912cr4480.pdf>. Acesso em: 15 mar. 2021.

SOUZA, R. M. de. et al. Occurrence, Impacts and General Aspects of Pesticides in Surface Water: a Review. **Process Safety and Environmental Protection**, v. 135, p. 22-37, Mar. 2020.

SOUZA, S. de A. et al. Obesidade adulta nas nações: uma análise via modelos de regressão beta. **Cadernos de Saúde Pública**, v. 34, n. 8, p. 1-13, 2018. Disponível em: <https://www.scielo.br/pdf/csp/v34n8/1678-4464-csp-34-08-e00161417.pdf>. Acesso em: 15 mar. 2021.

SPADOTTO, C. A. Abordagem interdisciplinar na avaliação ambiental de agrotóxicos. **Revista Núcleo de Pesquisa Interdisciplinar**, São Manuel, p. 1-9, maio 2006. Disponível em: <https://www.alice.cnptia.embrapa.br/alice/bitstream/doc/1026375/1/2006AA047.pdf>. Acesso em: 15 mar. 2021.

SPERLING, M. von. **Introdução à qualidade das águas e ao tratamento de esgoto**. 3. ed. Belo Horizonte: Ed. da UFMG, 2005.

TANG, M.; LARSON-MEYER, D. E.; LIEBMAN, M. Effect of Cinnamon and Turmeric on Urinary Oxalate Excretion, Plasma Lipids, and Plasma Glucose in Healthy Subjects. **The American Journal of Clinical Nutrition**, v. 87, n. 5, p. 1262-1267, May 2008. Disponível em: <https://www.researchgate.net/publication/5382784_Effect_of_cinnamon_and_turmeric_on_urinary_oxalate_excretion_plasma_lipids_and_plasma_glucose_in_healthy_subjects>. Acesso em: 15 mar. 2021.

TENÓRIO, C. G. M. S. C. **Avaliação da eficiência do teste copan (microplate e single) na detecção de resíduos de antimicrobianos no leite**. 71 f. Dissertação (Mestrado em Medicina Veterinária) – Universidade Federal de Minas Gerais, Belo Horizonte, 2007. Disponível em: <https://repositorio.ufmg.br/bitstream/1843/MASA-7AWPND/1/disserta__o_clarice_g__m__s__c__tenorio.pdf>. Acesso em: 15 mar. 2021.

TOMASSI, G. Fosforo: un nutriente essencial en la dieta humana. **Informaciones Agronomicas**, n. 47. p. 8-11, 2002. Disponível em: <http://www.ipni.net/publication/ia-lahp.nsf/0/289032DF947647DA852579A30078 8EC9/$FILE/F%C3%B3sforo-Un%20nutriente%20esencial%20en%20la%20dieta%20humana.pdf>. Acesso em: 15 mar. 2021.

USA – United States of America. Institute of Medicine. **Dietary Reference Intakes for Calcium and Vitamin D**. Washington: National Academies Press, 2011.

USA – United States of America. Institute of Medicine. **Food and Nutrition Board**. Washington: National Academies Press, 1999-2001.

UTIYAMA, C. E. **Utilização de agentes antimicrobianos probióticos, prebióticos e extratos vegetais como promotores do crescimento de leitões recém-desmamados**. 94 f. Tese (Doutorado em Agronomia) – Universidade de São Paulo, Piracicaba, 2004. Disponível em: <https://www.teses.usp.br/teses/disponiveis/11/11139/tde-19082005-144747/publico/CarlosUtiyama.pdf>. Acesso em: 15 mar. 2021.

VALENTE, J. P. S.; PADILHA, P. M.; SILVA, A. M. M. Oxigênio dissolvido (OD), demanda bioquímica de oxigênio (DBO) e demanda química de oxigênio (DQO) como parâmetros de poluição no ribeirão Lavapés/Botucatu – SP. **Eclética Química**, São Paulo, v. 22, p. 49-66, 1997. Disponível em: <https://www.scielo.br/scielo.php?script=sci_arttext&pid=S0100-46701997000100005&lng=en&nrm=iso&tlng=pt>. Acesso em: 15 mar. 2021.

VARALLO, M. A.; THOMÉ, J. N.; TESHIMA, E. Aplicação de bactérias probióticas para profilaxia e tratamento de doenças gastrointestinais. **Semina: Ciências Biológicas e da Saúde**, Londrina, v. 29, n. 1, p. 83-104, 2008. Disponível em: <http://www.uel.br/revistas/uel/index.php/seminabio/article/view/3456/2811>. Acesso em: 15 mar. 2021.

VAZ, E. K. Resistência antimicrobiana: como surge e o que representa para a suinocultura. **Acta Scientiae Veterinariae**, v. 37, n. 1, p. s147-s150, 2009. Disponível em: <https://www.redalyc.org/pdf/2890/289060015017.pdf>. Acesso em: 15 mar. 2021.

VAZ, J. dos S. et al. Ácidos graxos como marcadores biológicos da ingestão de gorduras. **Revista de Nutrição**, Campinas, v. 19, n. 4, p. 489-500, jul./ago. 2006. Disponível em: <https://www.scielo.br/pdf/rn/v19n4/a08v19n4.pdf>. Acesso em: 15 mar. 2021.

VEGA, P. V.; FLORENTINO, B. L. **Toxicologia de alimentos**. México: Centro Nacional de Salud Ambiental, 2000.

VEGA, P. V. Tóxicos presentes em los alimentos. In: DERGAL, S. B. **Química de los alimentos**. 4. ed. México: Pearson, 2006.

VELASCO, L. O. M. de; CAPANEMA, L. X. de L. O setor de agroquímicos. **BNDES Setorial**, Rio de Janeiro, n. 24, p. 69-96, set. 2006. Disponível em: <https://web.bndes.gov.br/bib/jspui/bitstream/1408/4643/1/BS%2024%20O%20Setor%20de%20Agroqu%c3%admicos_P.pdf>. Acesso em: 15 mar. 2021.

VICTORINO, C. J. A. **Planeta água morrendo de sede**: uma visão analítica na metodologia do uso e abuso dos recursos hídricos. Porto Alegre: EDIPUCRS, 2007.

VIZIOLI, B. de C. **Desenvolvimento e validação de método analítico para determinação de nitrosaminas em água de abastecimento público**: estudo de caso na Região Metropolitana de Campinas. 219 f. Dissertação (Mestrado em Química) –Universidade Estadual de Campinas, Campinas, 2019. Disponível em: <http://repositorio.unicamp.br/jspui/bitstream/REPOSIP/335841/1/Vizioli_BeatrizDeCaroli_M.pdf>. Acesso em: 15 mar. 2021.

WARTHA, E. J.; SILVA, E. L. da; BEJARANO, N. R. R. Cotidiano e contextualização no ensino de química. **Química Nova na Escola**, v. 35, n. 2, p. 84-91, maio 2013. Disponível em: <http://qnesc.sbq.org.br/online/qnesc35_2/04-CCD-151-12.pdf>. Acesso em: 15 mar. 2021.

WATANABE, G.; KAWAMURA, M. R. D. Abordagem temática e conhecimento escolar científico complexo: organizações temática e conceitual para proposição de percursos abertos. **Investigações em Ensino de Ciências**, v. 22, n. 3, p. 145-161, dez. 2017. Disponível em: <https://www.if.ufrgs.br/cref/ojs/index.php/ienci/article/view/736/pdf>. Acesso em: 15 mar. 2021.

WHO – World Health Organization. **Preventing Disease Through Healthy** Environments: Action is Needed on Chemicals of Major Public Health Concern. Disponível em: <https://www.who.int/ipcs/features/10chemicals_en.pdf>. Acesso em: 15 mar. 2021.

WISE, J. T. F.; SHI, X.; ZHANG, Z. Toxicology of Chromium (VI). In: NRIAGU, J. **Encyclopedia of Environmental Health.** 2. ed. New York: Elsevier, 2019. p. 1-8.

WOBETO, C. **Extração de esqualeno do destilado da desodorização do óleo de soja modificado utilizando dióxido de carbono supercrítico**. 72 f. Tese (Doutorado em Ciências) – Universidade Federal de Viçosa, Viçosa, 2007. Disponível em: <https://www.locus.ufv.br/bitstream/123456789/503/1/texto%20completo.pdf>. Acesso em: 15 mar. 2021.

XING, W. et al. Versatile Applications of Capacitive Deionization (CDI)-Based Technologies. **Desalination**, v. 482, May 2020.

XU, P. et al. Treatment of Brackish Produced Water Using Carbon Aerogel-Based Capacitive Deionization Technology. **Water Research**, v. 42, n. 10-11, p. 2605-2617, May 2008.

YOUDIM, K. A.; MARTIN, A.; JOSEPH, J. A. Essential Fatty Acids and the Brain: Possible Health Implications. **International Journal of Developmental Neuroscience**, v. 18, n. 4-5, p. 383-399, July 2000.

ZACARCHENCO, P. B. et al. Prebióticos em produtos lácteos. **Aditivos e Ingredientes**, p. 36-44, mar./abr. 2013. Disponível em: <https://ital.agricultura.sp.gov.br/arquivos/tl/artigos/PrebioticosProdutosLacteosRevistaLeiteDerivados.pdf>. Acesso em: 15 mar. 2021.

ZANG, Y. Cadmium: Toxicology. In: CABELLO, B.; FINGLAS, P. M.; TOLDRÁ, F. **Encyclopedia of Food and Health**. Massachusetts: Elsevier, 2016. v. 1. p. 550-555.

ZAT, M.; BENETTI, A. D. Remoção dos compostos odoríferos geosmina e 2-metilisoborneol de águas de abastecimento através de processos de aeração em cascata, dessorção por ar e nanofiltração. **Engenharia Sanitária e Ambiental**, Rio de Janeiro, v. 16, n. 4, p. 353-360, out./dez. 2011. Disponível em: <https://www.scielo.br/pdf/esa/v16n4/a06v16n4.pdf>. Acesso em: 15 mar. 2021.

ZENEBOM, O. et al. Determinação de metais presentes em corantes e pigmentos utilizados em embalagens para alimentos. **Revista Instituto Adolfo Lutz**, v. 63, n. 1, p. 56-62, 2004. Disponível em: <https://silo.tips/download/introduao-rev-inst-adolfo-lutz-63156-62-2004>. Acesso em: 15 mar. 2021.

ZIEMER, C. J.; GIBSON, G. R. An Overview of Probiotics, Prebiotics and Synbiotics in the Functional Food Concept: Perspectives and Future Strategies. **International Dairy Journal**, v. 8, n. 5-6, p. 473-479, May 1998.

Bibliografia comentada

CARNEIRO, F. F. et al. (Org.). **Dossiê Abrasco**: um alerta sobre os impactos dos agrotóxicos na saúde. Rio de Janeiro: EPSJV, 2015. Disponível em: <https://www.abrasco.org.br/dossieagrotoxicos/wp-content/uploads/2013/10/DossieAbrasco_2015_web.pdf>. Acesso em: 15 mar. 2021.

Esse dossiê reúne estudos científicos sobre a contaminação do ambiente e das pessoas provocada pelo uso de agrotóxicos. São apresentados, por exemplo, dados sobre: o aumento do consumo de agrotóxicos e fertilizantes nas lavouras brasileiras ao longo dos anos; os resíduos de agrotóxicos em diversos tipos de culturas; a contaminação de águas potáveis e de chuvas; a detecção de contaminação de leite materno por agrotóxicos; e o coeficiente de incidência de acidentes de trabalho por intoxicação por agrotóxicos. Ademais, neste trabalho, os autores explanam sobre os sintomas de intoxicação de diversos tipos de agroquímicos.

GAVA, A. J.; SILVA, C. A. B. da.; FRIAS, J. R. G. **Tecnologia de alimentos**: princípios e aplicações. São Paulo: Nobel, 2008.

Essa obra aborda aspectos genéricos da tecnologia de alimentos, incluindo, por exemplo: aspectos nutritivos, aceitabilidade, fatores de qualidade e causas de alterações; microbiologia; ferramentas para segurança e métodos de conservação de alimentos; limpeza e sanitização na indústria alimentícia; doenças transmitidas por alimentos; e enzimas na tecnologia de alimentos.

QUEIROZ, C.; MOITA, F. **Fundamentos sócio-filosóficos da educação**. Curso de Licenciatura em Geografia – EaD. Fasc. 10 – Novos paradigmas, a educação e o educado. Campina Grande; Natal: Ed. da UEPB; Ed. da UFRN, 2007. Disponível em: <http://www.ead.uepb.edu.br/ava/arquivos/cursos/geografia/fundamentos_socio_filosoficos_da_educacao/Fasciculo_10.pdf>. Acesso em 15 mar. 2021.

Trata-se da história da educação focada no fazer e no pensar dos professores na escola. Esse material caracteriza as diferentes tendências pedagógicas liberais (tradicional, renovada, tecnicista) e as progressistas (libertadora, libertária e crítico-social dos conteúdos), demonstrando que elas foram gestadas no seio dos movimentos sociais, em tempos e contextos históricos particulares, e influenciaram (e ainda influenciam) as práticas pedagógicas. Para cada tendência, exploram-se o papel da escola e do estudante, a relação entre professor e o que é o conhecimento ou como ele é construído, a metodologia utilizada, como os conteúdos são transmitidos ou construídos e como é avaliada a aprendizagem dos educandos. Essa leitura pode orientar o professor a escolher a metodologia que aplicará em suas aulas.

OGA, S.; CAMARGO, M. M. de A.; BATISTUZZO, J. A. de. **Fundamentos de toxicologia**. 3. ed. São Paulo: Atheneu, 2008.

Essa obra apresenta assuntos relacionados às bases da toxicologia (como toxicocinética, toxicodinâmica, radicais livres e antioxidantes, avaliação da toxicidade e do risco, mutagênese e carcinogênese). Nela, os autores dedicam uma parte à toxicologia de alimentos, contemplando os assuntos metais e micotoxinas em alimentos.

RICHTER, C. A.; AZEVEDO NETO, J. M. de. **Tratamento de água**: tecnologia atualizada. São Paulo: Blucher, 1991.

Nesse livro, além de analisar as características físicas, químicas, biológicas e radioativas da água, os autores fazem considerações sobre o projeto de tratamento da água. Nele, você poderá encontrar informações sobre aeração, floculadores, decantadores, filtros, lavagem de filtros, desinfecção e controle de corrosão.

RIBEIRO, E. P.; SERAVALLI, E. A. G. **Química de alimentos**. 2. ed. São Paulo: Blucher, 2007.

Essa obra aborda os principais componentes presentes num alimento e suas alterações ao longo dos processos industriais. Ela pode servir de parâmetro para embasar os conteúdos de cunho científico que envolvem os carboidratos, as proteínas, os lipídios, os pigmentos, as vitaminas e a água nos alimentos. Ademais, explica a funcionalidade dos carboidratos, das proteínas e dos lipídios nos alimentos, que pode ser um tópico para a contextualização tecnológica dos conteúdos de química.

ROSA, C. de O. B.; COSTA, N. M. B. (Org.). **Alimentos funcionais**: componentes bioativos e efeitos fisiológicos. Rio de Janeiro: Rúbio, 2016.

Nesse livro, os autores examinam os efeitos fisiológicos dos compostos bioativos (incluindo as fibras alimentares, as vitaminas, os probióticos e prebióticos, os flavonoides, o butirato, os compostos naturais, os ácidos graxos e as plantas com ação hipoglicemiante) e alguns alimentos com propriedades funcionais (soja, yacon, kefir, sorgo, chia, linhaça, azeite de oliva, oleaginosas, brássicas, cogumelo-do-sol e *berries* brasileiras). Tratam, ainda, das implicações dos alimentos funcionais no tratamento de doenças não transmissíveis (como obesidade, câncer, dislipidemias, *diabetes mellitus*, síndrome metabólica, hipertensão arterial e doença renal crônica), na saúde intestinal, na composição corporal, no controle de apetite. Em acréscimo, analisam as implicações de tais alimentos para pessoas portadoras do HIV.

Respostas

Capítulo 1
Atividades de autoavaliação

1. e
2. d
3. b
4. a
5. e

Capítulo 2
Atividades de autoavaliação

1. e
2. c
3. a
4. d
5. b

Capítulo 3

Atividades de autoavaliação

1. a
2. c
3. d
4. c
5. b

Capítulo 4

Atividades de autoavaliação

1. b
2. c
3. d
4. e
5. c

Capítulo 5

Atividades de autoavaliação

1. d
2. e
3. a
4. b
5. e

Capítulo 6

Atividades de autoavaliação

1. d
2. c
3. e
4. b
5. c

Sobre a autora

Laís Koop Bonilha é graduada em Engenharia de Alimentos pela Universidade Estadual de Ponta Grossa (UEPG), mestre e doutora na área pela Universidade Federal do Paraná (UFPR). Durante o doutorado, realizou parte de sua pesquisa no Instituto Tecnológico de Aguascalientes, na cidade de Aguascalientes, no México. Atualmente, é professora dos cursos técnicos em alimentos do Centro Estadual de Educação Profissional de Ponta Grossa (CEEPPG) e do Colégio Estadual Prof. João Ricardo von Borell du Vernay.

Os papéis utilizados neste livro, certificados por instituições ambientais competentes, são recicláveis, provenientes de fontes renováveis e, portanto, um meio responsável e natural de informação e conhecimento.

FSC
www.fsc.org
MISTO
Papel produzido a partir de fontes responsáveis
FSC® C103535

Impressão: Reproset
Fevereiro/2023